"十三五"国家重点出版物出版规划项目
材料科学研究与工程技术系列

金属凝固及铸件形成理论

Metal Solidification and Cast Forming Theory

陈　刚　张　鹏　王传杰　主编

哈爾濱工業大學出版社
HARBIN INSTITUTE OF TECHNOLOGY PRESS

内 容 简 介

凝固是材料由液相转变为固相的过程，而液态金属的凝固不仅是铸造成形工艺和某些焊接工艺中的重要过程，同时对金属材料的冶炼和制备工艺也有重要的影响。本书围绕金属从液态到固态转变过程中的基本规律和内在联系，以合金相平衡及溶质分配规律等热力学为基础，结合液态金属的结构和性质及凝固过程的传热特点和温度分布等凝固相关问题，阐述液态金属结晶的基本规律、单相和多相合金结晶组织的形成及控制途径，分析凝固过程的缺陷形成机理及防控途径，为从理论高度认知和分析铸件组织形成及控制奠定基础。

本书适合作为材料专业高年级本科生和研究生的教材，也可供从事金属材料研究和制备的研究人员以及铸造、焊接和晶体生长的专业技术人员参考。

图书在版编目(CIP)数据

金属凝固及铸件形成理论/陈刚，张鹏，王传杰主编. —哈尔滨：哈尔滨工业大学出版社，2022.8(2025.8 重印)
ISBN 978-7-5767-0326-9

Ⅰ.①金… Ⅱ.①陈… ②张… ③王… Ⅲ.①熔融金属-凝固理论-研究 ②铸件-成形过程-研究 Ⅳ.①TG111.4 ②TG25

中国版本图书馆 CIP 数据核字(2022)第 143824 号

策划编辑 许雅莹
责任编辑 李青晏
封面设计 刘长友
出版发行 哈尔滨工业大学出版社
社　　址 哈尔滨市南岗区复华四道街 10 号　邮编 150006
传　　真 0451-86414749
网　　址 http://hitpress.hit.edu.cn
印　　刷 哈尔滨圣铂印刷有限公司
开　　本 787mm×1092mm　1/16　印张 11.75　字数 276 千字
版　　次 2022 年 8 月第 1 版　2025 年 8 月第 2 次印刷
书　　号 ISBN 978-7-5767-0326-9
定　　价 30.00 元

前　言

“金属凝固及铸件形成理论”是材料类和冶金类专业的一门必修基础课和学位核心课。本书旨在让读者掌握金属凝固基本原理和金属铸造成形的工艺基础理论，为设计与开发新型合金材料及其成形技术、解决成形过程中的质量缺陷等问题奠定理论基础。

本书共分为 7 章，第 1 章是凝固热力学基础，主要阐述金属凝固时的热力学规律，包括一元、二元系统热力学模型及相平衡理论，界面弯曲对界面平衡的影响及溶质平衡分配系数的热力学计算；第 2 章是液态金属的结构与性质，介绍液态金属的结构和物理性能，并对其充型性能进行阐述；第 3 章是凝固过程中的传热，介绍温度场与传热学的基本理论及基本方程、凝固温度场的求解方法、凝固方式和凝固时间的计算；第 4 章是单相合金的凝固，主要阐述结晶过程、单相合金结晶的基本规律，着重讨论“溶质再分配”和“成分过冷”条件及其对合金凝固的影响规律；第 5 章是多相合金的凝固，以共晶合金的凝固为主要内容，介绍偏晶合金和包晶合金的凝固；第 6 章是结晶组织的形成和控制，阐述宏观组织的形成原理和基本规律，进一步介绍宏观组织的调控手段和措施；第 7 章是铸造缺陷，介绍偏析、气孔、非金属夹杂物、缩孔、缩松、热裂、变形及冷裂的形成规律、原理及避免措施。

本书由陈刚、张鹏和王传杰主编，崔令江、孙金平、朱强、栾冬、王瀚、王海洋、刘康参与编写。本书编写过程中，参引了本领域著名专家学者的著作及研究资料，在此表示衷心的感谢。

由于编者水平有限，书中难免存在疏漏和不足之处，敬请广大读者指正。

编　者

2022 年 6 月

目　　录

绪论 …… 1
第 1 章　凝固热力学基础 …… 4
　1.1　一元系统热力学 …… 4
　1.2　二元合金热力学 …… 7
　1.3　界面弯曲引起的偏离平衡 …… 13
　1.4　溶质平衡分配系数 …… 16
第 2 章　液态金属的结构与性质 …… 22
　2.1　液态金属的结构 …… 22
　2.2　液态金属的性质 …… 28
　2.3　液态金属的流动性和充型性能 …… 38
第 3 章　凝固过程中的传热 …… 43
　3.1　温度场基本概念与传热学基础 …… 43
　3.2　温度场 …… 47
　3.3　凝固方式及其与铸件质量的关系 …… 55
　3.4　凝固时间 …… 62
第 4 章　单相合金的凝固 …… 68
　4.1　液态金属的结晶过程 …… 68
　4.2　凝固过程的溶质再分配 …… 79
　4.3　金属凝固过程中的“成分过冷” …… 84
　4.4　胞晶与树枝晶 …… 89
第 5 章　多相合金的凝固 …… 99
　5.1　共晶合金的凝固 …… 99
　5.2　偏晶合金的凝固 …… 114
　5.3　包晶合金的凝固 …… 116
第 6 章　结晶组织的形成和控制 …… 120
　6.1　铸件宏观结晶组织的形成及影响因素 …… 120
　6.2　铸件结晶组织的控制 …… 129

第 7 章　铸造缺陷…… 140
7.1　偏析 …… 140
7.2　气孔和非金属夹杂物 …… 148
7.3　缩孔及缩松 …… 150
7.4　热裂 …… 164
7.5　变形及冷裂 …… 174
参考文献…… 180

绪　论

人类文明的进步和材料的发展是相辅相成的，人类历史就是新材料和新加工工艺不断发展的历史。随着青铜时代的到来，金属材料的制备、铸造和锻造等工艺逐渐涌现出来，并不断发展成熟。我国的冶炼和铸造技术最早可追溯到夏代中晚期至商代前期——二里头文化时期，相应的技术成就推动了农业生产、兵器制造、医药和音乐等方面的进步。

二里头文化时期出土的金属器具表明该时期已能够冶炼出金(Au)、银(Ag)、铅(Pb)和锡(Sn)等有色金属，并有意识地开始配置一些不同成分的青铜合金，相应的合金有Cu－As(砷)、Cu－Sn、Cu－Pb、Cu－Sn－As和Cu－Sn－Pb等。随着熔炼和铸造等技术的发展，青铜器开始在社会生产和生活的各个重要领域得到应用，如图1所示。殷商时期和西周时期更是创造了灿烂的青铜文化，出现了重达875 kg的后母戊鼎和较大的四羊方尊等，如图2所示。

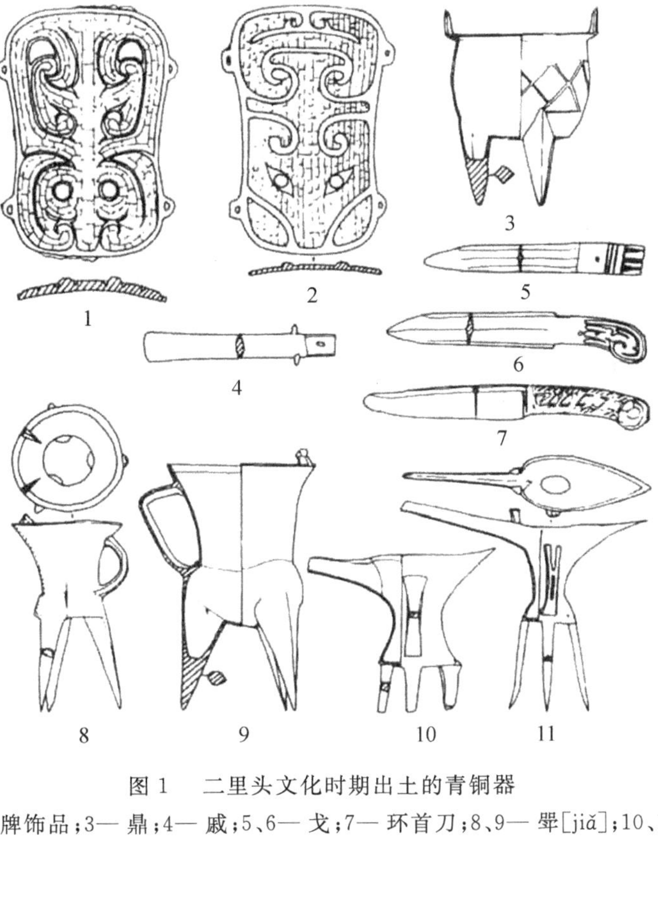

图1　二里头文化时期出土的青铜器

1、2— 铜牌饰品；3— 鼎；4— 戚；5、6— 戈；7— 环首刀；8、9— 斝[jiǎ]；10、11— 爵

图 2　后母戊鼎和四羊方尊

我国冶铁技术约发明于西周晚期，而到了战国中后期时，铁器便在农业、手工业等领域取代了青铜器和木器等而占据了主导地位。春秋之前的铁器以锻制居多；战国后则以铸制铁器为主。在炼铁技术上，先秦建造了用于炼制生铁的、较为高大的高炉。铸铁工具的使用，促进了铸铁强韧化早期发明。通过对我国出土的古代铁器进行分析检验，发现早在战国时期我们的祖先已能通过石墨化热处理和脱碳热处理分别获得黑心可锻铸铁（图 3）和白心可锻铸铁。随着社会经济的发展，铸造技术向大型和特大型铸件发展。如图 4 所示，河北沧县五代时期的大铁狮，高 5.48 m，长 6.1 m，宽 3.15 m，质量约 40 t；著名的当阳铁塔，铸于北宋年间，整体为楼阁式，高 17.9 m，计 13 层，平面八角形，外为铁壳，内衬砖，塔心中空，整塔包括 44 块构件，分段铸成，逐层选装，以榫扣合，不平处垫以铁片，是我国现存最高大完整的铁塔。

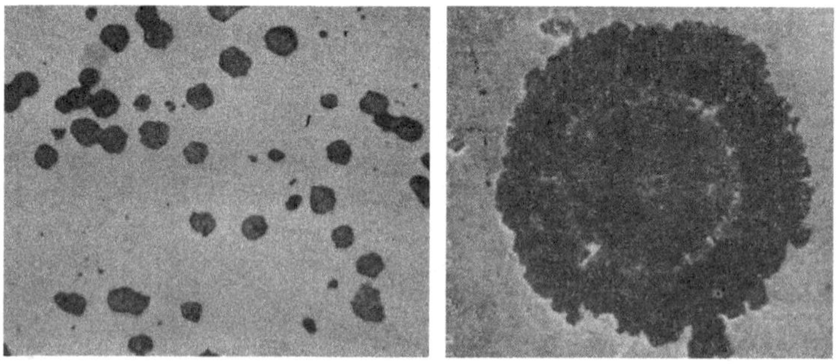

(a) 球铁组织　　(b) 球墨可锻铸铁多层结构

图 3　球铁和可锻铸铁金相组织图

图 4　沧县五代铁狮和北宋当阳铁塔

凝固是铸件形成过程的核心,它决定了铸件的性能与质量。借助于冶金物理化学、金属学、非平衡态动力学、高等数学等从传热、传质和固液界面动力学等方面进行研究,使金属凝固理论得到了很大的发展,人们也实现了对铸件组织的调控和铸造缺陷的防控。

实现对凝固过程的控制是人们长期追求的目标,现代凝固理论和技术的迅速发展与材料科学的进步密切相关,其发展大体经历了以下几个阶段。

20 世纪 20 年代柯赛尔(Kossel) 和斯特兰斯基(Stranski) 提出完整晶体生长的微观理论;40 年代弗兰克(Frank) 发展了缺陷晶体生长的微观理论。这些工作为后来的晶体生长界面理论奠定了基础。20 世纪 50 ～ 60 年代是经典凝固理论的诞生时期。50 年代半导体的问世及 60 年代激光晶体的发展,要求人们生长单晶并有效地控制晶体的结构与成分,于是展开了围绕传热、传质的液、固成分分布和界面稳定性研究。在查默斯(Chalmers) 的指导下,蒂勒(Tiller)、杰克森(Jackson) 和拉特(Rutter) 在对凝固界面附近溶质分布求解的基础上提出了著名的"成分过冷" 理论,首次将传质和传热因素结合起来分析凝固过程的组织形态问题。此后,以杰克森和亨特(Hunt) 提出的枝晶和共晶合金凝固过程扩散场的理论解为基础,枝晶及共晶间距与凝固条件(温度梯度和凝固速度)的关系式被建立起来,并得到了许多实验结果的支持。弗莱明斯(Flemings) 等从工程的角度出发,进一步考虑了凝固过程两相区内的液相流动效应,提出局部溶质再分配方程等理论模型,推动了凝固理论的发展。丘里诺夫(Chvorinov) 巧妙地引入铸件模数的概念,导出了可计算凝固时间的平方根定律,至今仍是铸造工艺设计的理论依据之一。

在经典凝固理论的应用上,查默斯及大野笃美等人通过大量的实验研究提出了"激冷等轴晶游离" 理论;杰克森、苏蒂(Southi) 等人则提出"枝晶熔断" 及"结晶雨" 理论,以此为指导可有效控制结晶过程和凝固组织。在这些理论的基础上,机械及超声波振动、机械及电磁液相搅拌、孕育处理、变质处理等技术得以发展与推广并仍在不断改进及完善,使人们在控制铸锭、铸件凝固组织形貌和细化晶粒方面更加得心应手。

凝固科学包含凝固理论及其在工程上的应用。前者主要内容是液 — 固相变过程的物理本质、规律和影响因素等;后者包括与铸件形成相关的工艺问题。本书的内容以凝固理论为主,并对铸件形成的工艺理论进行相关的介绍。着重阐述金属从液态到固态转变过程中的基本规律和内在联系,以合金相平衡及溶质分配规律等热力学为基础,结合液态金属的结构和性质及凝固过程的传热特点和温度分布等凝固相关的基本问题,阐述液态金属结晶的基本规律、单相和多相合金结晶组织的形成及控制途径,分析凝固过程的缺陷形成机理及防控途径,为从理论高度认知和分析铸态组织形成及控制奠定基础。

第 1 章　凝固热力学基础

1.1　一元系统热力学

1.1.1　单相系统热力学

考虑体积为 V 的系统，温度 T 和 V 作为独立的状态量。两个状态之间的内能差 dU 可以被认为满足全微分要求：

$$dU(T,V)=\left(\frac{\partial U}{\partial T}\right)_V\cdot dT+\left(\frac{\partial U}{\partial V}\right)_T\cdot dT \tag{1.1}$$

式中的偏导数通常都被赋予特殊的名称和符号，如 $(\partial U/\partial T)_V=c_V$，$c_V$ 被称为比定容热容，单位 J/(kg・K)。

对凝聚态相而言，用 T 和 V 来表示内能不是很方便。系统内能的变化是吸热 δQ 与外力做功 δW 的总和，也可描述为物体内能的变化等于物体吸收或放出的热量和对物体所做的功的总和，此即热力学第一定律：

$$dU=\delta Q+\delta W \tag{1.2}$$

变量 δQ 和 δW 中的符号 δ 表明 Q 和 W 的值与路径有关，即 Q 和 W 为过程量而不是状态量。仅考虑压力作用时，$\delta W=-p dV$。

δQ 包括可逆部分 δQ_{rev} 与非可逆部分 δQ_{irr}。当体系沿着可逆路径变化时(如一系列无限接近平衡的状态)，$\delta Q_{irr}=0$。由非可逆的概念可以推出熵的定义 $S(T, V)$，其微分可表述为：

$$dS=\frac{\delta Q_{rev}}{T} \tag{1.3}$$

依照热力学第二定律的表述，对于任何过程，都有 $\delta Q_{irr}\geqslant 0$。本章主要讨论平衡过程，即 $\delta Q_{irr}=0$。平衡状态时，能量最小，即能量自发传递。根据熵增原理，能量传递使总熵增加。由此可见，系统的能量最低，熵最大。因此，热力学第一定律可写成熵的形式：

$$dU=\delta Q-p dV=T dS-p dV \tag{1.4}$$

在这种形式下，内能可以用两个广延量(S 和 V)来表达。然而，凝聚态的内能用这种形式表达不方便。因此，需要定义另一个状态量，即焓 H：

$$H=U+pV \tag{1.5}$$

在分析凝固过程时，将会广泛用到焓这个概念。焓的微分可表述为：

$$dH=dU+p dV+V dp=T dS+V dp \tag{1.6}$$

考虑到 $H=H(S, p)$，可得：

$$dH=\left(\frac{\partial H}{\partial S}\right)_p\cdot dS+\left(\frac{\partial H}{\partial p}\right)_S\cdot dp \tag{1.7}$$

因此有：

$$\left(\frac{\partial H}{\partial S}\right)_p = T,\quad \left(\frac{\partial H}{\partial p}\right)_S = V \tag{1.8}$$

恒压条件下，$V\mathrm{d}p$ 为零，此时 $\mathrm{d}H$ 仅与系统的热有关。因此，可定义比定压热容 c_p：

$$c_p = \left(\frac{\partial H}{\partial T}\right)_p \tag{1.9}$$

故恒压时，$\mathrm{d}H = c_p \mathrm{d}T$。从式中可看出，$c_p$ 可以通过恒压下的绝热量热计测得。

实际上，焓可以通过在温度区间上对测得的热容进行积分得到。将 298 K 时的焓值定义为零，可得焓为：

$$H(T) = \int_{298}^{T} c_p(\theta)\mathrm{d}\theta \tag{1.10}$$

由式 $\mathrm{d}H = T\mathrm{d}S + V\mathrm{d}p$ 可得到熵 $S(T)$ 恒压下的表达式：

$$\mathrm{d}S = \left(\frac{\mathrm{d}H}{T}\right)_p = \frac{c_p \mathrm{d}T}{T} \Rightarrow S(T) = \int_0^T \frac{c_p(\theta)}{\theta}\mathrm{d}\theta \tag{1.11}$$

凝固过程中还有一个重要的热力学状态量（吉布斯（Gibbs）自由能 G），$G = H - TS$。对 G 进行微分：

$$\mathrm{d}G = \mathrm{d}H - T\mathrm{d}S - S\mathrm{d}T = V\mathrm{d}p - S\mathrm{d}T \tag{1.12}$$

由式（1.12）可以看出，吉布斯自由能可以用两个强度量 p 和 T 来表示。换言之，任何一元系统，如果温度和压力已知，单位质量或者单位摩尔量的 Gibbs 自由能就可以确定。由式（1.12）得：

$$S = -\left(\frac{\partial G}{\partial T}\right)_p,\quad V = \left(\frac{\partial G}{\partial p}\right)_T \tag{1.13}$$

图 1.1 所示为单相系统 G 和 H 随 T 的变化。注意到室温时，c_p 的值大约是个定值（$H(T)$ 是线性）；但当 $T \to 0$ K 时，此时 c_p 比温度更快趋向于 0。温度升高时熵增加。

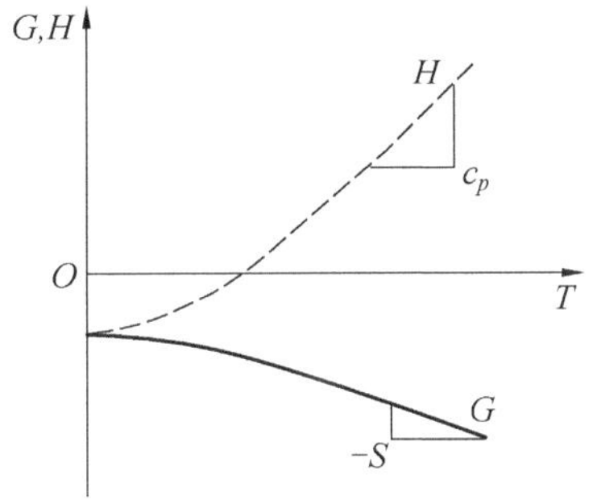

图 1.1　G 和 H 随 T 的变化情况

1.1.2　相平衡

热力学第二定律表明封闭系统在平衡状态时自由能最小。对于一个只包含单一、均匀相的系统，体系温度和压力都是均一的。现在研究含有两相 α 和 β 的封闭系统（如固相和液相）。假设温度和压力不变，即已存在力学平衡和热平衡，此时系统 Gibbs 自由能为：

$$G = n_\alpha G_\alpha^m + n_\beta G_\beta^m \tag{1.14}$$

式中，G_α^m、G_β^m 分别为 α 和 β 的摩尔 Gibbs 自由能；n_α、n_β 分别为 α 和 β 的摩尔数。

对于封闭系统，满足$n_\alpha + n_\beta = n$(定值)。可将系统物质的量设定为1 mol，相摩尔分数和为 1，即：

$$x_\alpha + x_\beta = 1 \tag{1.15}$$

此时体系的摩尔 Gibbs 自由能为：

$$G^m = x_\alpha G_\alpha^m + x_\beta G_\beta^m \tag{1.16}$$

考虑到平衡状态时能量最低，则：

$$\frac{\partial G^m}{\partial x_\alpha} = 0 = G_\alpha^m - G_\beta^m \tag{1.17}$$

对于含有两相的一元系统，其平衡条件可由式(1.18)给出：

$$\begin{cases} T_\alpha = T_\beta = T & (\text{热平衡}) \\ p_\alpha = p_\beta = T & (\text{力平衡}) \\ G_\alpha^m = G_\beta^m = G^m & (\text{相平衡}) \end{cases} \tag{1.18}$$

当满足热平衡、力平衡和相平衡后，系统达到平衡状态。图 1.2 所示为大气压下($1.013\ 25 \times 10^5$ Pa) 纯物质固、液两相的摩尔焓、摩尔 Gibbs 自由能随温度的变化。固、液两相摩尔 Gibbs 自由能相同时的温度为平衡熔点 T_f。液相无序度大于固相，G_L^m 斜率的绝对值要大于G_S^m。自由能曲线的斜率差，即$\Delta S_f^m = S_L^m - S_S^m$ 定义为摩尔熔化熵，可根据 T_f 下液、固两相的摩尔 Gibbs 自由能相等来计算ΔS_f^m，计算式为：

$$G_L^m(T_f) - G_S^m(T_f) = 0 = (H_L^m(T_f) - T_f \cdot S_L^m(T_f)) - (H_S^m(T_f) - T_f \cdot S_S^m(T_f)) \tag{1.19}$$

$$L_f^m - T_f \cdot \Delta S_f^m = 0$$

即：

$$\Delta S_f^m = \frac{L_f^m}{T_f} \tag{1.20}$$

式中，L_f^m 为摩尔熔化焓(摩尔熔化潜热)。

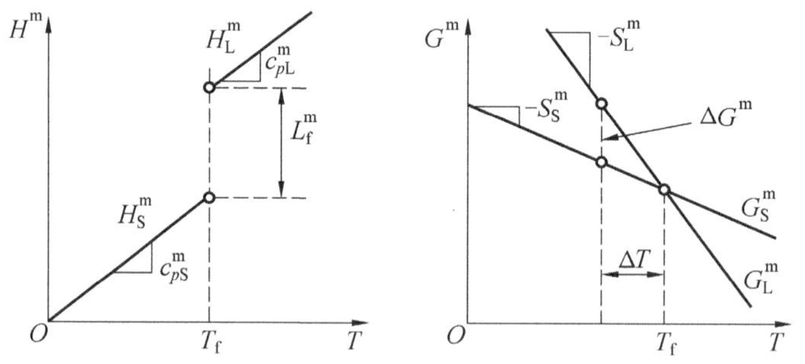

图 1.2　纯物质固、液两相的摩尔焓、摩尔 Gibbs 自由能随温度的变化

图 1.2 表明系统温度小于T_f 时，固相摩尔 Gibbs 自由能较低，此时液相才能发生凝固，即：

$$T = T_f - \Delta T \tag{1.21}$$

式中，ΔT 为过冷度。

此时的自由能差为：

$$G_L^m(T)-G_S^m(T)=-\Delta G^m(T)=(H_L^m(T)-H_S^m(T))-T\cdot(S_L^m(T)-S_S^m(T)) \tag{1.22}$$

过冷度很小，温度为 T 时，焓的变化 $H_L^m(T)-H_S^m(T)$ 可近似认为与熔点时的焓变一样，即 $L_f(T)=L_f(T_f)$，同理 $\Delta S_f^m(T)=\Delta S_f^m(T_f)$。因此：

$$\Delta G^m(T)=-\Delta S_f^m\cdot\Delta T \tag{1.23}$$

将式 $dG=Vdp-SdT$ 用于摩尔形式，可得：

$$\begin{cases}dG_L^m=V_L^m\cdot dp-S_L^m\cdot dT\\ dG_S^m=V_S^m\cdot dp-S_S^m\cdot dT\end{cases} \tag{1.24}$$

令 $dG_L^m=dG_S^m$，得到 Clausius－Clapeyron 方程：

$$\left.\frac{dp}{dT}\right|_{SL}=\frac{\Delta S_f^m}{\Delta V_f^m}=\frac{L_f^m}{T_f\cdot\Delta V_f^m} \tag{1.25}$$

式中，ΔV_f^m 为熔化时的摩尔体积变化，对于大多数的材料，$\Delta V_f^m>0$；下标 SL 表示固、液相界。

同理，当三相（气、液、固）共存时，基于类似的推理，平衡条件可表述为 $T_\alpha=T_\beta=T_\gamma=T$、$p_\alpha=p_\beta=p_\gamma=p$、$G_\alpha^m=G_\beta^m=G_\gamma^m=G^m$。此时系统中增加了一个约束，从而使得自由度 N_F 减为 0，相图中 $N_F=0$ 的点称为不动点，这意味着在特定的温度和压力下，三相可以共存（此时称为三相点）。

1.2　二元合金热力学

1.2.1　单相固溶体热力学

图 1.3 描述了由两种组元 A 和 B 组成均匀相的结合键变化，组元 A 或 B 可以是原子或者分子，A 和 B 两纯组元混合前，仅有 A—A 键和 B—B 键，而形成固溶体后，部分键被 A—B 键取代。假定 B 为溶质，A 为溶剂。设该体系包含 n_A mol 的组元 A 及 n_B mol 的组元 B，总的摩尔数为 $n=n_A+n_B$，则各组元的摩尔分数（x_A 和 x_B）可用下式表达：

$$\begin{cases}x_A=\dfrac{n_A}{n_A+n_B}\\ x_B=\dfrac{n_B}{n_A+n_B}\\ x_A+x_B=1\end{cases} \tag{1.26}$$

分子或原子混合时，A—B 键数量随溶质含量而发生变化。因此，除温度和压力外，组分的变化也改变相的摩尔 Gibbs 自由能，即 $G=G(T,p,n_A,n_B)$，则 dG 为：

$$\begin{aligned}dG(p,T,n_A,n_B)=&V(p,T,n_A,n_B)\cdot dp-S(p,T,n_A,n_B)\cdot dT+\\ &\mu_A(p,T,x_B)\cdot dn_A+\mu_B(p,T,x_B)\cdot dn_B\end{aligned} \tag{1.27}$$

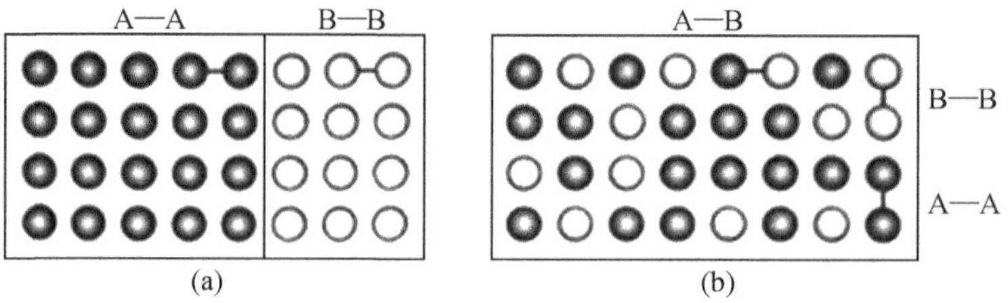

图 1.3 n_A mol 的 A 原子(分子)与 n_B mol 的 B 原子(分子)混合示意图

μ_A 和 μ_B 分别为组元 A 和 B 的化学势,定义为:

$$\mu_A=\left(\frac{\partial G}{\partial n_A}\right)_{p,T,n_B},\quad \mu_B=\left(\frac{\partial G}{\partial n_B}\right)_{p,T,n_A} \tag{1.28}$$

将式(1.27)除以 n 就可以得到其摩尔形式的表达式,即:

$$\begin{aligned}dG(p,T,x_B)=&V^m(p,T,x_B)\cdot dp-S^m(p,T,x_B)\cdot dT+\\&(\mu_B(p,T,x_B)-\mu_A(p,T,x_B))\cdot dx_B\end{aligned} \tag{1.29}$$

恒温恒压下,Gibbs 自由能为:

$$G=n_A\mu_A+n_B\mu_B \tag{1.30}$$

图 1.4 给出了摩尔 Gibbs 自由能的示意图。对式(1.30)进行微分可得:

$$dG=n_A d\mu_A+n_B d\mu_B+\mu_A dn_A+\mu_B dn_B \tag{1.31}$$

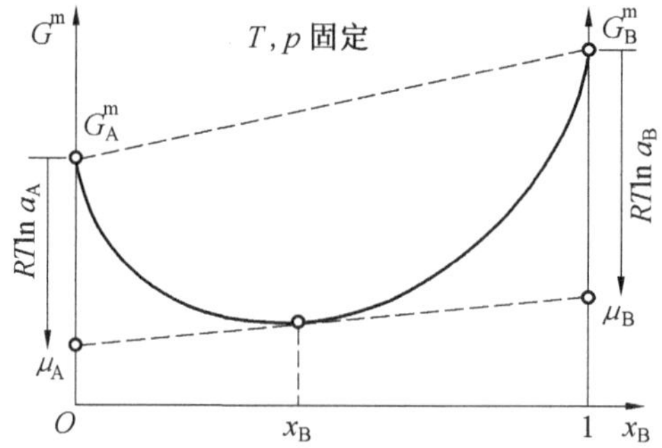

图 1.4 二元溶体摩尔 Gibbs 自由能与元素 B 摩尔分数的关系

温度和压力不变时,由式(1.29)和式(1.31)可得:

$$\begin{aligned}n_A d\mu_A+n_B d\mu_B+\mu_A dn_A+\mu_B dn_B&=V\cdot dp-S\cdot dT+\mu_A\cdot dn_A+\mu_B\cdot dn_B\\&=\mu_A\cdot dn_A+\mu_B\cdot dn_B\end{aligned} \tag{1.32}$$

从而得到 Gibbs－Duhem 方程:

$$n_A d\mu_A+n_B d\mu_B=0 \tag{1.33}$$

式(1.33)除以 n 可得:

$$x_A d\mu_A+x_B d\mu_B=0 \tag{1.34}$$

式(1.30)除以 n 可得:

$$G^m=x_A\mu_A+x_B\mu_B \tag{1.35}$$

进一步对 x_B 微分推导可得:

$$\frac{\partial G^m}{\partial x_B}=\mu_B-\mu_A \tag{1.36}$$

联立式(1.35)、式(1.36)得到：

$$\begin{cases}\mu_B(p,T,x_B)=G^m(p,T,x_B)+(1-x_B)\cdot\left(\dfrac{\partial G^m}{\partial x_B}\right)_{T,p}\\\mu_A(p,T,x_B)=G^m(p,T,x_B)-x_B\cdot\left(\dfrac{\partial G^m}{\partial x_B}\right)_{T,p}\end{cases}\tag{1.37}$$

式(1.37)可计算出摩尔分数为 x_B 的固溶体中组元 A、B 的化学势。如图 1.4 所示，计算结果为切线在纵坐标上的截距，因此式(1.37)即为切线法则。

溶质摩尔分数为 x_B 的固溶体中，组元 A 和 B 的活度分别表述为 $a_A(T,p,x_B)$ 和 $a_B(T,p,x_B)$，即：

$$a_A(T,p,x_B)=\exp\left(-\frac{G_A^m-\mu_A}{RT}\right)\tag{1.38}$$

$$a_B(T,p,x_B)=\exp\left(-\frac{G_B^m-\mu_B}{RT}\right)\tag{1.39}$$

式中，R 为气体常数，$R=8.314\ \text{J/(mol}\cdot\text{K)}$。

元素的化学活度可用热激活能形式表示，以衡量纯组元摩尔 Gibbs 能和稀溶体中组元的化学势之间的差值。利用这些关系式，可以直接从图 1.4 中得到组元的活度，其中 $RT\ln a_A$ 和 $RT\ln a_B$ 分别对应差值 $G_A^m-\mu_A$ 和 $G_B^m-\mu_B$。

1.2.2　正规溶体模型

理论上，使用公切线法则可求解组元的化学势，即组元在溶体中的真实摩尔自由能，但要有能够描述摩尔自由能与成分间关系的热力学模型，下面对该模型进行理论推导。对于图 1.3 所示的完全无序的固溶体，形成 1 mol 的固溶体($1\cdot x_A$ mol 的 A 和 $1\cdot x_B$ mol 的 B)会产生：

$$\begin{cases}\text{A—A 键数量：}0.5(x_A N_0)(x_A N_b)\\\text{A—B 键数量：}0.5[(x_A N_0)(x_B N_b)+(x_B N_0)(x_A N_b)]\\\text{B—B 键数量：}0.5(x_B N_0)(x_B N_b)\end{cases}\tag{1.40}$$

式中，N_0 为阿伏伽德罗常量；N_b 为配位数或者每个原子的成键数目(如简单立方结构 $N_b=6$)。

固溶体中有 $x_J N_0$ 个 J 原子，且每个 J 原子被 N_b 个临近原子包围，如果固溶体无序，那么 A/B 这种形式的原子数比可以表示为 x_A/x_B。因此与化学键相关联的内能为：

$$U_i^m=0.5\,N_0\cdot N_b\cdot(x_A^2\cdot\varepsilon_{AA}+x_B^2\cdot\varepsilon_{BB}+2\,x_A\cdot x_B\cdot\varepsilon_{AB})\tag{1.41}$$

式中，ε_{IJ} 为组元 I 和 J 之间的化学键能，且 $\varepsilon_{IJ}<0$。

式(1.41)也可以写为：

$$\begin{aligned}U_i^m=&0.5\,N_0\cdot N_b\cdot(x_A^2\cdot\varepsilon_{AA}+x_B^2\cdot\varepsilon_{BB}+x_A\cdot x_B\cdot\varepsilon_{AA}+x_A\cdot x_B\cdot\varepsilon_{BB})+\\&0.5\,N_0\cdot N_b\cdot x_A\cdot x_B(2\,\varepsilon_{AB}-\varepsilon_{AA}-\varepsilon_{BB})\end{aligned}\tag{1.42}$$

考虑到 $x_A+x_B=1$，于是有：

$$\begin{aligned}U_i^m=&0.5\,N_0\cdot N_b\cdot x_A\cdot\varepsilon_{AA}+0.5\,N_0\cdot N_b\cdot x_B\cdot\varepsilon_{BB}+\\&0.5\,N_0\cdot N_b\cdot x_A\cdot x_B(2\,\varepsilon_{AB}-\varepsilon_{AA}-\varepsilon_{BB})\end{aligned}$$

$$U_i^m=x_A\cdot U_{iA}^m+x_B\cdot U_{iB}^m+\Omega^m\cdot x_A\cdot x_B\tag{1.43}$$

式中最后一项称为混合焓，且：

$$\begin{cases} U_{\mathrm{iA}}^{\mathrm{m}} = 0.5\, N_0 \cdot N_{\mathrm{b}} \cdot \varepsilon_{\mathrm{AA}} \\ U_{\mathrm{iB}}^{\mathrm{m}} = 0.5\, N_0 \cdot N_{\mathrm{b}} \cdot \varepsilon_{\mathrm{BB}} \\ \Omega^{\mathrm{m}} = N_0 \cdot N_{\mathrm{b}} \cdot \bar{\varepsilon}_{\mathrm{AB}} = N_0 \cdot N_{\mathrm{b}} \cdot \left(\varepsilon_{\mathrm{AB}} - \dfrac{\varepsilon_{\mathrm{AA}} + \varepsilon_{\mathrm{BB}}}{2}\right) \end{cases} \tag{1.44}$$

式中，键能$\bar{\varepsilon}_{\mathrm{AB}} = \varepsilon_{\mathrm{AB}} - 0.5\,\varepsilon_{\mathrm{AA}} - 0.5\,\varepsilon_{\mathrm{BB}}$，用于衡量原子 A 和 B 之间的吸引力。当$\bar{\varepsilon}_{\mathrm{AB}} > 0$时，A—B键能绝对值小于A—A和B—B之间的平均键能绝对值，此时 A、B原子倾向于不混溶；当$\bar{\varepsilon}_{\mathrm{AB}} < 0$时，系统可以通过形成更多的 A—B键来降低能量，故倾向形成有序相，即 A 原子周围是 B 原子，反之亦然。

由键能决定的内能只是自由能的一部分，此外还需考虑特定温度下与各原子混合有关的振动能。一个形象的类比就是，分开惰性对象（如桌子上的硬币）和活化对象（如托儿所的男孩和女孩）。前者对应原子模型中 0 K 的情况，即分开它们不需要消耗能量；然而当温度 $T > 0$ K 时，即使 $\varepsilon_{\mathrm{AA}} = \varepsilon_{\mathrm{BB}} = \varepsilon_{\mathrm{AB}}$，分开原子时，也会因原子振动而消耗能量。

上述模型用于计算自由能时，除了根据简单混合法则得到的内能，还包括两项：过剩能（$\Omega^{\mathrm{m}} \cdot x_{\mathrm{A}} \cdot x_{\mathrm{B}}$）和混合熵（$S_{\mathrm{mix}}^{\mathrm{m}}$）。

据此，自由能推导如下：

$$\begin{aligned} G^{\mathrm{m}} &= E^{\mathrm{m}} + p\Delta V^{\mathrm{m}} - T\Delta S^{\mathrm{m}} \\ &= (x_{\mathrm{A}} \cdot U_{\mathrm{A}}^{\mathrm{m}} + x_{\mathrm{B}} \cdot U_{\mathrm{B}}^{\mathrm{m}}) + \Omega^{\mathrm{m}} \cdot x_{\mathrm{A}} \cdot x_{\mathrm{B}} + p \cdot (x_{\mathrm{A}}\Delta V_{\mathrm{A}}^{\mathrm{m}} + x_{\mathrm{B}}\Delta V_{\mathrm{B}}^{\mathrm{m}}) - \\ &\quad\ T \cdot [(x_{\mathrm{A}}\Delta S_{\mathrm{A}}^{\mathrm{m}} + x_{\mathrm{B}}\Delta S_{\mathrm{B}}^{\mathrm{m}}) - S_{\mathrm{mix}}^{\mathrm{m}}] \\ &= x_{\mathrm{A}} \cdot (U_{\mathrm{A}}^{\mathrm{m}} + p\Delta V_{\mathrm{A}}^{\mathrm{m}} - T\Delta S_{\mathrm{A}}^{\mathrm{m}}) + x_{\mathrm{B}} \cdot (U_{\mathrm{B}}^{\mathrm{m}} + p\Delta V_{\mathrm{B}}^{\mathrm{m}} - T\Delta S_{\mathrm{B}}^{\mathrm{m}}) + \\ &\quad\ \Omega^{\mathrm{m}} \cdot x_{\mathrm{A}} \cdot x_{\mathrm{B}} - T \cdot S_{\mathrm{mix}}^{\mathrm{m}} \end{aligned} \tag{1.45}$$

即：

$$G^{\mathrm{m}} = x_{\mathrm{A}} \cdot G_{\mathrm{A}}^{\mathrm{m}} + x_{\mathrm{B}} \cdot G_{\mathrm{B}}^{\mathrm{m}} + \Omega^{\mathrm{m}} \cdot x_{\mathrm{A}} \cdot x_{\mathrm{B}} - T \cdot S_{\mathrm{mix}}^{\mathrm{m}} \tag{1.46}$$

式中，$S_{\mathrm{A}}^{\mathrm{m}}$ 和$S_{\mathrm{B}}^{\mathrm{m}}$ 为未混合时纯组元的摩尔熵；$G_{\mathrm{A}}^{\mathrm{m}}$ 和$G_{\mathrm{B}}^{\mathrm{m}}$ 为纯组元的摩尔自由能。

式(1.46) 中的前两项代表 A—A 和 B—B 键能的简单线性组合。通过枚举 N_{A} 个 A 原子和 N_{B} 个 B原子（$N_{\mathrm{A}} + N_{\mathrm{B}} = N_0$）之间所有可能的微观组态的集合可以得到混合熵的模型。在玻尔兹曼的基础上，摩尔混合熵可表述为：

$$S_{\mathrm{mix}}^{\mathrm{m}} = k_{\mathrm{B}} \cdot \ln\left[\frac{(N_{\mathrm{A}} + N_{\mathrm{B}})!}{N_{\mathrm{A}}! \cdot N_{\mathrm{B}}!}\right] \tag{1.47}$$

式中，k_{B} 为玻尔兹曼常量，$k_{\mathrm{B}} = 1.387\,0 \times 10^{-23}$ J/K。

当 Y 趋于正无穷时，利用斯特灵(Stirling) 公式来处理阶乘，即当 Y 很大时：

$$\ln Y \approx Y\ln Y - Y \tag{1.48}$$

由 $R = k_{\mathrm{B}}N_0$，混合熵$S_{\mathrm{mix}}^{\mathrm{m}}$ 可以写为：

$$\begin{aligned} S_{\mathrm{mix}}^{\mathrm{m}} &= k_{\mathrm{B}} \cdot \{\ln[(N_{\mathrm{A}} + N_{\mathrm{B}})!] - \ln(N_{\mathrm{A}}!) - \ln(N_{\mathrm{B}}!)\} \\ &= k_{\mathrm{B}} \cdot \{(N_{\mathrm{A}} + N_{\mathrm{B}}) \cdot \ln(N_{\mathrm{A}} + N_{\mathrm{B}}) - (N_{\mathrm{A}} + N_{\mathrm{B}}) - \\ &\quad\ [N_{\mathrm{A}} \cdot \ln N_{\mathrm{A}} - N_{\mathrm{A}} + N_{\mathrm{B}} \cdot \ln N_{\mathrm{B}} - N_{\mathrm{B}}]\} \\ &= k_{\mathrm{B}} \cdot [N_0 \cdot \ln N_0 - (N_{\mathrm{A}} \cdot \ln N_{\mathrm{A}} + N_{\mathrm{B}} \cdot \ln N_{\mathrm{B}})] \\ &= k_{\mathrm{B}} \cdot [N_{\mathrm{A}} \cdot \ln N_0 + N_{\mathrm{B}} \cdot \ln N_0 - (N_{\mathrm{A}} \cdot \ln N_{\mathrm{A}} + N_{\mathrm{B}} \cdot \ln N_{\mathrm{B}})] \\ &= -R \cdot (x_{\mathrm{A}} \cdot \ln x_{\mathrm{A}} + x_{\mathrm{B}} \cdot \ln x_{\mathrm{B}}) \end{aligned} \tag{1.49}$$

将式(1.49)代入G^m关系式，最终可得正规溶体的摩尔 Gibbs 自由能表达式，即：

$$G^m = x_A \cdot G_A^m + x_B \cdot G_B^m + \Omega^m \cdot x_A \cdot x_B + R\Delta T \cdot (x_A \cdot \ln x_A + x_B \cdot \ln x_B) \tag{1.50}$$

当$\Omega^m = 0$，即混合焓为 0 时(A—B 键与 A—A 键、B—B 键的平均键能相等)，式(1.50)退化为理想溶体的摩尔 Gibbs 自由能表达式。图 1.5 所示为理想溶体摩尔 Gibbs 自由能的各部分组成。考虑到熵对自由能的贡献($-T\Delta S_J^m$)，两纯组元的自由能都随温度的升高而降低(图 1.5)。由于$\Omega^m = 0$，理想溶体的自由能仅因混合熵的效应而偏离了纯组元自由能的线性插值。混合熵项是负值，且随着温度的升高而增大，而对于纯组元 A 或 B，该项值为 0。$x_A = x_B = 0.5$时偏差达到最大，同时在$x_A = 1$和$x_B = 1$处，G^m的斜率分别为$-\infty$和$+\infty$。

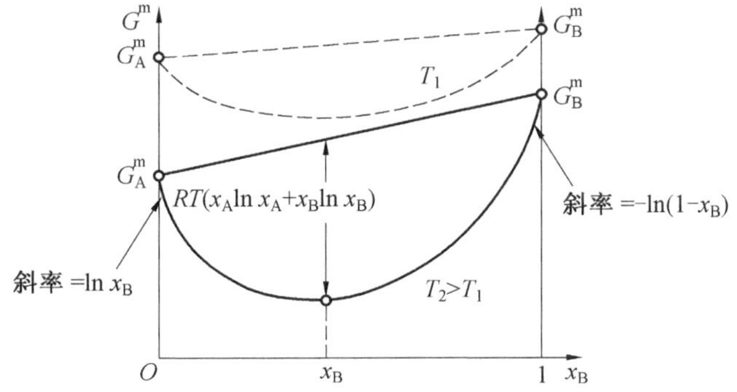

图 1.5　理想溶体在温度 T_1 和 T_2 时的摩尔 Gibbs 自由能($T_1 < T_2$)

任何给定的温度和压力下，理想固溶体的化学势可由切线法则得到，即：

$$\begin{cases} \mu_B(x_B) = G^m(x_B) + (1 - x_B) \cdot \dfrac{\partial G^m}{\partial x_B} \\ \mu_A(x_B) = G^m(x_B) - x_B \cdot \dfrac{\partial G^m}{\partial x_B} \end{cases} \tag{1.51}$$

现在考虑$\Omega^m \neq 0$的情形。当$\Omega^m < 0$时，混合焓与混合熵共同作用使得G^m曲线下弯的程度变大(图 1.6)，这是 A、B 原子间强烈的吸引力所致，并且倾向于形成有序相。

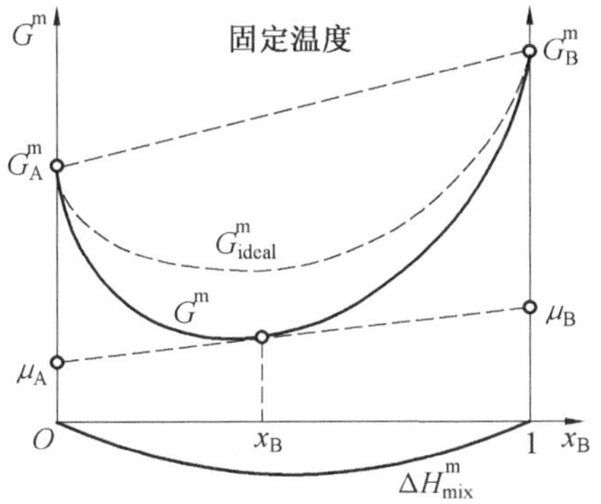

图 1.6　温度一定且$\Omega^m < 0$时，正规熔体的摩尔 Gibbs 自由能
(也给出了特定浓度下组元 A、B 的化学势)

此时,组元之间的吸引力可能导致具有特定晶体结构的中间相的生成。当这种情况发生在非常窄的组分范围内时,生成的新相通常称为金属间化合物。如图 1.7 所示,通常这些相的 Gibbs 自由能曲线很窄,该曲线可与一般相的摩尔 Gibbs 自由能曲线相交。

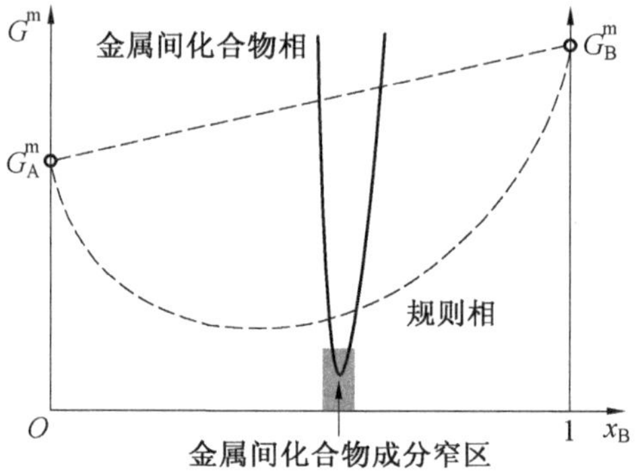

图 1.7 金属间化合物摩尔 Gibbs 自由能示意图

当 $\Omega^m > 0$ 时,混合焓的作用与混合熵相反。如图 1.8 所示,在高温下,熵仍起主要作用,因而 G^m 曲线下凹;在低温下,熵的作用下降,而混合焓未变,结果,曲线可能由下凹变为上凸,两相分离。

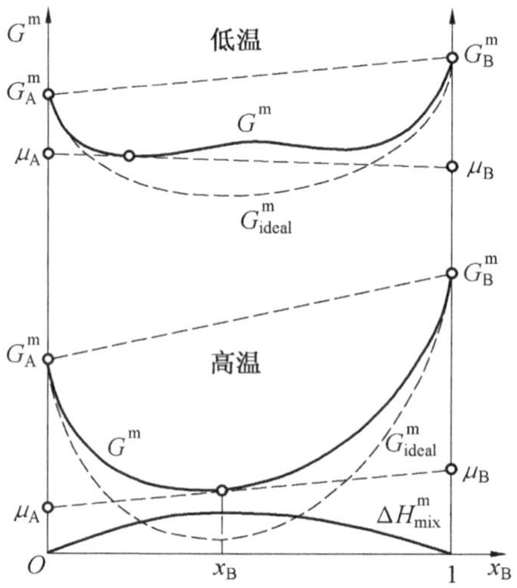

图 1.8 $\Omega^m > 0$ 时低温和高温下正规溶体的摩尔 Gibbs 自由能

1.2.3 两相平衡

假定压力平衡和热平衡系统的二元合金中多相平衡共存。简便起见,仅考虑两相的情况,如固相和液相,它们的溶质浓度分别记为 x_{BS} 和 x_{BL}。

考虑特定温度和压力下的两相摩尔 Gibbs 自由能(图 1.9)。如果两条摩尔 Gibbs 自由能曲线没有相交,那么在整个成分区域内,系统的最小自由能通常由最低自由能曲线描述,即系统中仅可以存在一种相。当两曲线相交时,两相平衡的条件式为:

$$\mu_{AS} = \mu_{AL}, \quad \mu_{BL} = \mu_{BS} \tag{1.52}$$

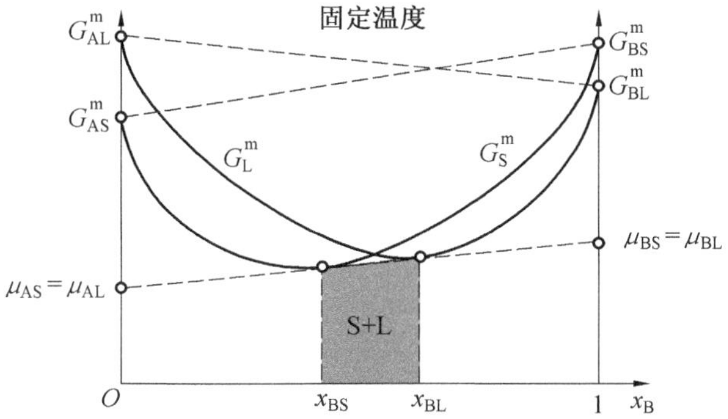

图 1.9　液固两相摩尔 Gibbs 自由能随浓度变化以及液固两相共存的平衡条件

如图 1.9 所示，平衡条件式要求固相和液相的浓度在公切线上，然而在这一温度和压力下，当成分低于 x_{BS} 时，固相的自由能最低；当成分高于 x_{BL} 时，液相的自由能最低。

当合金浓度 x_B 满足 $x_{BS} < x_B < x_{BL}$ 时，体系可以通过两相的共存从而使得体系的摩尔 Gibbs 自由能达到最低。对于介于 x_{BS} 和 x_{BL} 之间的成分，根据溶质守恒，摩尔体积分数（X_S、X_L）满足如下关系：

$$X_S \cdot x_{BS} + X_L \cdot x_{BL} = x_B \tag{1.53}$$

定义 x_{BS}/x_{BL}（溶质 B 在溶剂 A 中）为分配系数 k_0^m。在多元系统中，可用 k_{0B}^m 和 k_{0C}^m 等符号去表示每一个溶质元素的分配系数。如对一系列的温度都进行这样的分析，那么共存的固液两相所对应的平衡成分 $x_{BS}(T)$、$x_{BL}(T)$ 可以绘制成温度的函数。这就确定了平衡相图中的固相线 $T_{sol}(x_B)$ 和液相线 $T_{liq}(x_B)$。图 1.10 示意的是相图中的一部分，假定分配系数不随温度发生变化，液相线和固相线为直线且相交于纯物质 A 的熔点处。

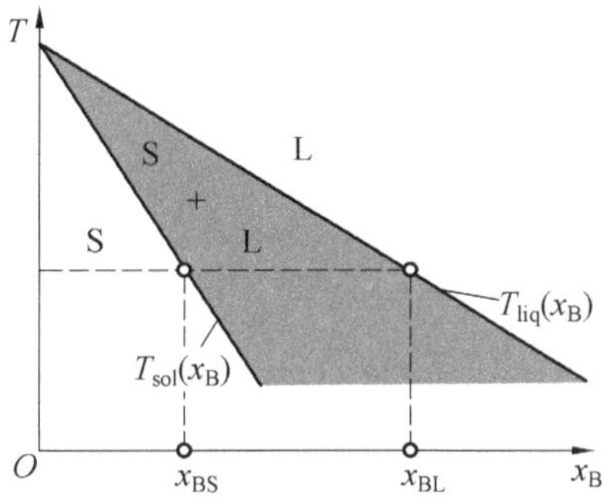

图 1.10　相图的一部分：固相区、液相区以及液固两相区

1.3　界面弯曲引起的偏离平衡

1.3.1　界面平衡

凝固过程中形成的梯度（温度梯度或者浓度梯度）会使体系偏离平衡态，对于一元系统，如：某凝固过程中液相的局部温度与固相或者固－液界面处的温度并不相等（图

1.11)。仅当热电偶与界面相接触时，实验测定的温度才是物质的熔点，因为溶质扩散比热扩散进行得慢，所以合金中的各相中存在浓度梯度。由平衡条件可知，固相和液相的浓度比界面处（界面处固相侧的溶质浓度为x_{BS}^*，液相侧的溶质浓度为x_{BL}^*）的低。

对于仅由各相梯度引起的平衡偏离，之前导出的平衡条件仍适用于界面处，这就是通常所说的局域平衡假设。这里用星号来标注界面处的各种参量，例如，T^* 表示界面处的温度，且界面平衡时：$T^* = T_f$。

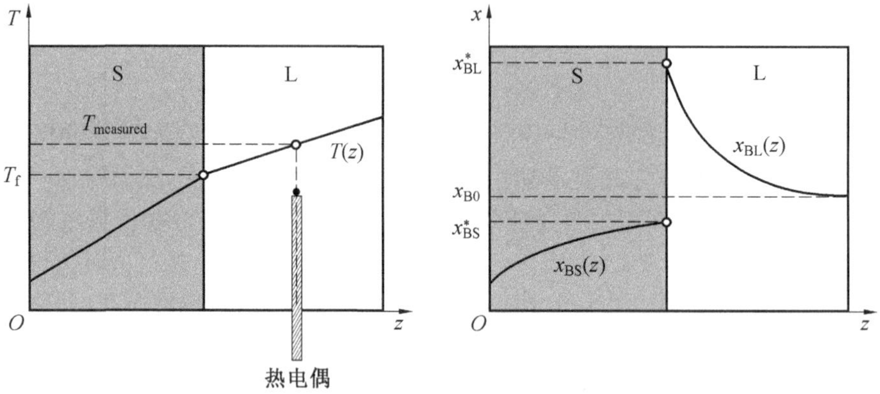

图 1.11　一元或者二元系统中温度梯度和浓度梯度的示意图

1.3.2　界面弯曲引起的平衡偏离

考虑平衡状态下的一元系统。固－液界面处原子（分子）的摩尔 Gibbs 自由能不同于液相或者固相处：界面处的原子（分子）需要承受固液两侧的微小结构变化，因而界面处的原子（分子）存在过剩自由能。

系统总的 Gibbs 自由能可表示为：

$$G = G_S^m n_S + G_L^m n_L + A_{SL}\gamma_{SL} \tag{1.54}$$

式中，n_S 和 n_L 分别为固相和液相的摩尔数；A_{SL} 为界面面积；γ_{SL} 为固液两相间界面能。

如摩尔数 n 已知，则有 $n_L = n - n_S$，进而 Gibbs 自由能的极小值可由下式求出：

$$\frac{\partial G}{\partial n_S} = 0 = G_S^m - G_L^m + \frac{\partial A_{SL}}{\partial n_S} \cdot \gamma_{SL} \tag{1.55}$$

假定界面能各向同性，且与体积元的形状和尺寸无关。固相体积 V_S 可由$V_S^m n_S$ 给出，其中V_S^m 是固相的摩尔体积，此时式(1.55)的最后一项可写为：

$$\frac{\partial A_{SL}}{\partial n_S} = V_S^m \cdot \frac{\partial A_{SL}}{\partial V_S} = V_S^m 2\bar{\kappa} \tag{1.56}$$

式中，$\bar{\kappa}$ 为固相的平均曲率，其表达式为：

$$\bar{\kappa} = \frac{1}{2}\frac{\partial A_{SL}}{\partial V_S} = \frac{1}{2}\left(\frac{1}{R_1} + \frac{1}{R_2}\right) \tag{1.57}$$

式中，R_1 和 R_2 为表面上任意两个垂直方向上的曲率半径。对于一个球体，$A_{SL} = 4\pi R^2$，$V_S = 4\pi R^3/3$，则$\bar{\kappa} = 1/R$；对于一个半径为 R 且无限高的圆柱体，则$\bar{\kappa} = \dfrac{1}{2R}$。

对一元系统而言，液相和平均曲率为$\bar{\kappa}$ 的固相颗粒的平衡条件可由式(1.58) 给出，即：

$$G_{\mathrm{L}}^{\mathrm{m}} = G_{\mathrm{S}}^{\mathrm{m}} + 2 V_{\mathrm{S}}^{\mathrm{m}} \cdot \bar{\kappa} \cdot \gamma_{\mathrm{SL}} \tag{1.58}$$

也可以通过考虑液固两相间的压力差(图 1.12) 来建立这个方程。由上述假设可得，表面张力提高了弯曲固相颗粒的表面压力。因此可以直接写出压力差：$\Delta p = p_{\mathrm{S}} - p_{\mathrm{L}} = 2\bar{\kappa} \cdot \gamma_{\mathrm{SL}}$，这个值乘以摩尔体积就是摩尔 Gibbs 自由能差。

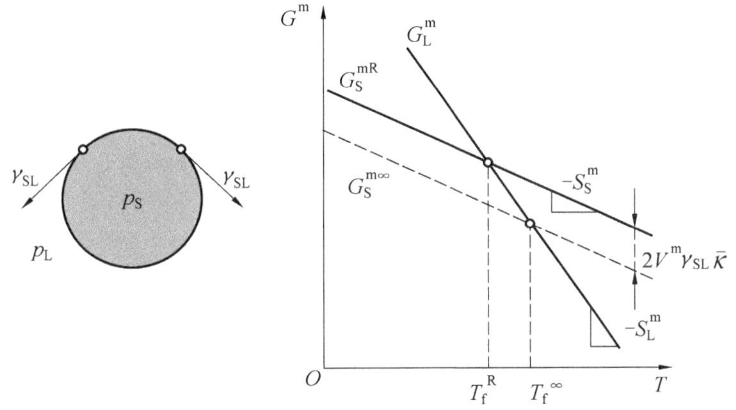

图 1.12　半径为 R 的球形固相颗粒摩尔 Gibbs 自由能及与液相的平衡条件

由图 1.12 可以看出，对于一元系统，弯曲(凸) 固体颗粒的熔点$T_{\mathrm{f}}^{\mathrm{R}}$ 低于平直界面固体的熔点T_{f}^{∞}。熔点的降低与曲率有关，称为曲率过冷，由于：

$$\Delta G^{\mathrm{m}}(T) = -\Delta S_{\mathrm{f}}^{\mathrm{m}} \cdot \Delta T \tag{1.59}$$

因此，曲率过冷为：

$$\Delta T_{\mathrm{R}} = T_{\mathrm{f}}^{\infty} - T_{\mathrm{f}}^{\mathrm{R}} = 2\bar{\kappa} \cdot \frac{\gamma_{\mathrm{SL}} \cdot V^{\mathrm{m}}}{\Delta S_{\mathrm{f}}^{\mathrm{m}}} = 2\Gamma_{\mathrm{SL}} \cdot \bar{\kappa} \tag{1.60}$$

引入 Gibbs－Thomson 系数Γ_{SL}，其表述为：

$$\Gamma_{\mathrm{SL}} = \frac{\gamma_{\mathrm{SL}} \cdot V^{\mathrm{m}}}{\Delta S_{\mathrm{f}}^{\mathrm{m}}} = \frac{\gamma_{\mathrm{SL}}\,\Delta T_{\mathrm{f}}}{\rho_{\mathrm{S}} \cdot L_{\mathrm{f}}} \tag{1.61}$$

进而曲面纯物质的熔点可由 Gibbs－Thomson 方程给出，即：

$$T_{\mathrm{f}}^{\mathrm{R}} = T_{\mathrm{f}}^{\infty} - 2\Gamma_{\mathrm{SL}} \cdot \bar{\kappa} \tag{1.62}$$

一般情况下，Γ_{SL} 约为 10^{-7} km。因此，对于一块半径为 10 μm 的微小固体颗粒，其熔点就会降低 0.02 K。如图 1.13 所示，实验观察到半径约为 2 nm 的金颗粒的熔点比平界面时(1 337.6 K) 降低了约 250 K。

合金的情况比较复杂。在计算固相和液相的摩尔 Gibbs 自由能时，对于固相，需考虑曲率效应对自由能的贡献。如图 1.14 所示，在温度确定的情形下，分配系数 $k_0 < 1$ 的合金，正曲率的作用使得固－液界面的溶质浓度$x_{\mathrm{BS}}^{\mathrm{R}}$ 和$x_{\mathrm{BL}}^{\mathrm{R}}$ 比平界面的浓度x_{BS}^{∞} 和x_{BL}^{∞} 有所降低。对于稀溶液，可由式 $\Delta T_{\mathrm{R}} = 2\Gamma_{\mathrm{SL}} \cdot \bar{\kappa}$ 大致估算曲率效应所引起的垂直方向上液相线和固相线的变化值 ΔT_{R}。

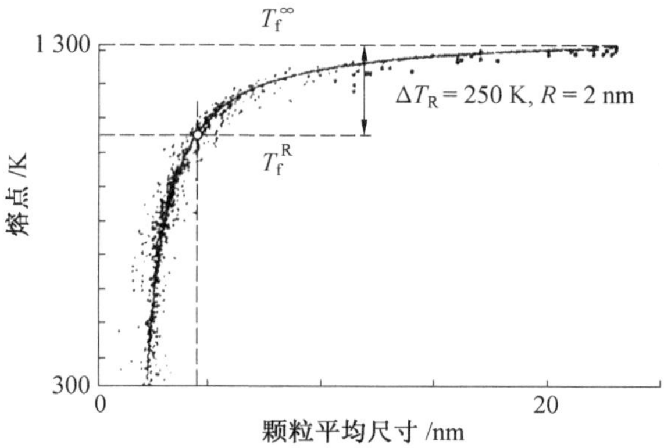

图 1.13　通过电子散射方法测得的细小金颗粒熔点

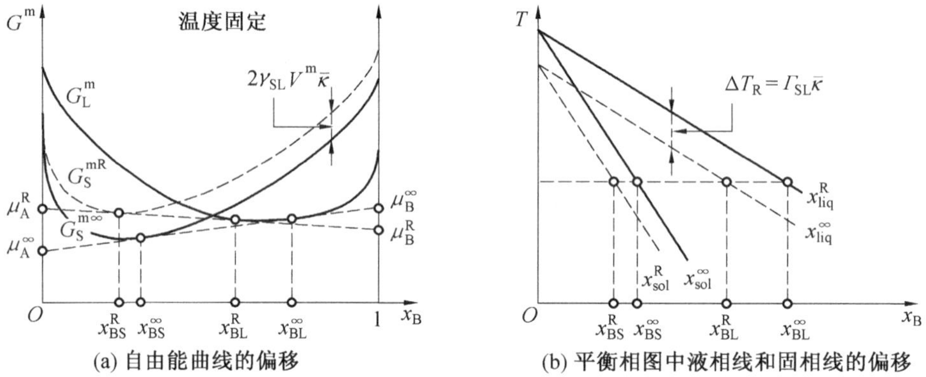

图 1.14　考虑曲率效应后，二元合金中液相和固相之间的平衡

1.4　溶质平衡分配系数

1.4.1　溶质平衡分配系的热力学计算

溶质平衡分配系数(k_0)为恒温下固相溶质浓度 w_S 与液相溶质浓度 w_L 达到平衡时的比值(即 $k_0 = w_S/w_L$)。固相线极难准确测出，以致同一个二元系的状态图往往存在很大差异，使得采用这种方法确定 k_0 值很难获得正确数值。至于多元系合金的溶质平衡分配系数，则根本无法用状态图求得。基于上述原因，在热力学数据能正确求得的情况下，用热力学方法计算溶质平衡分配系数是可行的。

在真实溶液及固溶体中，溶质 i 在固相和液相的化学位分别为：

$$\begin{cases}\mu_i^S = \mu_{0i}^S(T) + RT\ln a_i^S \\ \mu_i^L = \mu_{0i}^L(T) + RT\ln a_i^L\end{cases} \tag{1.63}$$

式中，a 为活度；$\mu_{0i}(T)$ 为标准化学势，是在 10^5 Pa 及温度为 T 时 1 mol 理想状态下组元 i 的自由焓。

固、液两相平衡时，$\mu_i^L = \mu_i^S$，即：

$$\mu_{0i}^{L}(T)+RT\ln a_i^{L}=\mu_{0i}^{S}(T)+RT\ln a_i^{S} \tag{1.64}$$

或

$$\frac{a_i^{S}}{a_i^{L}}=\frac{x_i^{S}}{x_i^{L}}\cdot\frac{f_i^{S}}{f_i^{L}}=\exp[(\mu_{0i}^{L}(T)-\mu_{0i}^{S}(T))/RT] \tag{1.65}$$

式中，x_i 为组元 i 的摩尔分数；f_i 为组元 i 的活度系数。

根据溶质平衡分配系数的定义，溶质 i 的平衡分配系数可表示为：

$$k_0^i=\frac{w_i^{S}}{w_i^{L}} \tag{1.66}$$

式中，w_i 为组元 i 的质量分数，它与 x_i 的关系为：

$$\begin{cases} x_i^{L}=\dfrac{w_i^{L}/A_i}{w_1^{L}/A_1+w_2^{L}/A_2+\cdots+w_i^{L}/A_i} \\ x_i^{S}=\dfrac{w_i^{S}/A_i}{w_1^{S}/A_1+w_2^{S}/A_2+\cdots+w_i^{S}/A_i} \end{cases} \tag{1.67}$$

式中，$A_1,A_2,\cdots,A_i$ 分别为组元 $1,2,\cdots,i$ 的原子量。

由式(1.67)可得：

$$\begin{cases} \dfrac{w_i^{S}}{w_i^{L}}=\dfrac{x_i^{S}}{x_i^{L}}\cdot\dfrac{1}{F} \\ F=\dfrac{w_1^{L}/A_1+w_2^{L}/A_2+\cdots+w_i^{L}/A_i}{w_1^{S}/A_1+w_2^{S}/A_2+\cdots+w_i^{S}/A_i} \end{cases} \tag{1.68}$$

则组元 i 的平衡分配系数为：

$$k_0^i=\frac{f_i^{L}}{f_i^{S}}\cdot\frac{\exp[(\mu_{0i}^{L}(T)-\mu_{0i}^{S}(T))/RT]}{F} \tag{1.69}$$

在多元系合金中，溶质元素之间发生相互作用，这种作用可以通过彼此对活度系数的影响表现出来。例如在溶剂1中，有2,3,4,… 种溶质，它们中间任何一个组元，如组元2的活度系数 f_2 可用每一个其他组元(3,4,…)对 f_2 的影响因素($f_2^{(3)}$，$f_2^{(4)}$，…)的乘积来表示：

$$f_2=f_2^{(2)}\cdot f_2^{(3)}\cdot f_2^{(4)}\cdot\cdots \tag{1.70}$$

式中，$f_2^{(2)}$ 为组元2在二元合金中的活度系数。

式(1.70)实质上是由展开泰勒级数并略去高次微分项获得的，可由下述推导看出：

$$\ln f_2(x_2,x_3,x_4,\cdots)=\ln f_2^{0}+\left[x_2\frac{\partial\ln f_2}{\partial x_2}+x_3\frac{\partial\ln f_2}{\partial x_3}+x_4\frac{\partial\ln f_2}{\partial x_4}+\cdots\right]+\left[\frac{1}{2}x_2^2\cdot\frac{\partial^2\ln f_2}{\partial x_2^2}+x_2x_3\frac{\partial^2\ln f_2}{\partial x_2\partial x_3}+\cdots\right] \tag{1.71}$$

式中，f_2^{0} 为无限稀溶液中组元2的活度系数，应等于1；$x_2,x_3,x_4,\cdots$ 分别为组元2,3,4,…的摩尔分数。

将式(1.71)中高次项略去，并令

$$\frac{\partial\ln f_2}{\partial x_2}=\varepsilon_2^{(2)},\frac{\partial\ln f_2}{\partial x_3}=\varepsilon_2^{(3)},\cdots \tag{1.72}$$

式(1.71)变为：

$$\begin{aligned}\ln f_2(x_2,x_3,x_4,\cdots)&=x_2\cdot\varepsilon_2^{(2)}+x_3\cdot\varepsilon_2^{(3)}+x_4\cdot\varepsilon_2^{(4)}+\cdots\\&=\ln f_2^{(2)}+\ln f_2^{(3)}+\ln f_2^{(4)}+\cdots\end{aligned} \tag{1.73}$$

或

$$f_2=\exp(x_2\cdot\varepsilon_2^{(2)}+x_3\cdot\varepsilon_2^{(3)}+x_4\cdot\varepsilon_2^{(4)}+\cdots) \tag{1.74}$$

式中,$\varepsilon_2^{(2)}$,$\varepsilon_2^{(3)}$,$\varepsilon_2^{(4)}$,… 为相互作用系数,它们是温度的函数,不同溶液中溶质元素间的相互作用系数可以通过实验求出。

在多元合金中,在计算某组元 i 的溶质平衡分配系数时,由于该组元受到其他溶质组元的相互作用,必须把它们对该组元活度系数的影响反映进去。将描述 f_2 的公式代入组元 i 的平衡分配系数得:

$$\begin{aligned}k_0^i&=\frac{f_i^{L}}{f_i^{S}}\cdot\frac{\exp[(\mu_{0i}^{L}(T)-\mu_{0i}^{S}(T))/RT]}{F}\\&=\frac{\exp[(\mu_{0i}^{L}(T)-\mu_{0i}^{S}(T))/RT]}{F}\times\exp[(x_i^{L}\cdot\varepsilon_i^{(i)L}-x_i^{S}\cdot\varepsilon_i^{(i)S})+\\&\quad(x_i^{L}\cdot\varepsilon_i^{(2)L}-x_i^{S}\cdot\varepsilon_i^{(2)S})+\cdots]\end{aligned} \tag{1.75}$$

在理想溶液中,溶质元素 i 的自作用系数$\varepsilon_i^{(i)}=0$。利用上式,可以计算某一溶质组元平衡分配系数与第三组元溶质含量的关系。例如钢中某组元 M 在奥氏体与液体间(A/L)的溶质平衡分配系数与碳量的关系可表示为:

$$k_{M}^{A/L}=\frac{\exp[(\mu_{0M}^{L}(T)-\mu_{0M}^{S}(T))/RT]}{F}\cdot\exp(x_{M}^{L}\cdot\varepsilon_{C}^{L}-x_{M}^{A}\cdot\varepsilon_{C}^{A}) \tag{1.76}$$

根据热力学数据计算出的钢中 Ni、N、Co、Mn、Cr 等元素的$k_{M}^{A/L}$ 值随碳量的变化如图 1.15 所示,可以看出它们与实测数据是一致的。

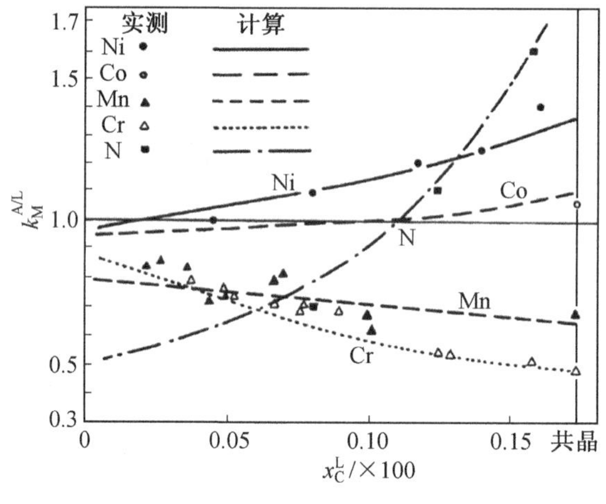

图 1.15　Fe－C 合金中第三组元 M 溶质平衡分配系数与碳量的关系

二元合金的溶质平衡分配系数,除可以用热力学数据计算外,还可以用液相线斜率 m_L 及结晶潜热 ΔH_m 来计算。在理想的稀释溶液中,溶剂组元 A 在固、液两相中的化学位分别为:

$$\begin{cases}\mu_{A}^{L}=\mu_{0A}^{L}(T)+RT\ln(1-x_L)\\\mu_{A}^{S}=\mu_{0A}^{S}(T)+RT\ln(1-x_S)\end{cases} \tag{1.77}$$

式中,x_L、x_S 分别为二元合金中液相与固相溶质摩尔分数。

设μ_{0A}^{L}为纯溶剂组元 A 在其凝固点温度的标准化学势，则不同温度纯溶剂组元化学位之差为：

$$\Delta G = \mu_{0A}^{L} - \mu_{0A}^{L}(T) \tag{1.78}$$

而：

$$\Delta G = -S^{L}\Delta T + V^{L}\Delta p = -S^{L}\Delta T \quad (\text{恒压下 } \Delta p = 0) \tag{1.79}$$

故：

$$\mu_{0A}^{L}(T) = \mu_{0A}^{L} + S^{L}\Delta T \tag{1.80}$$

式中，ΔT 为纯溶剂组元熔点温度 T_m 与给定温度 T 之差。

将式(1.80) 代入液相化学势表达式得：

$$\mu_{A}^{L} = \mu_{0A}^{L}(T) + RT\ln(1 - x_L) + S_{A}^{L}\Delta T \tag{1.81}$$

将式中 $\ln(1 - x_L)$ 按级数展开，则有：

$$\ln(1 - x_L) = -x_L - \frac{x_L^2}{2} - \frac{x_L^3}{3} - \cdots \tag{1.82}$$

在稀释溶液中 $x_L \ll 1$，式(1.82) 可简化为：

$$\ln(1 - x_L) \approx -x_L \tag{1.83}$$

为此：

$$\begin{cases} \mu_{A}^{L} = \mu_{0A}^{L}(T) - RT \cdot x_L + S_{A}^{L}\Delta T \\ \mu_{A}^{S} = \mu_{0A}^{S}(T) - RT \cdot x_S + S_{A}^{S}\Delta T \end{cases} \tag{1.84}$$

两相平衡时，$\mu_{A}^{S} = \mu_{A}^{L}$，故：

$$\mu_{0A}^{L}(T) - RT \cdot x_L + S_{A}^{L}\Delta T = \mu_{0A}^{S}(T) - RT \cdot x_S + S_{A}^{S}\Delta T \tag{1.85}$$

由于纯组元 A 在熔点温度时的标准化学位相等，即$\mu_{0A}^{S} = \mu_{0A}^{L}$，故式(1.85) 变为：

$$(S_{A}^{L} - S_{A}^{S}) \cdot \Delta T = RT \cdot (x_L - x_S) \tag{1.86}$$

即：

$$-\Delta S_A \cdot \Delta T = RT \cdot (x_L - x_S) \tag{1.87}$$

或

$$-\frac{\Delta H_m}{T_m} \cdot \Delta T = RT \cdot (x_L - x_S) \tag{1.88}$$

在稀释溶液时 $T \approx T_m$，式(1.88) 变为：

$$-\frac{\Delta H_m}{RT_m^2} = \frac{x_L}{\Delta T} - \frac{x_S}{\Delta T} = \frac{1}{m_L} - \frac{1}{m_S} \tag{1.89}$$

式中，m_L、m_S 分别为液相线和固相线的斜率。在二元合金中，设 m_L、m_S 为常数，则有：

$$w_S = \frac{T_m - T}{m_S}, \quad w_L = \frac{T_m - T}{m_L} \tag{1.90}$$

式中，w_S、w_L 分别为溶质元素在固、液相中的质量分数。

根据定义，平衡分配系数 k_0 为：

$$k_0 = \frac{w_S}{w_L} = \frac{(T_m - T)/m_S}{(T_m - T)/m_L} = \frac{m_L}{m_S} \tag{1.91}$$

将式(1.91) 代入式(1.89) 得：

$$k_0 = 1 + \frac{\Delta H_m}{RT_m^2} \cdot m_L \tag{1.92}$$

式中，ΔH_m 为纯溶剂组元的结晶潜热。

式(1.92) 即为二元合金溶质平衡分配系数与液相线斜率的关系式。利用该式，在纯金属中加入少量某一元素，测出该元素含量与液相线温度的关系，即可求出该组元的溶质平衡分配系数。

1.4.2 压力与界面曲率对溶质平衡系数的影响

当考虑固相曲率对 k_0 的影响时，如同固相曲率对熔点温度一样，可以看成引入固相的压力。根据式(1.81)，溶剂组元 A 的液、固相化学位分别为：

$$\begin{cases}\mu_A^L=\mu_{0A}^L+RT\cdot\ln(1-x_L)+S_A^L\Delta T\\ \mu_A^S=\mu_{0A}^S+RT\cdot\ln(1-x_S)+S_A^S\Delta T+V_{m,A}^S\cdot\gamma_{SL}\cdot 2\bar{\kappa}\end{cases}\tag{1.93}$$

式中，$V_{m,A}^S$ 为溶剂组元 A 在固相中的摩尔体积；$V_{m,A}^S\cdot\gamma_{SL}\cdot 2\bar{\kappa}$ 是由于固相表面存在曲率使固相化学势的增加量。

在稀释溶液中，$\ln(1-x)\approx -x$。当固、液两相平衡时，由于 $\mu_A^L=\mu_A^S$，合并式(1.93) 中两式可得：

$$RT(x_L-x_S)+\Delta S_A\Delta T+V_{m,A}^S\cdot\gamma_{SL}\cdot 2\bar{\kappa}=0\tag{1.94}$$

在稀释溶液中，$T\approx T_m$，$\Delta S_A=\dfrac{\Delta H_m}{T_m}$，液相线视为直线，$m_L=\dfrac{\Delta T}{x_L}$，式(1.94) 整理后变为：

$$\frac{\Delta H_m\, m_L}{R\,T_m^2}+(1-k_0')+\frac{V_{m,A}^S\cdot\gamma_{SL}\cdot 2\bar{\kappa}}{R\cdot T_m\cdot x_L}=0\tag{1.95}$$

式中，k_0' 为固相界面曲率为 k 时的溶质平衡分配系数，当 $\bar{\kappa}=0$ 时，k_0' 变为 k_0，其表达式与 $k_0=1+\dfrac{\Delta H_m}{RT_m^2}\cdot m_L$ 相同。

对式(1.95) 整理可得：

$$k_0'-\frac{V_{m,A}^S\cdot\gamma_{SL}\cdot 2\bar{\kappa}}{R\,T_m\,x_L}=1+\frac{\Delta H_m}{RT_m^2}\cdot m_L=k_0\tag{1.96}$$

即

$$\frac{k_0'}{k_0}=1+\frac{V_{m,A}^S\cdot\gamma_{SL}\cdot 2\bar{\kappa}}{k_0R\,T_m\,x_L}=1+\frac{V_{m,A}^S\cdot\gamma_{SL}\cdot 2\bar{\kappa}}{R\,T_m\,x_S}\tag{1.97}$$

在理想溶液中，$V_{m,A}^S\cdot x_S=V_{m,B}^S\cdot(1-x_S)$，其中 $(1-x_S)$ 为组元 A 的摩尔分数，故式(1.97) 变为：

$$\frac{k_0'}{k_0}=1+\frac{V_{m,B}^S\cdot\gamma_{SL}\cdot 2\bar{\kappa}}{R\,T_m(1-x_S)}\approx 1+\frac{V_{m,B}^S\cdot\gamma_{SL}\cdot 2\bar{\kappa}}{R\,T_m}\quad(\text{在稀释溶液中 } x_S\approx 0)\tag{1.98}$$

式(1.98) 表示了固相界面曲率 k 对溶质平衡分配系数的影响。当 $\bar{\kappa}=0$ 时，$k_0'=k_0$，曲率半径越小，即界面的 $\bar{\kappa}$ 越大，此时的 k_0' 越大，在 x_S 为定值的情况下(达到稳定态时)，则 x_L 值越小，这就意味着曲率半径小的晶体，其固－液界面前沿富集起来的液相溶质浓度要比曲率半径大的晶体小。将有关数据代入式(1.98)，发现曲率半径小于 10^{-6}cm 时才会造成 k_0' 与 k_0 之间大的偏差。通常在曲率半径大于 10^{-4}cm 时，曲率半径对 k_0 的影响可以忽视，此时$k_0' \approx k_0$。如图 1.16 所示，在理想溶液中，曲率增加使相图中液、固相线位置向下移动，这种影响表现在金属凝固过程中，则为曲率不同的枝晶端部之间存在溶质浓度梯度，从而会影响枝晶的生长过程。由图 1.16 可知：

$$\Delta T' = \Delta T - \Delta T_r \tag{1.99}$$

在理想溶液中 ΔT_r 与溶质浓度无关。将式(1.99) 代入$k_0 = 1 + \dfrac{\Delta H_m}{RT_m^2} \cdot m_L$，可得：

$$m_L' = -\frac{RT_m^2(1-k_0')}{\Delta H_m} \tag{1.100}$$

式中，m_L'、k_0' 为曲率为 k 时的液相线斜率及溶质分配系数。

压力对 m_L 及 k_0 的影响与曲率相似。在公式的推导过程中将 Δp 代替曲率造成的附加压力，与此同时，在引入压力 Δp 时，不论是液相还是固相都必须同时考虑这一影响。为此，可求得压力对溶质平衡分配系数的影响为：

$$\frac{k''}{k_0} = 1 + \frac{\Delta V_m^B \cdot \Delta p}{R\,T_m} \tag{1.101}$$

式中，k'' 为当系统压力改变 Δp 时的溶质平衡分配系数；ΔV_m^B 为溶质组元 B 由液态变为固态时摩尔体积的改变。

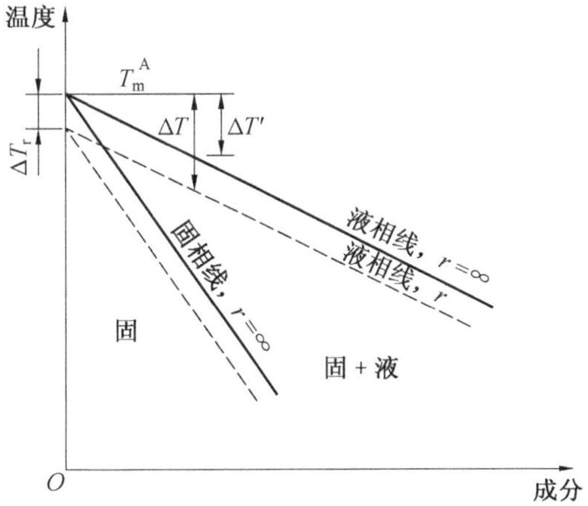

图 1.16　晶体曲率半径对相图的影响

将一些数据代入式(1.101)，发现只有压力超过 1.013×10^7 Pa(100 atm) 时，k_0'' 与 k_0 才有明显的差别。进而，压力对二元相图中液相线斜率的影响可用下式表示：

$$m_L'' = \frac{-R\,T_m^2 \cdot (1-k_0'')}{\Delta H_m} \tag{1.102}$$

当压力不大时，$k_0'' = k_0$，$m_L'' = m_L$，如图 1.17 所示，此时压力对凝固时收缩的二元合金相图的影响是均匀地向上移动相图中液、固两相线的位置。

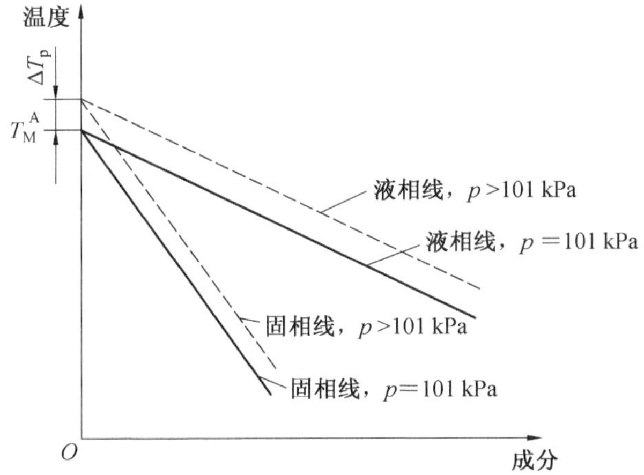

图 1.17　凝固时收缩的二元合金相图与压力的关系

第2章　液态金属的结构与性质

2.1　液态金属的结构

液相是凝固过程的起始状态，因此有必要对其原子排列形式的特点进行研究。通常有两种方法对液态金属的结构进行研究：一种是间接法，即通过固 → 液态、固 → 气态转变后一些物理性质的变化判断液态的原子结合状况；另一种是较为直接的方法，即通过液态金属的 X 射线衍射或中子衍射的结构分析研究液态的原子排列情况。

2.1.1　物理性质变化

1. 熔化潜热与汽化潜热

从熔化潜热和汽化潜热的对比来看，汽化潜热 L_g 与熔化潜热 L_l 之间的比值（L_g/L_l）很大，见表 2.1。以 Al 为例，其汽化潜热比熔化潜热大约 26.7 倍，这就意味着将固体原子完全变成气态所需的能量要比将同样的原子从固态转变成液态所需的能量多 26.7 倍。

表 2.1　一些金属的熔化潜热和汽化潜热的比较

金属	晶体结构	熔点 /℃	熔化潜热 $L_l/(J\cdot mol^{-1})$	沸点 /℃	汽化潜热 $L_g/(J\cdot mol^{-1})$	L_g/L_l
Al	面心立方	660.2	10 676	2 450	284 534	26.7
Cu	面心立方	1 083	13 021	2 595	305 636	23.5
Zn	六方密排	419.5	6 698	906	116 727	17.4
Mg	六方密排	651	9 043	1 103	131 758	14.6

铝晶体内原子的配位数为 12，而在气态时为 0。因此，将金属铝从固态转变成气态，就意味着要破坏一个原子周围 12 个近邻的结合键。每个原子的结合键数量为 6，其潜热等于破坏 6 个结合键所做的功，也就是 6 个结合键的能量。当金属铝在熔化时，其结合键不完全被破坏，可以认为其结合键有 $6\times(1/26.7)=0.2$ 个被破坏，或者每个结合键被削弱了 1/26.7。从上例可以看出，液态与固态相比，其原子结合键的削弱不大。由此可见，液体的结构与固体的结构有相似之处。

2. 体积和熵值变化

表 2.2 为某些金属熵值的变化，包括：这些金属从 25 ℃ 到熔点间熵值的变化，熔点时金属由固态转变为液态时熵值的变化，以及前两者之间的比值。可见，在金属原子由固态转变为液态时，其熵值的增加相对于熔点前的熵值并不算大，特别对于金属活性较强的元素更是如此。熵的增值越大，意味着金属由固态转变为液态时原子的排列结构紊乱性越大；反之，其紊乱性越小。所以，从金属由固态转变为液态过程中熵的增值来看，在熔点附近金属的液态结构与固态结构相差不会太大。

表 2.2　某些金属熵值的变化

金属	从 25 ℃ 到熔点熵值的变化 $\Delta S/(\mathrm{J \cdot K^{-1}})$	熔点时熵值的变化 $\Delta S_m/(\mathrm{J \cdot K^{-1}})$	$\Delta S_m/\Delta S$
Al	7.51	2.75	0.37
Cu	9.79	2.30	0.24
Zn	5.45	2.55	0.47
Mg	7.54	2.32	0.31

表 2.3 为某些金属熔化时的体积变化，在固一液相变时，大多数金属的体积平均增加 3.8%，其中密堆金属熔化时体积增加较大，平均值接近 4.6%。由此可见，金属熔化时体积变化量也相对较小，说明相同物质的量的液态金属与其固态时的体积较为接近。

表 2.3　某些金属熔化时的体积变化

金属	晶体结构	熔点 /K	体积变化 $\frac{\Delta V_m}{V_m}$/%
Al	面心立方	931	6.90
Cu	面心立方	1 356	3.96
Zn	六方密排	692	4.08
Mg	六方密排	924	2.95

3. 电阻率变化

表 2.4 为某些金属熔点处的电阻率变化。由于液态金属中的离子无序度比固态时大，因而液态金属在熔点附近的电阻率值是其固态时 1.5 ～ 2.3 倍。而且，由于液态金属中电子的平均自由程变小，若干方面的原因会导致液态金属的导电性能降低。

表 2.4　某些金属熔点处的电阻率变化

金属	晶体结构	熔点 /K	固相电阻率 /(μΩ · cm)	液相电阻率 /(μΩ · cm)
Cd	六方密排	594	17.1	33.7
Zn	六方密排	692	16.7	37.4
Al	面心立方	931	10.9	24.2
Cu	面心立方	1 356	10.3	21.1

上述实验结果表明,液态金属的结构和性能更接近于固态,而远离气态。

2.1.2 X射线衍射

液体中的热激活和热运动使液体中不可能存在长程有序结构,但一般具有一定的短程有序结构。理想晶体的X射线衍射谱线一般由一组明锐而对称的衍射峰组成(图2.1),液体的X射线衍射谱线是一种在空间和时间上的平均结果,其衍射谱线仅存在少数几条峰。

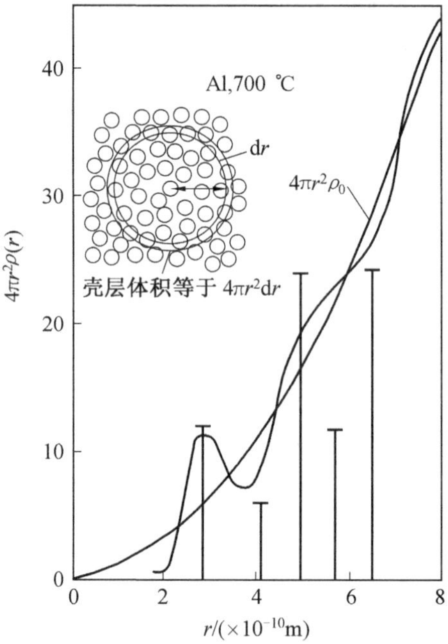

图 2.1 700 ℃ 液态 Al 中原子分布曲线及其原子结构示意图

到目前为止,尚无一个成功的模型描述液体的结构。为了讨论液体的结构,要求用一个模型对液体结构进行数学处理。双体分布函数 $g(r)$ 是现代液体理论中最为重要的方法,它可以很好地描述液体在平衡态下的结构和性质。但由于原子的可动性强,因此其结果是对时间和全部原子空间分布平均的结果,而并非某个时刻的原子分布状态。

考虑处于平衡态的单原子液体,如图 2.1 所示,以其中任一原子为球心($r=0$),在距离该原子 r 处的厚度为 $\mathrm{d}r$ 的球壳中能找到的原子数 $\mathrm{d}N$ 为:

$$\mathrm{d}N = 4\pi r^2 \mathrm{d}r\left(\frac{N}{V}\right) \cdot g(r) \tag{2.1}$$

式中,N 为体积中的原子总数;V 为体积。

当参考原子位于坐标原点 $r=0$ 时,$g(r)$ 表示距离参考原子 r 处找到其他原子的概率。$4\pi r^2\left(\frac{N}{V}\right) \cdot g(r)$ 为径向分布函数,其中 $\left(\frac{N}{V}\right) \cdot g(r)$ 为密度函数,可表达为 $\rho(r)$。

图 2.2 所示为一种典型的简单液体双体分布函数曲线。曲线上有若干个峰值。当 r 增大时,它的峰值迅速降到单位值,表明仅在距离参考原子不远处存在有序结构。

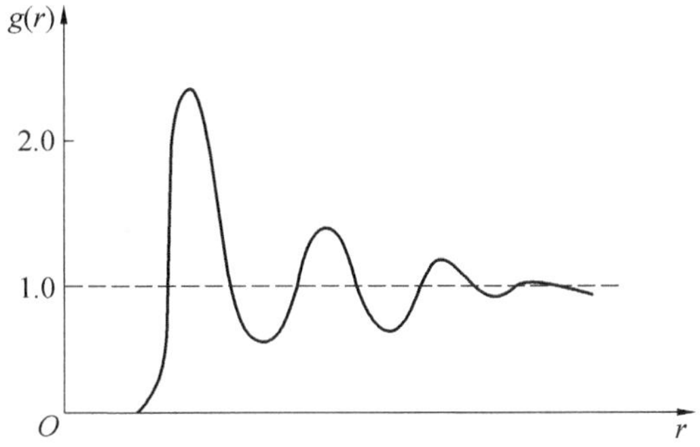

图 2.2　典型的简单液体双体分布函数

图 2.3 所示为典型的径向分布函数曲线。当 r 值较大时，径向分布函数趋向于抛物线。曲线上主峰下所包围的面积可理解为最近邻原子数或第一配位数，其数学表达式为：

$$Z=2\int_0^{r_m}4\pi r^2 n_0 g(r)\mathrm{d}r \tag{2.2}$$

液体的结构性质可以近似用第一配位数表示，它是一个经常使用的重要物理参数。

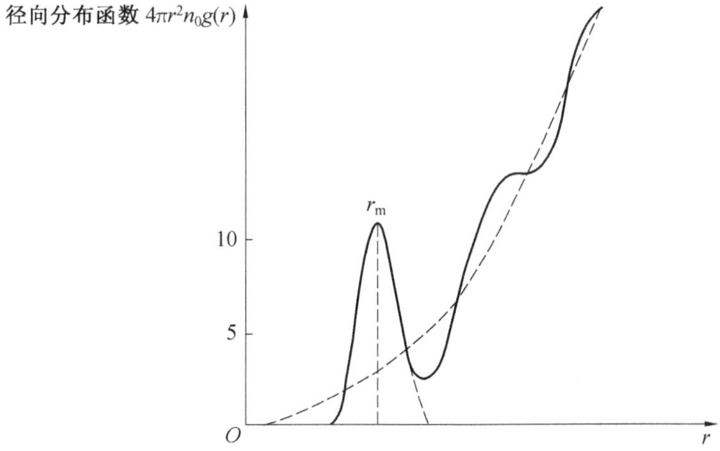

图 2.3　典型的径向分布函数

固态金属中，原子在平衡位置附近做热振动，温度较低时，其振幅较小，因此其径向分布函数结果为一条条清晰的线或宽度较窄的峰；液态金属中，原子热振动较为剧烈，振幅较大，且存在能量起伏作用下原子的跳跃，因此原子没有固定的位置，其峰较宽。如图2.1所示，其第一个峰值位置和固态衍射线极为相近，其配位数也接近。第二峰尚略可见，而在距选定原子不太远的距离(约1 nm)时它与平均密度线相重合，即此处的原子排列已为无序。表 2.5 结果表明，尽管液相中原子间距增大和空位增多，原子的配位数略有变化，但原子排列在几个原子间距范围内，与其固态的排列方式基本一致。

表 2.5 X 射线衍射所得液态和固态金属结构参数的比较

金属	温度 /℃	液态		固态	
		原子间距 /nm	配位数	原子间距 /nm	配位数
Al(FCC)	700	0.296	10 ～ 11	0.286	12
Zn	460	0.294	11	0.265,0.294	6 + 6
Cd	350	0.306	8	0.297,0.330	6 + 6
Au(FCC)	1 100	0.266	11	0.288	12

2.1.3 理想金属的液态结构特点

以上分析结果表明，金属熔化后，在熔点以上不高的温度范围内，液体状态的结构有以下特点。

(1) 原子间仍保持较强的结合能，因此原子排列在较小距离内仍具有一定规律性，且其平均原子间距增加不大。金属固体是由许多晶粒组成的，液体则是由许多原子集团组成，在原子集团内保持固体的排列特征，而在原子集团之间的结合处则受到很大破坏。这种仅在原子集团内的有序排列称为近程有序排列。

(2) 由于液体中原子热运动的能量较大，原子间容易相互碰撞而交换能量。在碰撞时，有的原子将一部分能量传给别的原子，而本身的能量降低了。结果是每时每刻都有一些原子的能量超过原子的平均能量，有些原子的能量则远小于平均能量，这种能量的不均匀性称为能量起伏。

(3) 液体中存在的能量起伏造成每个原子集团内具有较大动能的原子可克服邻近原子的束缚（原子间结合所造成的势垒），除了在集团内产生很强的热运动（产生空位及扩散等）外，还能成簇地脱离原有集团而加入其他原子集团，或组成新的原子集团。因此，所有原子集团都处于瞬息万变的状态，时而长大时而变小，时而产生时而消失，此起彼落，犹如在不停顿地“游动”，这种结构的瞬息变化称为结构起伏。

(4)“游动”速度随温度升高而增加，而原子集团的平均尺寸随温度而减小。

2.1.4 实际金属的液态结构特点

以上描述的是理想的纯金属的液态结构，而纯金属是不存在的。实际金属中，即使非常纯的金属中仍存在大量杂质原子。例如，纯度为 99.999 999% 的纯铁，即杂质质量为 10^{-8}，每摩尔体积（7.1 cm^3）中总的原子数为 6.023×10^{23}，则 1 cm^3 铁液中所含的杂质原子数约相当于 10^{15} 个数量级。这些杂质往往不只是一种，而是多种多样的，它们在液体中不会很均匀地分布。它们的存在方式也是不同的，有的以溶质方式，有的与其他原子形成某些化合物（液态、固态或气态的夹杂物）。

当金属中存在第二种原子（如合金）时，情况就复杂多了。由于同种元素及不同元素间的原子间结合力是不同的，结合力较强的原子容易聚集在一起，把其他原子排挤到别处。在游动集团中有的 A 原子多，有的 B 原子多，即游动集团之间存在成分不均匀性，称为浓度起伏。

如果 A—B 原子间的结合力较强，则足以在液体中形成新的化学键，在热运动的作用下，出现时而化合时而分解的情况，可称其为临时的不稳定的化合物；有的化合物在低温时化合，在高温时分解，例如，S 在铁液中高温时可以完全溶解，而在较低温度下则可能析出 FeS。当 A—B 原子间或同类原子间结合非常强时，则可以形成比较强而稳定的结合，在液体中就出现新的固相(如氧在铝中形成 Al_2O_3，氧与铁中的硅形成 SiO_2 等)或气相。一般说来，状态图上具有较稳定化合物的合金，在一定的成分范围内熔化以后，这种化合物不易分解，即在液态中容易保留相近成分的原子集团。

实际金属比上述现象复杂得多，因为：工业应用的金属主要是合金，而且是多元合金；原材料中存在多种多样的杂质，有些杂质的化学分析值虽然不高，甚至低于 10^{-4} 数量级，但其原子数量仍是惊人的；在熔化过程中金属与炉气、熔剂、炉衬的相互作用还会吸收气体、带进杂质，甚至带入许多固、液体质点。实际金属的液态结构也存在“游动”原子集团、空穴以及能量起伏；在原子集团和空位中溶有各种各样的合金元素及杂质元素；由于化学键力和原子间结合力的不同，还存在浓度起伏以至成分和结构不同的“游动”原子集团，在一些化学亲和力较强的元素的原子之间还可能形成不稳定的(临时的)或稳定的化合物。这些化合物可能以固态、气态或液态出现，有一部分在液态金属中上浮或下沉，还有相当一部分悬浮于液态金属中，金属凝固后成为夹杂物(多数为非金属夹杂物)。

所以，实际金属和合金的液体由大量时聚时散、此起彼伏游动着的原子团簇、空位组成，同时也含有各种固态、液态或气态杂质或化合物，且还表现出能量、结构和浓度三种起伏特征，其结构相当复杂。

2.1.5　影响液态金属结构的因素

1. 温度的影响

温度越高，液态金属内每个原子的能量越高，原子就越不容易靠近，即使已经形成团簇，团簇上原子也容易离开团簇而变成纯液态原子。即温度越高，纯液态原子的数量越多，团簇尺寸越小，团簇个数也越少。

2. 压力的影响

对金属液体施加高压，在压力的作用下，金属或合金的熔化温度升高，在温度不变的情况下，相当于金属液体的温度更接近凝固温度，液态金属中团簇的尺寸增大，数量增多。在压力作用下，已经进入团簇的原子不容易脱落，纯液态原子一旦与团簇相遇，则更容易成为团簇原子，有利于促进团簇的长大。

3. 电场与磁场的影响

电场或磁场作用于液态金属时，电场或磁场将部分能量传递给液态金属，液态原子的能量随之升高，将使液态金属内团簇尺寸减小、个数减少。如图 2.4 所示的异类原子对，在强电场或磁场作用下，将发生转动或解体。

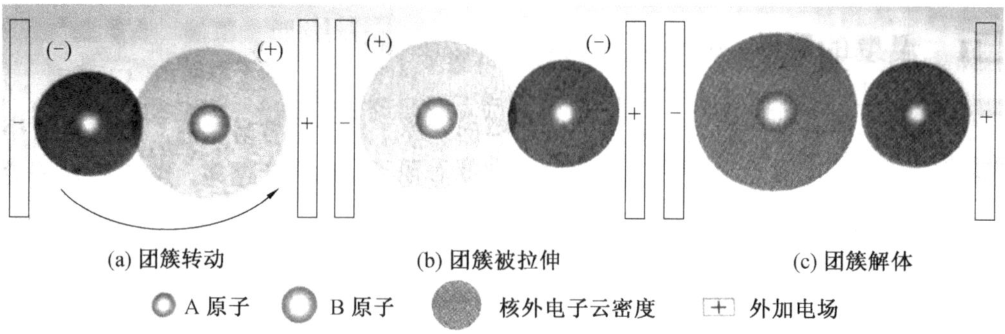

图 2.4　电场改变原子对过程的示意图

4. 超声波作用的影响

将超声波作用于液态金属，声波通过振动将能量传递给液态金属内的原子，将促使液态金属内团簇解体；同时超声波可在液态金属内形成空位(图 2.5)。

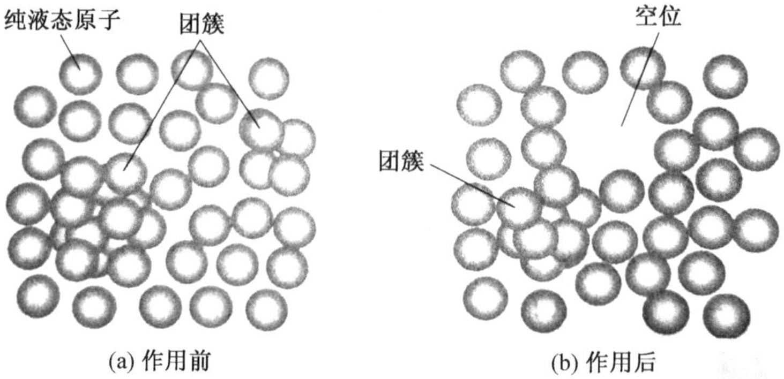

图 2.5　超声波改变液态金属结构示意图

2.2　液态金属的性质

2.2.1　液态金属的基本物理性质

液态金属浇注到铸型后，温度降低过程包括凝固和冷却，因此，液态金属的物理性质与金属的性能以及铸件形成后的质量关系极大，应对液态金属的物理性质有深入的了解。

1. 熔点

各种纯金属的熔点差别很大。纯金属在一定温度下熔化或凝固，而大部分合金(除共晶成分合金) 则有一个熔化(或结晶) 温度区间。熔化温度区间的大小取决于合金的种类和化学成分，同时也影响金属的流动性、铸件的结晶过程及宏观组织，因而也影响铸件的质量和性能。

2. 液态金属的热膨胀及凝固收缩

液态金属比固态金属具有更大的热膨胀率，这是液态金属内部的热运动使空位增加所致。固态晶体中的空位数为 $10^{-3} \sim 10^{-6}$ 数量级，随温度上升，空位数不断增加，当金属熔化时空位数显著增加，与此相对应，液态金属体积明显增加。

3. 导电性

金属熔化后，电阻将增加。近代物理方法测定结果表明，液态时的自由电子数与固态相比并没有多大差别。熔化时导电性的下降可以考虑是由液态中原子平均位置的热振动之振幅的增加和液态金属结构不规则性的增加引起的。

4. 导热性

液态金属的导热性对其散热能力影响很大。导热性高的金属，其冷却速度较快，金属断面的温度梯度较小。因此，由温差在铸件内部引起的热应力也较小。

5. 液态金属中的扩散速度

固态金属中的扩散机理可以用晶体中的原子与空位交换位置加以解释。与固态金属中的空位数量相比，液态时空位数大大增加，大约 10 个原子位置中就有一个空位，因此，扩散速度大为加快，液态中的扩散速度比固态晶体中大 $10^2 \sim 10^5$ 倍。例如，在 1 500 ℃ 的铁液中 Mn 的扩散系数为 $6 \times 10^{-5}\,\mathrm{cm^2/s}$，而在固态铁中的扩散系数仅为 $4 \times 10^{-9}\,\mathrm{cm^2/s}$。

2.2.2　液态金属的黏滞性

液态金属的黏滞性对于金属在铸型中的流动特性和充填能力，对于液态金属中气体、非金属夹杂物、熔渣等的上浮，以至于对金属的补缩，均有明显的影响。因此，液态金属黏度的大小与能否获得健全的铸件有密切的关系。

黏度的大小是由该液态金属的结构决定，而结构与温度、压力、杂质及外场有关。故关于黏度理论的研究是建立在液态金属结构基础之上的。

1. 液态金属的动力黏度和运动黏度

液体在层流运动的情况下，各液层间有摩擦阻力，成为液体的内摩擦，阻碍液体的流动。内摩擦阻力是液态金属的物理特性之一，称为黏度，其本质是质点间的相互作用力。

如图 2.6 所示，当外力 $F(x)$ 作用于液体表面时，由于质点间作用力引起内摩擦力，因此最表面一层移动速度大于第二层，而第二层的移动速度大于第三层……。

两层液体之间的相互作用力(即摩擦阻力)，可由牛顿液体内摩擦定律给出，即各液层做相对移动时所产生的摩擦阻力(F)与各层接触面积(S)及各层相对移动速度($\mathrm{d}v/\mathrm{d}y$)成正比，并与液体性质有关：

$$F(x) = \eta \cdot S \cdot \frac{\mathrm{d}v_x}{\mathrm{d}y}$$

$$\eta = \frac{F(x)}{S\,\dfrac{\mathrm{d}v_x}{\mathrm{d}y}} \quad \left(\mathrm{N} \cdot \frac{\mathrm{s}}{\mathrm{m}^2}\right) \tag{2.3}$$

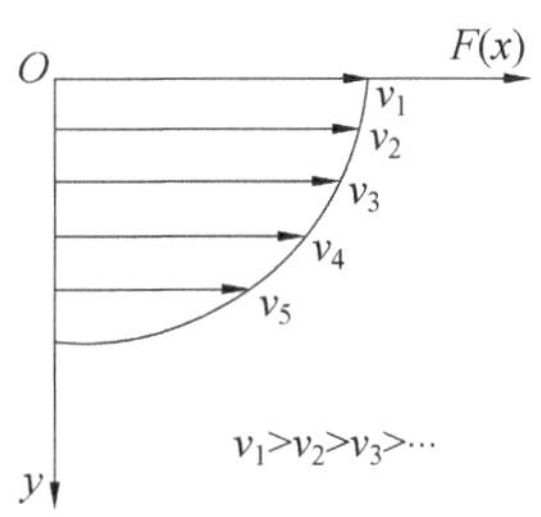

图 2.6　液体各层的流速

式中，η 为黏滞系数，又称为动力黏度；S 为液层之间的接触面积；$F(x)$ 为作用于液体表面的力；$\mathrm{d}v_x/\mathrm{d}y$ 为各层之间的速度梯度。

上述动力黏度表达式仅反映了宏观的外在规律，没有反映微观的内在规律。根据弗仑克尔的液态结构理论，动力黏度可用下式表示：

$$\eta=\frac{2\tau_0 kT}{\delta^3}\cdot e^{\frac{U}{kT}} \tag{2.4}$$

式中，τ_0 为原子在平衡位置的振动时间；k 为玻尔兹曼常数；T 为热力学温度；U 为原子离位的激活能；δ 为相邻原子平衡位置的平均距离。

式(2.4)表明，黏滞性与 δ^3 成反比，与激活能 U 成正比。U 和 δ 都反映了原子间结合力的强弱，因此，黏滞性的本质是原子间结合力的大小。

将动力黏度除以液体密度(ρ)，即得运动黏度，以 ν 表示：

$$\nu=\frac{\eta}{\rho}\quad (\mathrm{m^2/s}) \tag{2.5}$$

式中，ν 为运动黏度；ρ 为液体密度。

式(2.5)表明，动力黏度相同时，密度大者，运动黏度小，即流体质点保持其自身运动方向的倾向大。

2. 影响黏度的因素

(1) 温度。

温度不太高时，T 升高，η 值下降；温度很高时，T 升高，η 值升高，如图 2.7 所示。

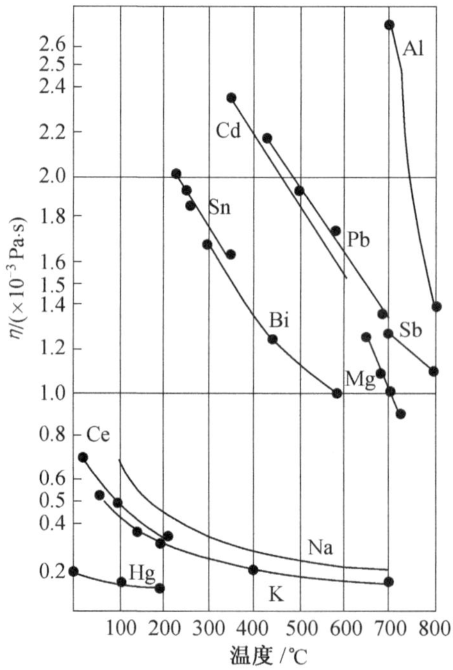

图 2.7 一些金属的 η 与温度的关系

在实际的液态合金中，黏度的行为要复杂得多。当液态金属中存在其他元素，如果不形成化合物且相互溶解度很小时，往往发生黏度随温度变化的滞后现象。例如，溶液中两组元在高温时达到均匀混合，当温度降低时，同种原子更容易聚集，而异类原子则阻止聚集，这就使得温度虽然降低而黏度不增加。细化铝硅合金加入的变质剂钠，在结晶期间吸附在晶核表面，阻止硅原子聚集，使黏度降低。所以，变质处理后铝硅合金的流动性较未处理前有所提高。显然，这种黏度滞后的现象是可逆的，当该固体熔化为液体时，随温度升高，由于异类原子的作用，晶体不易被破坏，黏度则不会立即降低。因此，变质处理过的合金在重熔时需要更高的温度。

(2) 化学成分。

黏度反映了原子间结合力的强弱，这与熔点有共同性。因此，黏度与相图之间有一定的联系，如图 2.8 所示。

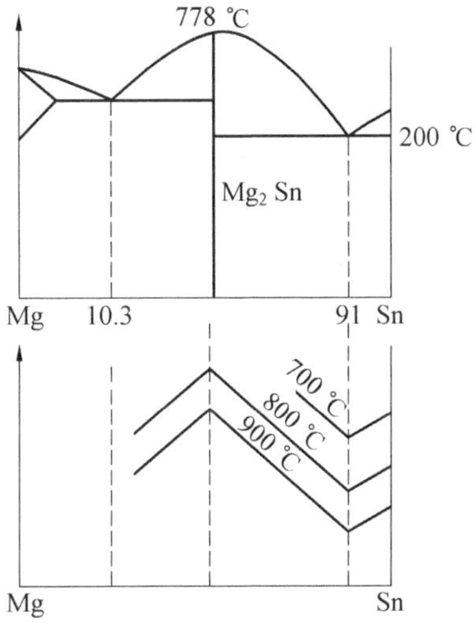

图 2.8　Mg－Sn 相图与其黏度的关系示意图

图 2.8 表明，难熔化合物黏度较高，而熔点低的共晶成分合金黏度较低。这是由于难熔化合物的结合力强，在冷至熔点之前就及早地开始了原子聚集。对于共晶成分合金，异类原子间不发生结合，而同类原子聚合时，由异类原子的存在造成的阻碍，使它们聚合缓慢，晶胚的形成滞后，故黏度较非共晶成分的低。比如：Fe－C 合金随 C 升高，溶液密度下降，在亚共晶成分前熔点也下降，所以黏度降低(图 2.9)。

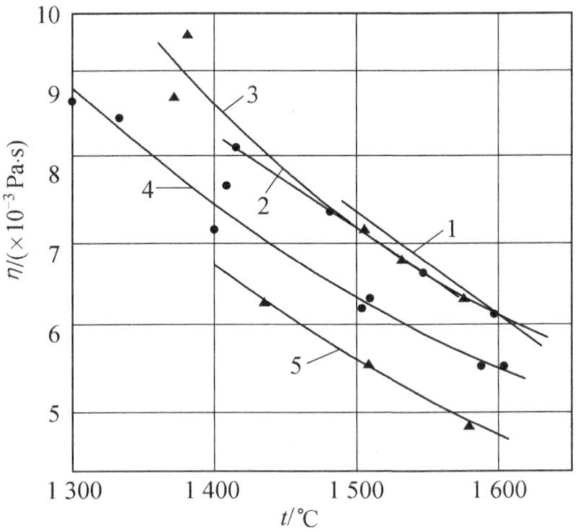

图 2.9　Fe－C 合金的 η 与温度的关系

1—w(C) = 0.75%；2—w(C) = 2.1%；3—w(C) = 2.52% ～ 2.55%；
4—w(C) = 3.4% ～ 3.43%；5—w(C) = 4.4%

(3) 非金属夹杂物。

夹杂物的存在使液态合金成为不均匀的多相系统，液体流动时内摩擦力增加，因此液态合金中呈固态的非金属夹杂物使液态合金的黏度增加，如钢中的硫化锰、氧化铝和氧化硅等。

3. 黏度对铸件形成过程的影响

(1) 对液态金属流动状态的影响。

流体的流动状态取决于雷诺数(Re)的大小。据流体力学,临界雷诺数 $Re=2\ 300$,$Re>2\ 300$ 为紊流,$Re<2\ 300$ 为层流。对于不同的流动状态,其阻力系数有较大的差别。

雷诺数 Re 的表达式为:

$$Re=\frac{D\cdot v}{\nu}=\frac{D\cdot v\cdot \rho}{\eta} \tag{2.6}$$

式中,D 为管道直径;v 为流动速度;ν 为运动黏度。

设 f 为流动阻力系数,则有:

$$\begin{cases} f_{层}=\dfrac{32\eta}{Dv\rho} \\ f_{紊}=\dfrac{0.092\ \eta^{0.2}}{(Dv\rho)^{0.2}} \end{cases} \tag{2.7}$$

可见,液态金属的流动阻力在层流时受黏度的影响远比在紊流时的大。液态金属的动力黏度一般都大于水的动力黏度,但它们的运动黏度和水的接近。所以,一般浇注情况下,液态金属的浇注系统和型腔中的流动皆为紊流。在型腔细薄部分或在充型的后期,由于流速显著下降,才呈现层流。因此,充型后期液态金属的黏度对流动影响更大。

(2) 对液态金属对流的影响。

液态金属在冷却和凝固过程中,温差造成各处热膨胀的差异以及浓度差等引起的密度差异产生的浮力是产生对流的驱动力。当浮力大于液体的黏滞力时,则产生对流。温差和浓度差造成的对流,其强度可用无量纲的格拉晓夫准则度量。

$$\begin{cases} Gr_T=\dfrac{g\,\alpha_T L^3\Delta T}{\nu^2} \\ Gr_c=\dfrac{g\,\alpha_c L^3\Delta c}{\nu^2} \end{cases} \tag{2.8}$$

式中,g 为重力加速度;ΔT 为温差;Δc 为浓度差;α_T 为温差引起的膨胀系数;α_c 为浓度差引起的膨胀系数;L 为水平方向上热端和冷端距离的一半;ν 为运动黏度。

式(2.8)表明,运动黏度越大,对流强度越小。此外,由于已凝固的晶体与液体的密度不同,以及凝固收缩形成的压力差等造成的液体流动也都受黏度的影响。液体流动对结晶组织、溶质分配、偏析、夹杂物的聚合等都有影响。如:液态金属的黏度越大,凝固过程对流越困难,从而影响了枝晶断裂造成的组织细化效果;在凝固期间,黏度越大,流动阻力越大,从而提高了缩松和缩孔的形成倾向。

(3) 对液态金属净化的影响。

液态金属中往往含有气泡或其他非金属夹杂物,如在金属凝固以前不能排除,就会影响铸件质量。液态金属的黏度对非金属夹杂物的上浮或下沉影响很大。

杂质上浮或下沉的速度可用斯托克斯(Stokes)公式计算。根据斯托克斯的实验,黏性液体对半径小于 0.1 mm 的球体沉浮时的阻力为:

$$F_{阻}=6\pi r v\eta \tag{2.9}$$

式中,r 为小球半径;v 为小球上浮(或下沉)速度;η 为液体的动力黏度。

如小球的密度小于液体密度，在浮力作用下上浮，其上浮的作用力为所受浮力与本身重力之差，即：

$$F_{浮} = V(\rho_{液} - \rho_{杂})g = \frac{4}{3}\pi r^3(\rho_{液} - \rho_{杂})g \tag{2.10}$$

式中，V 为小球体积；$\rho_{液}$ 为液体密度；$\rho_{杂}$ 为杂质密度。

假设上浮过程为匀速运动，则：

$$F_{浮} = F_{阻} \tag{2.11}$$

$$v = \frac{2}{9} \cdot \frac{r^2(\rho_{液} - \rho_{杂})g}{\eta} \tag{2.12}$$

由此可见，液体的黏度越大，杂质半径越小，液体与杂质的密度差越小，杂质沉浮速度越慢，滞留的可能性越大。

2.2.3 液态金属的表面张力

合金在熔炼、充型、结晶过程中，液态金属内存在许多相与相之间的界面，如液态金属与大气、熔剂、型壁以及与金属内部的气体、夹杂、晶体等界面。表面张力和界面张力的变化，对合金的熔炼过程、结晶过程以及最后对铸件的质量都有重要的影响。

1. 液态金属的表面张力和界面现象

液态金属表面质点受到周围质点对它的作用力是不平衡的。若是与气体接触，则相对来说受到液体内部的力较大，所以就产生了方向垂直于液面，且指向液体内部的力。这样就使得液面像被一弹性薄膜所包围一样，力求减少其表面面积，由此产生了表面张力。显然，表面受力的不对称性越大，则表面张力越大。力场不对称性是物质本身质点间的作用力和表面质点与相邻相质点间的作用力不同而引起的。所以表面张力的大小既与液体本身性质有关，又和与它相接触的相的性质有关。

取一小块表面薄膜（图 2.10），其宽为 b，薄膜受到一个绷紧的力 F，此力可以用式(2.13) 表示。

$$F = \gamma \cdot b \tag{2.13}$$

式中，γ 为表面张力系数，或称表面张力，单位是 N/m，其意义是在液膜的单位长度上所受的绷紧力。

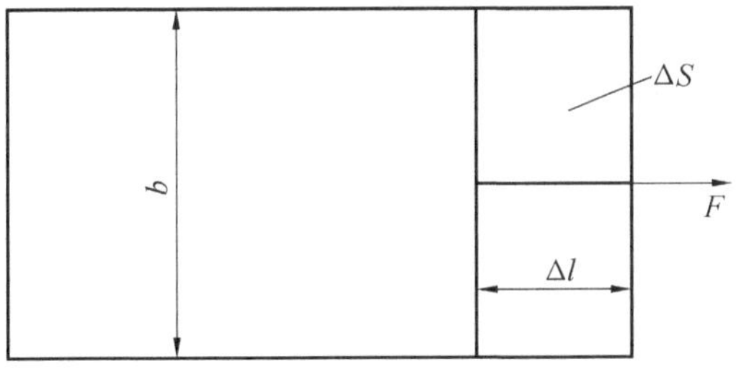

图 2.10　受拉伸的小块表面薄膜

从图 2.10 可知，由于力 F 的作用，将表面液膜拉长 Δl 时，对液膜所做的功可用式(2.14) 表达。

$$\Delta W = F \cdot \Delta l = \gamma \cdot b \cdot \Delta l = \gamma \cdot \Delta S \quad (2.14)$$

F 做功即液膜的能量增量为 ΔE，因此得：

$$\Delta E = \Delta W = \gamma \cdot \Delta S \quad (2.15)$$

$$\gamma = \Delta E / \Delta S \quad (2.16)$$

由此可见，表面张力也可看作单位表面积上的能量，单位是 J/m^2。即：表面张力和表面能在数值上相同，但是从不同角度描述了同一现象。

（1）内聚功和附着功。

内聚功和附着功的概念有助于分析液、固、气界面所产生的一些界面现象。

将一个断面为 1 cm^2 的液柱分为两段时（图 2.11），新生成了两个表面，每一个表面上增加的表面能为 γ_{LG}，总的增加的表面能为 $2\gamma_{LG}$。这一部分能量是由外力克服原液柱本身内聚力而做的功，故称之为内聚功 $W_{内}$，即：

$$W_{内} = 2\gamma_{LG} \quad (2.17)$$

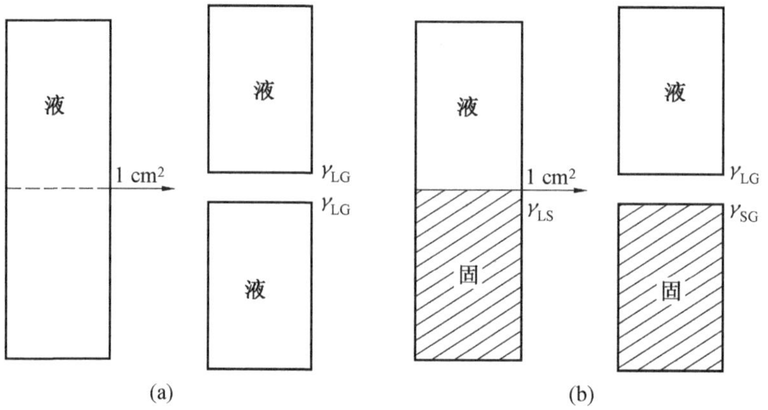

图 2.11　液柱分为两段及分开相连在一起的液柱和固体柱

若将原先相连在一起的液柱和固体柱分开，则新生成的两个表面上的能量为 $\gamma_{LG} + \gamma_{SG}$，而消失掉的原有界面上的能量为 γ_{LS}，如图 2.11 所示。故分开后纯增加的能量为 $\gamma_{LG} + \gamma_{SG} - \gamma_{LS}$，这一部分能量是由外力克服原液柱和固体柱之间的附着力而做的功，故称之为附着功（$W_{附}$），即：

$$W_{附} = \gamma_{LG} + \gamma_{SG} - \gamma_{LS} \quad (2.18)$$

（2）两相间结合力与界面能。

如图 2.12 所示，若分别分开 A 柱和 B 柱，则分开过程做功与总的表面能增量相同，即：

$$W_{AA} + W_{BB} = 2\gamma_{AG} + 2\gamma_{BG} \quad (2.19)$$

若再将分开的 A 和 B 组合成混合柱体，则分开 A 和 B 后再组合成混合柱体做功之和设为 $W_{和}$。显然 $W_{和}$ 可以用分开 A、B 柱和混合柱体的功表达。现设分开由两个 A 和 B 组合成的混合柱体所做功为 $2W_{AB}$，则：

$$W_{和} = W_{AA} + W_{BB} - 2W_{AB} \quad (2.20)$$

相对初始液柱和固体柱，最后形成了两个新的相界面，因此有：

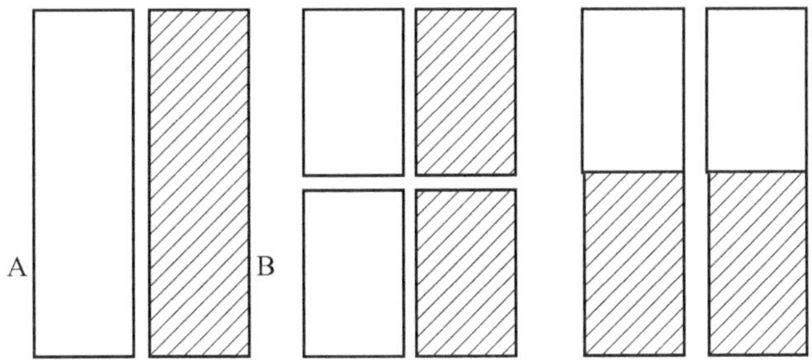

图 2.12　形成两界面过程的示意图

$$W_{和} = 2\gamma_{AB} \tag{2.21}$$

$$W_{AA} + W_{BB} - 2W_{AB} = 2\gamma_{LS} \tag{2.22}$$

$$\begin{cases} W_{AB} = \gamma_{AG} + \gamma_{BG} - \gamma_{AB} \\ \gamma_{AG} \approx \gamma_A, \quad \gamma_{BG} \approx \gamma_B \end{cases} \tag{2.23}$$

$$W_{AB} = \gamma_A + \gamma_B - \gamma_{AB} \tag{2.24}$$

式(2.24) 表明,为使 A—B 结合体分离而做的功越大(W_{AB} 越大),界面能就越小,也就是两相间结合力大,其界面张力就小。例如,金属液与 SiO_2 难以结合,界面张力就大;相反,同一金属或合金的液 - 固之间,由于两相的结合力大,界面张力就小;固体与气体或液体与气体的结合力小,所以界面张力与固相或液相本身的表面张力较为接近。

2. 影响表面张力的因素

金属的温度和溶质含量对其表面张力有明显的影响。

(1) 熔点。

原子间结合力大的物质,其熔点高,表面张力也大。表 2.6 为几种液态金属在熔点时的表面张力。

表 2.6　几种液态金属在熔点时的表面张力

金属	Na	Mg	Al	Ti	V	Fe	Cu	Zn
熔点 /℃	98	650	660	1 668	1 900	1 537	1 083	420
表面张力 /($\times 10^{-3}$ N·m^{-1})	191	559	914	1 650	1 950	1 872	1 360	780

(2) 温度。

如图 2.13 所示,对于多数金属及合金,随温度增加,液体质点间的距离增大,彼此之间的作用力被削弱,表面张力降低,即 $d\gamma/dt < 0$;但也有反常现象,随温度升高,表面张力将随之增加,即 $d\gamma/dt > 0$。

(3) 溶质。

不同的溶质(包括杂质) 对金属表面张力有不同的影响。一般可把溶质分为两类:一类是能使液态金属表面张力降低的溶质,即 $d\gamma/dc < 0$ (c 为溶质的浓度),这种溶质对该金属来说称为液态金属的表面活性物质,而且有正吸附作用;另一类是使液态金属表面张力增加的溶质,即 $d\gamma/dc > 0$,这种溶质对该金属来说为液态金属的表面非活性物质,并且具有负吸附作用。溶质元素对表面张力的影响,可用计算单位表面积上吸附量的吉布斯

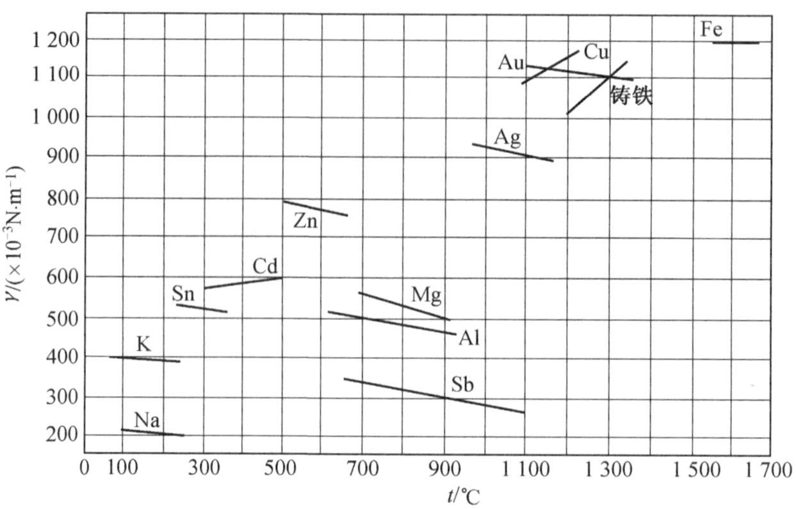

图 2.13　液态金属表面张力与温度之间的关系

公式衡量，其表达式为：

$$\Gamma = -\frac{c}{RT}\cdot\frac{\mathrm{d}\gamma}{\mathrm{d}c} \tag{2.25}$$

式中，Γ 为单位表面积上较内部多(减少) 吸附的溶质的量；c 为溶质浓度；T 为温度；R 为气体常数。

可见，正吸附就是溶质在表面的浓度大于溶质在内部的浓度，而负吸附则是溶质在表面的浓度小于溶质在内部的浓度。活性物质和非活性物质是指某种物质对某种金属而言，而不能笼统地讲某种溶质是活性的或非活性的，因为同一杂质对不同的金属往往会有不同的作用。

图 2.14 所示为在 Mg(镁) 中加入第二组元后表面张力变化的情况。向 Mg 中加入微量的 Mn(锰) 和 Ce(铈) 能引起表面张力的增加，可见微量的 Mn 和 Ce 对镁来说是表面非活性元素；而镁中加微量的 Bi(铋) 和 Sb(锑) 能引起表面张力明显下降，它们对 Mg 来说就是表面活性元素。

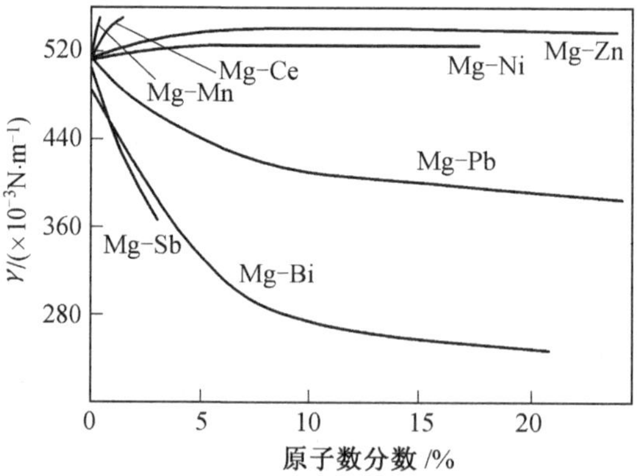

图 2.14　Mg 中加入第二组元后表面张力的变化

3. 表面张力引起的附加压力

根据液体中表面张力的物理意义可以推导出表面张力引起的附加压力。设在液体中有一半径为 r 的球形气泡，由液体表面张力造成了指向内部的力 p(图 2.15)。

球的表面积 S 为：

$$S = 4\pi r^2 \tag{2.26}$$

球的体积 V 为：

$$V = \frac{4\pi r^3}{3} \tag{2.27}$$

若将球的体积增大 ΔV，则必须克服阻力 p 而对它做功：

$$\Delta W = p\Delta V \tag{2.28}$$

而做的功变成了表面积增大后的表面自由能增量：

$$p\Delta V = \gamma\Delta S \tag{2.29}$$

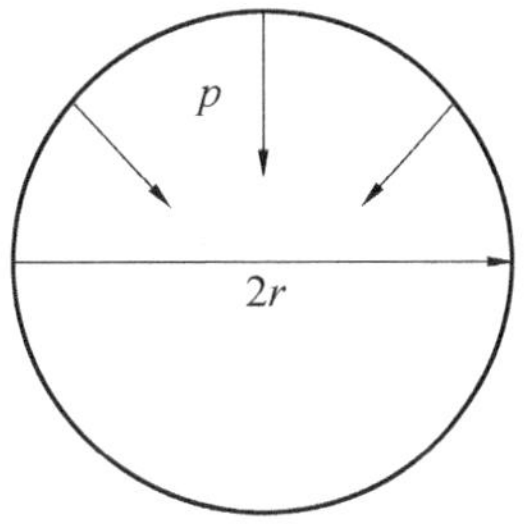

图 2.15　球形气泡示意图

故：

$$p = \frac{2\gamma}{r} \tag{2.30}$$

由此可见，因表面张力而造成的附加压力 p 与曲率半径 r 成反比。在较细的圆管中液体的凸面或凹面可以看作是球面的一部分，其曲率半径即球的半径。

对于任意形状的弯曲液面，附加压力可用拉普拉斯公式表示：

$$p = \gamma\left(\frac{1}{R_1} - \frac{1}{R_2}\right) \tag{2.31}$$

式中，R_1 和 R_2 为液体曲面上两个相互垂直弧线的曲率半径。

如液面凸起(不浸润)，附加压力为正值；液面下凹(润湿)，附加压力为负值，如图2.16所示。

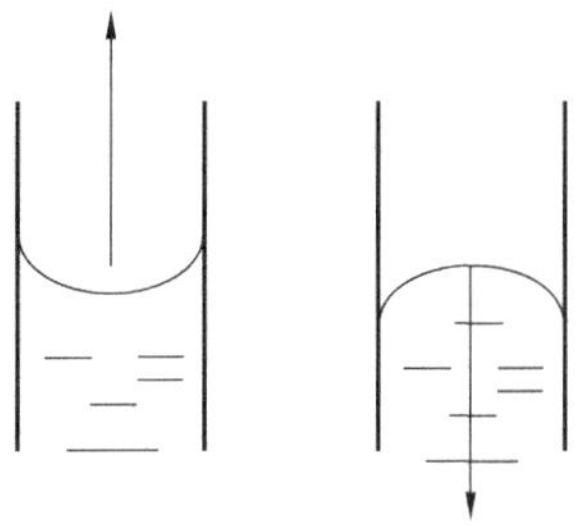

图 2.16　由表面张力引起的附加压力

铸型材料一般不被金属液浸润，即浸润角 $\theta > 90°$。故液态金属在铸型细管道内的表面是凸起的，如图 2.17 所示，此时产生指向内部的附加压力。r 是管道的曲率半径，附加压力为：

$$p_{附} = \frac{-2\gamma \cdot \cos\theta}{r} \tag{2.32}$$

为了平衡此附加压力，由液面高度差 h 造成的静压力为：

$$p_{压} = \rho g h \tag{2.33}$$

式中，ρ 为液态金属的密度；g 为重力加速度。

平衡时：

$$p_{附}=p_{压} \tag{2.34}$$

$$\frac{-2\gamma\cdot\cos\theta}{r}=\rho gh \tag{2.35}$$

$$h=\frac{-2\gamma\cdot\cos\theta}{r\rho g} \tag{2.36}$$

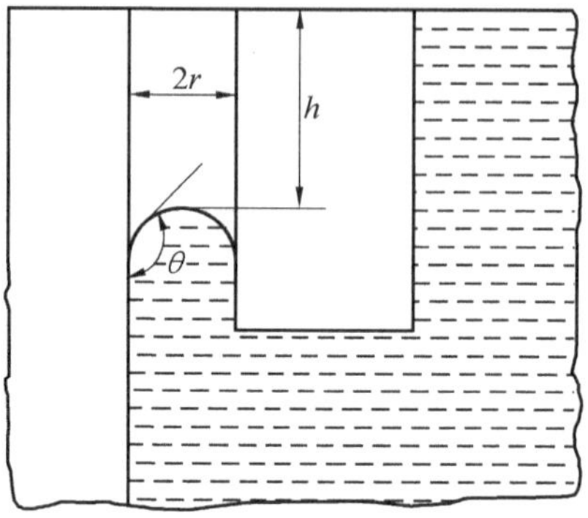

图 2.17　液态金属在铸型细管道内的凸起表面

因此，要克服铸型中由表面张力引起的附加压力，必须附加一个静压头，其值大于等于 h。表面张力越大，要求的附加压头就越大。

2.3　液态金属的流动性和充型性能

2.3.1　液态金属的流动性

液态金属本身的流动能力称为流动性，由液态金属的成分、温度、杂质含量等决定。金属的流动性好，有利于充型，气体和杂质的排除，以及凝固过程中溶质元素的扩散和凝固后期的补缩、防裂，对获得优质铸件至关重要。

液态金属的流动性是用浇注"流动性试样"的方法来确定。将试样的结构和铸型性质固定不变，在相同的浇注条件下，例如，在相同的过热度或在同一浇注温度下，浇注各种合金的流动性试样，以试样的长度或者以试样某处的厚薄程度表示该合金的流动性。最常用的流动性试样种类有螺旋形、水平直棒形、"U" 形等。其中螺旋形最常见，如图2.18所示。表 2.7 给出了一些铸铁和铸钢的流动性试样测试的数据。可以发现，元素种类、含量、浇注温度等对流动性试样的最终长度有显著的影响。

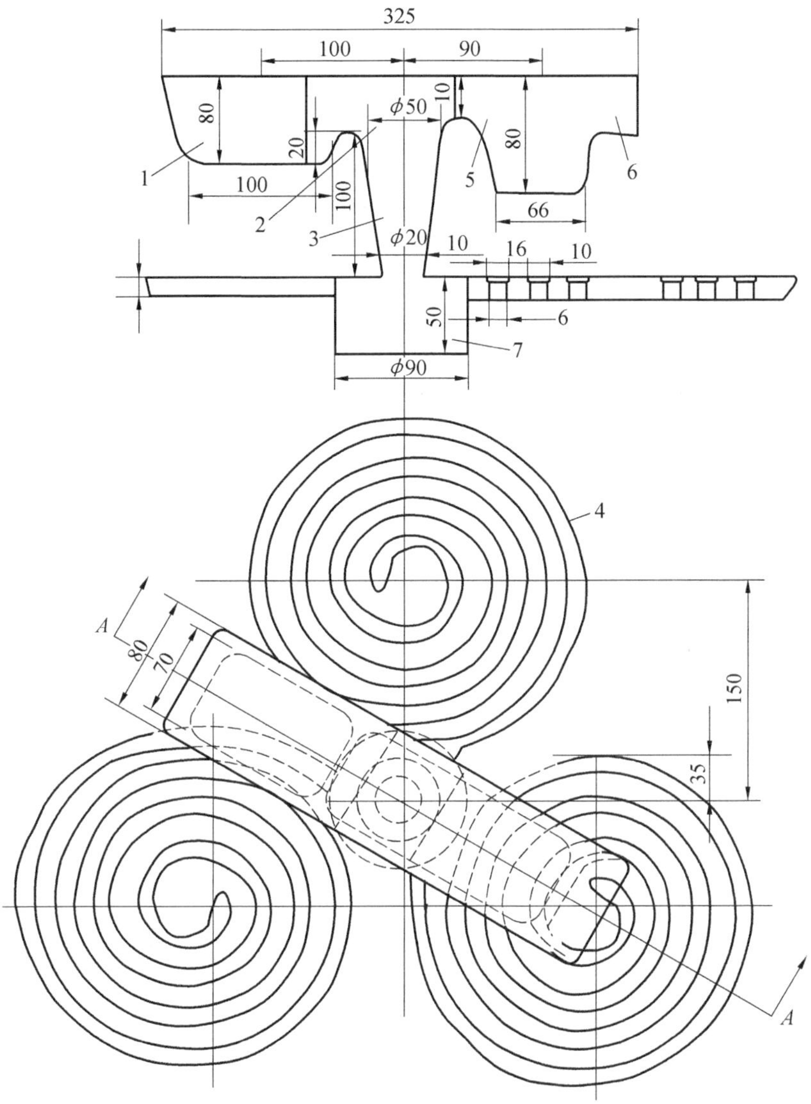

图 2.18　螺旋形流动性试样结构示意图(单位:mm)

1— 浇口杯;2— 低坝;3— 直浇道;4— 螺旋;5— 高坝;6— 溢流道;7— 全压井

表 2.7　一些金属液流动性测试(螺旋形试样)结果

合金	造型材料	浇注温度 /℃	螺旋线长度 /mm
铸铁 $w(C+Si)=6.2\%$	砂型	1 300	1 800
铸铁 $w(C+Si)=5.9\%$	砂型	1 300	1 300
铸铁 $w(C+Si)=5.2\%$	砂型	1 300	1 000
铸铁 $w(C+Si)=4.2\%$	砂型	1 300	600
铸钢 $w(C)=0.4\%$	砂型	1 600	100
铸钢 $w(C)=0.4\%$	砂型	1 640	200

2.3.2 液态金属的充型能力

液态金属充满铸型型腔，获得形状完整、轮廓清晰的铸件的能力，称为液态金属充填铸型的能力，简称液态金属的充型能力。液态金属充填铸型一般是在纯液态下充满型腔的，也有边充型边结晶的情况。在充型过程中，当液态金属中形成晶粒堵塞充型通道时，流动则停止。如果停止流动出现在型腔被充满之前，则造成铸件“浇不足”的缺陷。

液态金属的充型能力首先取决于金属本身的流动能力，同时又受外界条件，如铸型性质、浇注条件、铸件结构等因素的影响，是各种因素的综合反映。所以，液态金属的充型能力和流动性是两个不同的概念，要注意区分。

2.3.3 液态金属的停止流动机理

对于结晶温度范围不同的合金而言，其结晶特性有较大的差异，其停止流动机理差异也较大。图 2.19 所示为 Al－Sn 合金的平衡状态图，取结晶温度范围很小的纯铝(99.99%Al)和结晶温度范围较大的 Al－5%Sn 合金两种金属浇注流动性试样。Al－5%Sn 合金的结晶温度范围约为 430 ℃。实验结果见表 2.8。

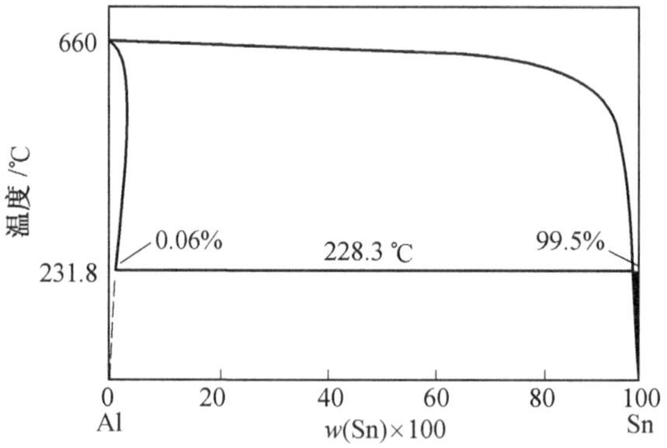

图 2.19 Al－Sn 合金状态图

表 2.8 Al 和 Al－5%Sn 合金流动状况比较

合金类型	Al (结晶温度范围窄)	Al－5%Sn (结晶温度范围宽)
流动长度	589.3 mm(长)	206.7 mm(短)
晶粒特征	柱状晶	等轴晶
晶粒大小	晶粒越来越细	晶粒越来越细
晶粒生长方向	垂直于流道	无方向性
流头特征	有缩孔	无缩孔、光滑、前突

图 2.20 所示为纯铝和 Al－5%Sn 合金流动性试样纵剖面上的宏观组织。纯金属流动性试样的宏观组织是柱状晶，试样的末端有缩孔，这说明液态金属停止流动时，其末端仍保持有热的金属液。停止流动的原因是末端之前的某个部位从型壁向中心生长的柱状

晶相接触，金属的流动通道被堵塞。Al－5％Sn 合金流动性试样的宏观组织是等轴晶，离入口处越远，晶粒越细，试样前端向外突出。由此可以判断，液态金属的温度是沿程下降的，液流前端冷却最快，首先结晶，当晶体达到一定数量时，结成一个连续网络，发生堵塞，停止流动。

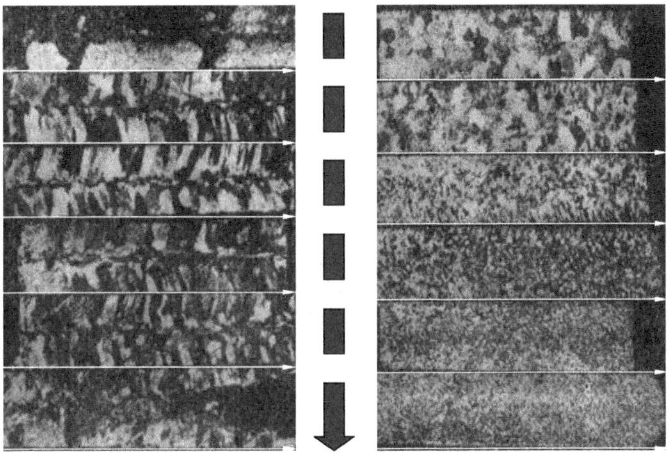

(a) 纯铝　　(b) Al-5%Sn 合金

图 2.20　流动性试样纵剖面上的宏观组织

图 2.21 所示为纯金属、共晶合金和窄结晶温度范围合金的停止流动机理示意图。在金属的过热量未散尽前为纯液态流动(图 2.21(a))，为第 Ⅰ 区；金属液继续流动，冷的前端在型壁上凝固结壳(图 2.21(b))，而后的金属液是在被加热的沟道中流动，冷却强度下降；由于液流通过 Ⅰ 区终点时，尚具有一定的过热度，将已凝固的壳重新熔化，为第 Ⅱ 区，该区是先形成凝固壳，又被完全熔化；第 Ⅲ 区是未被完全熔化而保留下来的一部分固相区，在该区的终点金属液耗尽了过热热量；在第 Ⅳ 区里，液相和固相具有相同的温度(结晶温度)，由于在该区的起点处结晶开始较早，断面上结晶完毕也较早，往往在它附近发生堵塞(图 2.21(c))。

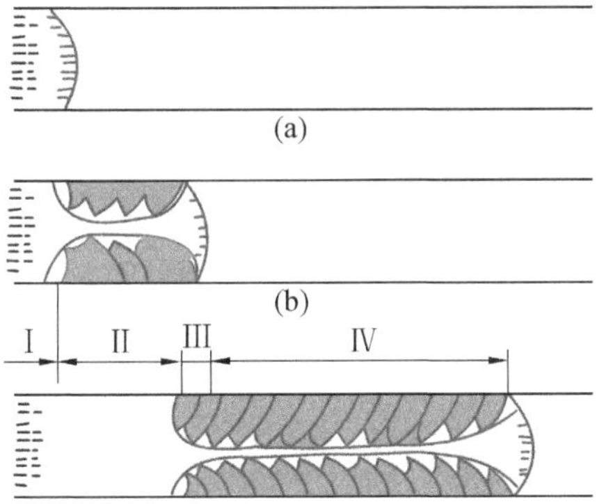

图 2.21　纯金属、共晶合金和窄结晶温度范围合金的停止流动机理

图 2.22 所示为宽结晶温度范围合金的停止流动机理示意图。在过热热量未散尽前，以纯液态流动。随热量散失，温度下降到液相线以下时，液流中析出晶体，顺流前进，并不

断长大。液流前端不断与冷的型壁接触，冷却最快，晶体数量最多，使金属液的黏度增加，流速减慢。当晶粒达到某一临界数量时，便结成一个连续的网络，液流的压力不能克服此网络的阻力时，发生堵塞面停止流动。

合金的结晶温度范围越宽，枝晶就越发达，液流前端析出相对较少的固相量，即在相对较短的时间内，液态金属便停止流动。

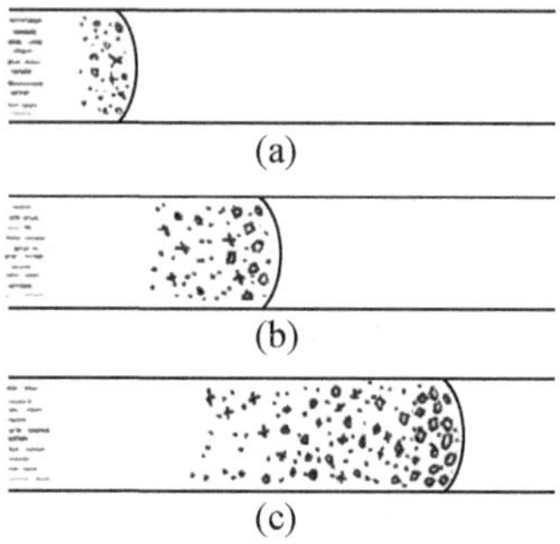

图 2.22　宽结晶温度范围合金的停止流动机理

典型合金停止流动机理的比较见表 2.9。

表 2.9　典型合金停止流动机理的比较

合金类型	窄结晶温度范围合金	宽结晶温度范围合金
流动性	好	差
晶粒特征	垂直于型壁的柱状晶	无方向性的等轴晶
流动特征	单相流动	多相流动
流头特征	有缩孔、内凹	无缩孔、前突
停止流动机理	柱状晶相接触，中心合并	网络阻塞

第3章　凝固过程中的传热

将合金从液态转变为固态的状态变化称为一次结晶或凝固。一次结晶和凝固这两个术语指的是同一个状态变化过程，但它们的含义是有区别的。前者主要是从物理化学的观点出发，研究液态金属的生核、成长、结晶组织的形成规律；后者是从传热学的观点出发，研究铸件与铸型的传热过程、铸件断面上凝固区域的大小、凝固方式与铸件质量的关系，以及铸件的凝固时间等问题。

许多常见的缺陷，如缩孔、缩松、热裂、析出性气孔、偏析、非金属夹杂等，都是在凝固过程中产生的。所以，认识铸件的凝固规律，研究凝固过程的控制途径，对于防止产生铸造缺陷、改善铸件组织、提高铸件的性能有十分重要的意义。

3.1　温度场基本概念与传热学基础

3.1.1　温度场基本概念

在某一瞬间，某一特定空间或物体内部各点温度的分布情况，称为温度场。一般来说，温度场是时间和空间的函数。在直角坐标系中，温度场可表示为：

$$T=f(x,y,z,t) \tag{3.1}$$

式中，T 为温度；x,y,z 为空间坐标值；t 为时间。

式(3.1)表明，温度场就是各个瞬间物体中各点温度分布的总称。如果物体各点的温度随时间变化，则该温度场称为不稳定温度场；不随时间而变的温度场称为稳定温度场。稳定温度场的表达式可简化为：

$$T=f(x,y,z) \tag{3.2}$$

即对于稳定温度场，其温度只是空间的函数。

根据温度场与空间坐标的关系，又分为三维、二维和一维温度场。若温度场与空间三个坐标 x,y,z 都相关，则称为三维温度场；若温度场仅与两个或者一个空间坐标有关，则分别称为二维或一维温度场。

温度场除了用函数形式表示外，还可以用几何图形表示，如等温面或等温线。同一瞬间，将温度场中所有温度相同的点连接所构成的面，称为等温面。不同等温面与任一平面相交，则在此平面上构成一簇曲线，称为等温线。由于温度场中，每一点不可能同时具有两个不同的温度，因此代表不同温度的等温面或等温线不可能相交。

采用几何图形可直观地了解物体内的温度分布情况。如图3.1所示，一个长圆管，且内外壁面温度各自均匀，内表面温度为 T_1，外表面温度为 T_2，等温面则为同轴圆柱面。在同一等温面上，各处的温度是相同的，所以没有热量传递。热量的传递只能沿着等温面的法向方向，从高温等温面向低温等温面传递。

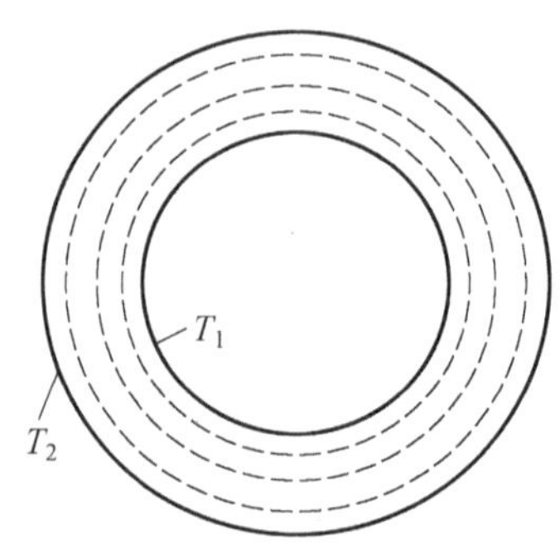

图 3.1　温度场的几何图形表达(长圆管的等温面)

图 3.2 所示为温度场中三个等温面,假设它们的温度分别为 $T+\Delta T$、T、$T-\Delta T$。自等温面的某点 P 出发,沿不同方向到另一等温面时,单位距离上的温度变化不相同。由于等温面间温差均为 ΔT,则在 P 点法线方向上温度变化最显著。通常把温度场中任意点的温度沿等温面法线 n 方向的增加率称为该点的温度梯度,记为 grad T,即:

$$\mathrm{grad}\ T=\lim_{\Delta n\to 0}\frac{\Delta T}{\Delta n}=\frac{\partial T}{\partial n} \tag{3.3}$$

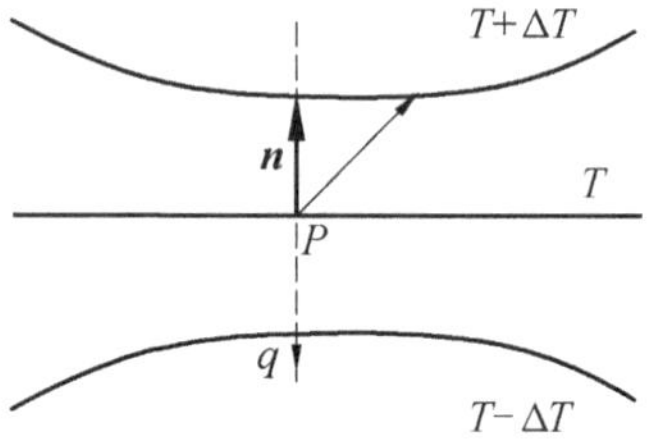

图 3.2　温度梯度和热流

在用等温面(线)表示的温度场中,等温面(线)密集处温度梯度大,等温线(面)稀疏处温度梯度小。因为 $\boldsymbol{n}$ 是矢量,所以温度梯度是表示温度变化强度的一个矢量,通常把温度增加的方向作为温度梯度矢量的正方向,如图 3.2 所示。由于热量朝着温度降低的方向流动,所以热流的方向与温度梯度的方向相反。

3.1.2　热量传输的基本方式和基本定律

在热量传输过程中,单位时间内通过某一给定面积 A 所传输的热量称为热流量,用 Q 表示,单位为 W。单位时间内通过单位面积的热量称为热流密度,或称热通量,用 q 表示,单位为 $\mathrm{W/m^2}$。因此,热流量和热流密度的关系为:

$$Q=q\cdot A \tag{3.4}$$

根据传热学原理,液态金属凝固过程中热量传递的基本方式有热传导、热对流和热辐射三种。以上三种传热方式在液态金属浇注充型、凝固和冷却过程中都会发生,但不同的情况下各种传热方式主次地位不同。在充型过程中,液态金属内部热量的传递以对流为主,在随后的凝固和冷却过程中则以热传导为主。

热传导又称导热,它是指物体内不同温度的各部分之间或不同温度的物体相接触时发生的热量传输的现象。从微观角度看,热传导是依靠物体中分子、原子或自由电子等微观粒子的热运动而进行的能量转移过程。如:把铁棒一端插入炉内加热,另一端也将在热传导的作用下逐渐变热。

反映热传导规律的基本定理为傅里叶定律,即单位时间内通过单位面积的热流密度与温度梯度成正比。计算式为:

$$q=-\lambda\cdot\text{grad }T=-\lambda\cdot\frac{\partial T}{\partial n}\tag{3.5}$$

式中,比例系数λ称为导热系数,或热导率,单位是W/(m·℃);负号表示导热的方向与温度梯度相反。

如果不稳定传热时,热量传输以导热方式进行,则称为不稳定导热。例如钢锭和铸件的凝固、钢材的加热和冷却过程的温度场属于不稳定温度场,它们的导热过程属于不稳定导热。反之稳定温度场中的导热过程称为稳定导热。高炉和连续加热炉在正常工作时,炉内温度工况和炉墙内的温度分布可近似视为稳定温度场,此时通过炉壁的导热可近似看作稳定导热。

3.1.3　导热微分方程

在分析热量传输问题时,都要求确定物体的温度场,这就需要建立一个描述物体内各点温度与空间和时间内在联系的微分方程,即热量传输微分方程。

如图3.3所示,三维导热情况下,热流经过某一微元体,可将热流分解到x、y和z三个方向。假设热量沿坐标轴正向传递,如沿x轴传递热量时,热量从坐标为x的面传入,传入量为dQ_x,从$x+dx$处的面导出热量为dQ_{x+dx},对应的导热面积均为$dydz$。

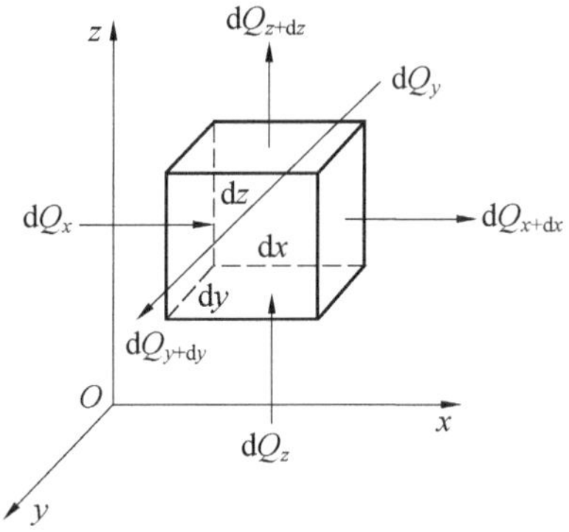

图 3.3　导热微元体示意图

针对三维情况,dt时间内导入微元体的热量:

$$\begin{cases}dQ_x=q_x\cdot dydz\cdot dt & (x\text{ 方向})\\ dQ_y=q_y\cdot dxdz\cdot dt & (y\text{ 方向})\\ dQ_z=q_z\cdot dxdy\cdot dt & (z\text{ 方向})\end{cases}\tag{3.6}$$

dt时间内导出微元体的热量:

$$\begin{cases}dQ_{x+dx}=q_{x+dx}\cdot dydz\cdot dt & (x\text{ 方向})\\ dQ_{y+dy}=q_{y+dy}\cdot dxdz\cdot dt & (y\text{ 方向})\\ dQ_{z+dz}=q_{z+dz}\cdot dxdy\cdot dt & (z\text{ 方向})\end{cases}\tag{3.7}$$

热量导入面和导出面对应热流密度的函数关系：

$$\begin{cases} q_{x+\mathrm{d}x} = q_x + \dfrac{\partial q_x}{\partial x}\mathrm{d}x \\ q_{y+\mathrm{d}y} = q_y + \dfrac{\partial q_y}{\partial y}\mathrm{d}y \\ q_{z+\mathrm{d}z} = q_z + \dfrac{\partial q_z}{\partial z}\mathrm{d}z \end{cases} \tag{3.8}$$

因此，由式(3.6)、式(3.7)和式(3.8)可得到 $\mathrm{d}t$ 时间内导热造成微元体内热量的变化，其表达式为：

$$\begin{cases} \mathrm{d}Q_x - \mathrm{d}Q_{x+\mathrm{d}x} = -\dfrac{\partial q_x}{\partial x} \cdot \mathrm{d}x\mathrm{d}y\mathrm{d}z \cdot \mathrm{d}t \\ \mathrm{d}Q_y - \mathrm{d}Q_{y+\mathrm{d}y} = -\dfrac{\partial q_y}{\partial y} \cdot \mathrm{d}x\mathrm{d}y\mathrm{d}z \cdot \mathrm{d}t \\ \mathrm{d}Q_z - \mathrm{d}Q_{z+\mathrm{d}z} = -\dfrac{\partial q_z}{\partial z} \cdot \mathrm{d}x\mathrm{d}y\mathrm{d}z \cdot \mathrm{d}t \end{cases} \tag{3.9}$$

根据傅里叶定律可得：

$$\begin{cases} q_x = -\lambda \dfrac{\partial T}{\partial x} \\ q_y = -\lambda \dfrac{\partial T}{\partial y} \\ q_z = -\lambda \dfrac{\partial T}{\partial z} \end{cases} \tag{3.10}$$

结合式(3.9)和式(3.10)，可得：

$$\begin{cases} \mathrm{d}Q_x - \mathrm{d}Q_{x+\mathrm{d}x} = \dfrac{\partial}{\partial x}\left(\lambda \dfrac{\partial T}{\partial x}\right) \cdot \mathrm{d}x\mathrm{d}y\mathrm{d}z \cdot \mathrm{d}t \\ \mathrm{d}Q_y - \mathrm{d}Q_{y+\mathrm{d}y} = \dfrac{\partial}{\partial y}\left(\lambda \dfrac{\partial T}{\partial y}\right) \cdot \mathrm{d}x\mathrm{d}y\mathrm{d}z \cdot \mathrm{d}t \\ \mathrm{d}Q_z - \mathrm{d}Q_{z+\mathrm{d}z} = \dfrac{\partial}{\partial z}\left(\lambda \dfrac{\partial T}{\partial z}\right) \cdot \mathrm{d}x\mathrm{d}y\mathrm{d}z \cdot \mathrm{d}t \end{cases} \tag{3.11}$$

微元体内热力学能的变化量为：

$$\Delta U = \rho \cdot c \cdot \frac{\partial T}{\partial t} \cdot \mathrm{d}x\mathrm{d}y\mathrm{d}z \cdot \mathrm{d}t \tag{3.12}$$

式中，c 为比热容；ρ 为微元体密度。

在不考虑微元体发热的情况下，可得：

$$\mathrm{d}Q_x - \mathrm{d}Q_{x+\mathrm{d}x} + \mathrm{d}Q_y - \mathrm{d}Q_{y+\mathrm{d}y} + \mathrm{d}Q_z - \mathrm{d}Q_{z+\mathrm{d}z} = \rho \cdot c \cdot \frac{\partial T}{\partial t} \cdot \mathrm{d}x\mathrm{d}y\mathrm{d}z \cdot \mathrm{d}t \tag{3.13}$$

即：

$$\frac{\partial}{\partial x}\left(\lambda \frac{\partial T}{\partial x}\right) + \frac{\partial}{\partial y}\left(\lambda \frac{\partial T}{\partial y}\right) + \frac{\partial}{\partial z}\left(\lambda \frac{\partial T}{\partial z}\right) = \rho \cdot c \cdot \frac{\partial T}{\partial t} \tag{3.14}$$

有些情况下，需要考虑微元体自身的发热，如：液态金属凝固过程的结晶潜热。假设 q_V 为单位体积物体单位时间内自身释放的热量，微元体 $\mathrm{d}t$ 时间内的发热量为 $\mathrm{d}Q_V$，则：

$$dQ_V = q_V \cdot dx dy dz \cdot dt \tag{3.15}$$

结合式(3.13)和式(3.15),得到导热方程为:

$$\frac{\partial}{\partial x}\left(\lambda \frac{\partial T}{\partial x}\right) + \frac{\partial}{\partial y}\left(\lambda \frac{\partial T}{\partial y}\right) + \frac{\partial}{\partial z}\left(\lambda \frac{\partial T}{\partial z}\right) + q_V = \rho \cdot c \cdot \frac{\partial T}{\partial t} \tag{3.16}$$

即:

$$\frac{\partial T}{\partial t} = \frac{\lambda}{c\rho} \cdot \left(\frac{\partial^2 T}{\partial x^2} + \frac{\partial^2 T}{\partial y^2} + \frac{\partial^2 T}{\partial z^2}\right) + \frac{q_V}{c\rho} \tag{3.17}$$

式(3.17)对非稳态、稳态、有无热源的问题都适用。导热微分方程是求解一切导热问题的出发点,稳态问题和无内热源问题都是上述微分方程的特解。

例如无内热源($q_V = 0$),导热微分方程可写为:

$$\frac{\partial T}{\partial t} = \frac{\lambda}{c\rho} \cdot \left(\frac{\partial^2 T}{\partial x^2} + \frac{\partial^2 T}{\partial y^2} + \frac{\partial^2 T}{\partial z^2}\right) = \alpha \cdot \nabla^2 T \tag{3.18}$$

式中,α 为热扩散率(又称导热系数),$\alpha = \frac{\lambda}{c\rho}$,单位 m^2/s;∇^2 为拉普拉斯运算符号。

从热扩散率 α 的定义可以看到,导热系数 λ 越大,或 $c\rho$ 越小,则热扩散率越大,表征物体内部温度趋于一致的能力越大。

对于一维和二维导热,导热微分方程可分别简化为:

$$\frac{\partial T}{\partial t} = \alpha \cdot \frac{\partial^2 T}{\partial x^2} \tag{3.19}$$

和

$$\frac{\partial T}{\partial t} = \alpha \cdot \left(\frac{\partial^2 T}{\partial x^2} + \frac{\partial^2 T}{\partial y^2}\right) \tag{3.20}$$

导热微分方程是传热学理论中最基本的公式,适合于铸造和焊接等工艺过程的所有热传导问题的数学描述。但对具体温度场进行求解时,还需给出定解条件,包括导热体的初始条件与边界条件。所谓初始条件,是物体开始导热时($t=0$)的瞬时温度分布;所谓边界条件,是指导热体表面与周围介质间的热交换情况。

3.2 温度场

3.2.1 数学解析法

运用数学方法研究铸件和铸型的传热,主要是利用传热学原理,建立描述凝固过程传热特征的各物理量之间的方程式,即铸件和铸型的温度场数学模型并加以求解。

凝固涉及传热、传质、相变等各种复杂的初始和边界条件。要建立一个符合实际情况的微分方程式很困难,即使建立了微分方程式也未必能够求解。因此,用数学分析法研究凝固过程时,必须对过程进行合理的简化。

下面以半无限大的铸件为例,运用导热微分方程式求铸件和铸型中的温度场。

假设具有一个平面的半无限大铸件在半无限大的铸型中冷却(图3.4)。铸件与铸型材料均匀,热扩散率 α_1 和 α_2 近似不随温度变化;铸型的初始温度为 T_{20};并设液态金属充

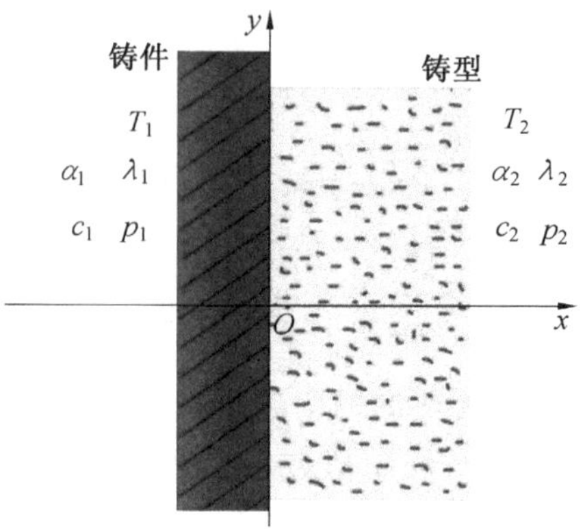

图 3.4 半无限大铸件冷却

满铸型后立即停止流动，且各处温度均匀，即铸件的初始温度为 T_{10}；将坐标的原点设在铸件与铸型的接触面上。在这种情况下，铸件和铸型任意一点的温度 T 与 y 和 z 无关，因此为一维导热问题，即：

$$\frac{\partial^2 T}{\partial y}=0,\quad \frac{\partial^2 T}{\partial z^2}=0 \tag{3.21}$$

导热微分方程式具有如下形式：

$$\frac{\partial T}{\partial t}=\alpha\cdot\frac{\partial^2 T}{\partial x^2} \tag{3.22}$$

以置换变量法求解，其通解为：

$$T=C+D\cdot \mathrm{erf}\left(\frac{x}{2\sqrt{\alpha t}}\right) \tag{3.23}$$

式中，C 和 D 均为积分常数，可利用单值条件求出；时间为 t 时，铸件或铸型内距界面为 x 处的温度用 T 代表；erf(x) 为高斯误差函数。

$$\mathrm{erf}\left(\frac{x}{2\sqrt{\alpha t}}\right)=\frac{2}{\sqrt{\pi}}\int_0^{\frac{x}{2\sqrt{\alpha t}}}\mathrm{e}^{-\beta^2}\,\mathrm{d}\beta \tag{3.24}$$

对于 erf(x)，可查表求得。该误差函数有如下性质：

$$\begin{cases}x=0,\quad \mathrm{erf}(x)=0\\ x=-\infty,\quad \mathrm{erf}(x)=-1\\ x=\infty,\quad \mathrm{erf}(x)=1\\ \mathrm{erf}(-x)=-\mathrm{erf}(x)\end{cases} \tag{3.25}$$

对于铸件，其通解为：

$$T_1=C_1+D_1\cdot \mathrm{erf}\left(\frac{x}{2\sqrt{\alpha_1 t}}\right) \tag{3.26}$$

边界条件：$x=0\ (t>0)$，$T_1=T_2=T_F$；T_F 为界面温度，所以 $C_1=T_F$。

初始条件：$t=0$，$T_1=T_{10}$，所以：

$$D_1=T_F-T_{10} \tag{3.27}$$

将 C_1 和 D_1 代入可得铸件温度场的方程式：

$$T_1 = T_F + (T_F - T_{10}) \cdot \mathrm{erf}\left(\frac{x}{2\sqrt{\alpha_1 t}}\right) \tag{3.28}$$

对于铸型，其通解为：

$$T_2 = C_2 + D_2 \cdot \mathrm{erf}\left(\frac{x}{2\sqrt{\alpha_2 t}}\right) \tag{3.29}$$

利用单值条件求出：

$$C_2 = T_F,\quad D_2 = T_{20} - T_F \tag{3.30}$$

铸型温度场方程为：

$$T_2 = T_F + (T_{20} - T_F) \cdot \mathrm{erf}\left(\frac{x}{2\sqrt{\alpha_2 t}}\right) \tag{3.31}$$

界面温度 T_F 可利用界面处热流连续的关系求出。即：

$$\lambda_1 \cdot \left[\frac{\partial T_1}{\partial x}\right]_{x=0} = \lambda_2 \cdot \left[\frac{\partial T_2}{\partial x}\right]_{x=0} \tag{3.32}$$

$$\begin{cases} \left[\dfrac{\partial T_1}{\partial x}\right]_{x=0} = \dfrac{T_F - T_{10}}{\sqrt{\pi \alpha_1 t}} \\ \left[\dfrac{\partial T_2}{\partial x}\right]_{x=0} = \dfrac{T_{20} - T_F}{\sqrt{\pi \alpha_2 t}} \end{cases} \tag{3.33}$$

$$\frac{T_F - T_{10}}{\sqrt{\pi \alpha_1 t}} = \frac{T_{20} - T_F}{\sqrt{\pi \alpha_2 t}} \tag{3.34}$$

$$T_F = \frac{b_1 \cdot T_{10} + b_2 \cdot T_{20}}{b_1 + b_2} \tag{3.35}$$

式中，b_1 为铸件的蓄热系数，$b_1 = \sqrt{\lambda_1 c_1 \rho_1}$；$b_2$ 为铸型的蓄热系数，$b_2 = \sqrt{\lambda_2 c_2 \rho_2}$。

如果 $T_{20} = 0$，并另 $\sigma = b_2 / b_1$，则：

$$T_F = \frac{F_{10}}{1 + \sigma} \tag{3.36}$$

以上的推导过程中没有计入金属的结晶潜热，若考虑金属的结晶潜热，并认为液态金属与固态金属的导热系数和比热容不同，则解法复杂得多。

3.2.2　数值模拟法

数值模拟可求解凝固过程中较为复杂的传热过程。金属凝固过程传热、传质及流动的耦合模拟，已经能够作为预测和控制铸件质量的依据。

导热微分方程的数值解法主要有有限差分法、有限单元法、边界元法等，这些方法各有特点。以一维系统的有限差分法为例，介绍如下。

图 3.5 所示为一维均值物体的分割。其导热微分方程为：

$$\frac{\partial T}{\partial t} = \alpha \cdot \frac{\partial^2 T}{\partial x^2} \tag{3.37}$$

沿热流方向把均质物体分割为若干单元，取各单元的端面为单位面积，单元长度为 Δx，用差分代替上述方程中的微分，则可得到相应的有限差分算式，即：

$$\frac{\partial T}{\partial t} \approx \frac{T(t + \Delta t, x) - T(t, x)}{\Delta t} \tag{3.38}$$

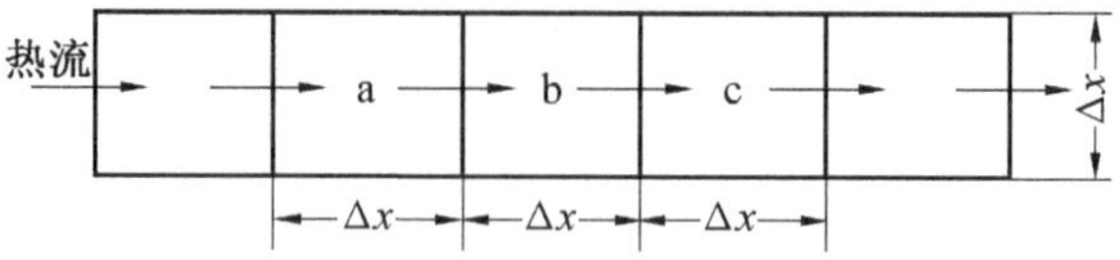

图 3.5 一维均值物体的分割

$$\frac{\partial^2 T}{\partial t^2} \approx \frac{\dfrac{T(t,x+\Delta x)-T(t,x)}{\Delta x}-\dfrac{T(t,x)-T(t,x-\Delta x)}{\Delta x}}{\Delta x} \tag{3.39}$$

$$\frac{\partial^2 T}{\partial t^2} \approx \frac{T(t,x+\Delta x)-2T(t,x)+T(t,x-\Delta x)}{\Delta x^2} \tag{3.40}$$

根据式(3.37)有：

$$\frac{T(t+\Delta t,x)-T(t,x)}{\Delta t}=\alpha \cdot \frac{T(t,x+\Delta x)-2T(t,x)+T(t,x-\Delta x)}{\Delta x^2} \tag{3.41}$$

令：

$$M=\frac{\Delta x^2}{\alpha \cdot \Delta t} \tag{3.42}$$

并取：

$$\begin{cases} T(t+\Delta t,x)=T_b' \\ T(t,x-\Delta x)=T_a \\ T(t,x)=T_b \\ T(t,x+\Delta x)=T_c \end{cases} \tag{3.43}$$

整理后得到一维不稳定导热的有限差分计算方程为：

$$T_b'=\frac{1}{M}\cdot[T_a+(M-2)\cdot T_b+T_c] \tag{3.44}$$

式中，T_a、T_b、T_c 为 t 时刻相应单元的温度。$(t+\Delta t)$ 时刻 b 单元的温度变为 T_b'，可由式(3.44)直接求得，因而称其为显示格式。这种格式虽然计算简单，但对 M 的取值有限制。如果 M 小于 2，从方程式可以看出，单元 b 的温度 T_b 对其本身的未来值具有负的效应。换言之，单元在起初时越热，到 Δt 后就越冷，这与热力学第二定律不符，所以必须有 $M \geqslant 2$。由 M 的定义式可知，当单元划分确定后，即 Δx 确定后，时间步长 Δt 的取值必须满足不等式 $\Delta t \leqslant \dfrac{\Delta x^2}{2\alpha}$。

对于液态金属在铸型中的凝固和冷却，需要解决两种不同材料相接触时的数值计算法。在这种情况下，分界面有两种处理方法(图 3.6)：(1) 把两种物体的单元分别定于分界面的两侧(图 3.6(a))；(2) 把单元定于分界面上(图 3.6(b))。在前一种情况下就得到下列方程式，其中下角标 1 和 2 分别指铸件和铸型。

$$\lambda_{a'a}\cdot(T_{a'}-T_a)\cdot\Delta t+\lambda_{ba}\cdot(T_b-T_a)\cdot\Delta t=c_a\,\rho_a\,\Delta x^2(T_a'-T_a) \tag{3.45}$$

$$\begin{cases} c_a\,\rho_a=c_1\rho_1 \\ \lambda_{ba}=\lambda_1 \\ \lambda_{a'a}=\dfrac{2\,\lambda_1\,\lambda_2}{\lambda_1+\lambda_2} \end{cases} \tag{3.46}$$

令：

$$x_A=\frac{2\lambda_2}{\lambda_1+\lambda_2} \tag{3.47}$$

则：

$$\lambda_{a'a}=x_A\cdot\lambda_1 \tag{3.48}$$

因此：

$$x_A\cdot\lambda_1\cdot(T_{a'}-T_a)\cdot\Delta t+\lambda_1\cdot(T_b-T_a)\cdot\Delta t=c_1\rho_1\,\Delta x^2(T'_a-T_a) \tag{3.49}$$

令：

$$M_1=\frac{c_1\rho_1\Delta x^2}{\lambda_1\cdot\Delta t} \tag{3.50}$$

则：

$$T'_a=\frac{x_A}{M_1}\cdot T_{a'}+\frac{T_b}{M_1}+\left(1-\frac{x_A+1}{M_1}\right)\cdot T_a \tag{3.51}$$

在第二种情况下，应用同一原则可以求出 0 单元的情况（图 3.6(b)）。

$$\lambda_2\cdot(T_{a'}-T_0)\cdot\Delta t+\lambda_1\cdot(T_a-T_0)\cdot\Delta t=c_0(T'_a-T_a) \tag{3.52}$$

$$c_0=\frac{c_1\rho_1\Delta x^2}{2}+\frac{c_2\rho_2\Delta x^2}{2}=\frac{\lambda_1 M_1\Delta t}{2}+\frac{\lambda_2 M_2\Delta t}{2}=\frac{Z\Delta t}{2} \tag{3.53}$$

式中：

$$Z=\lambda_1 M_1+\lambda_2 M_2 \tag{3.54}$$

$$M_2=\frac{c_2\rho_2\Delta x^2}{\lambda_2\cdot\Delta t} \tag{3.55}$$

故：

$$\lambda_2\cdot(T_{a'}-T_0)\cdot\Delta t+\lambda_1\cdot(T_a-T_0)\cdot\Delta t=\frac{Z\Delta t}{2}\cdot(T'_0-T_0) \tag{3.56}$$

$$T'_0=\frac{2\lambda_2}{Z}\cdot T_{a'}+\frac{2\lambda_1}{Z}\cdot T_a+\left[1-\frac{2(\lambda_1+\lambda_2)}{Z}\right]\cdot T_0 \tag{3.57}$$

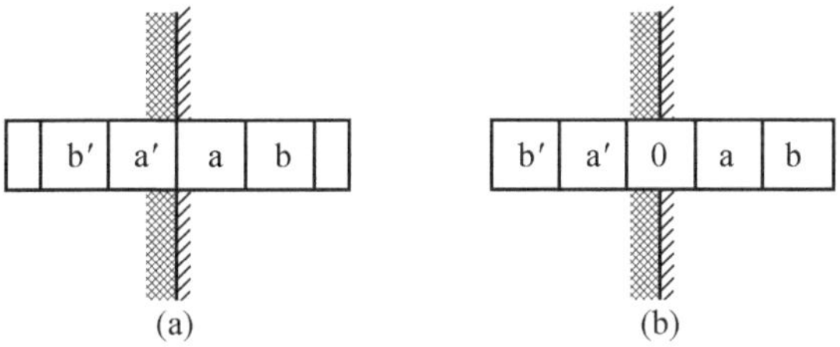

图 3.6　铸件与铸型的两种不同分割方法

如果铸件的形状使之只在 x、y 方向上有热流（图 3.7），则傅里叶导热微分方程可用式(3.58) 表示。图 3.8 给出了 T 形铸件浇注后某瞬间的等温线和凝固前沿移动情况。

$$\frac{\partial T}{\partial t}=\alpha\cdot\left(\frac{\partial^2 T}{\partial x^2}+\frac{\partial^2 T}{\partial y^2}\right) \tag{3.58}$$

一般假设铸型为瞬时充满，即铸件的初始温度为浇注温度，铸型的初始温度为室温。但是，金属液充填铸型后，铸件－铸型界面上的热交换强度很大，在计算时对此处的初始温度必须加以处理。在浇注初期，热影响区小，界面处可近似为一维导热，则可采用下式

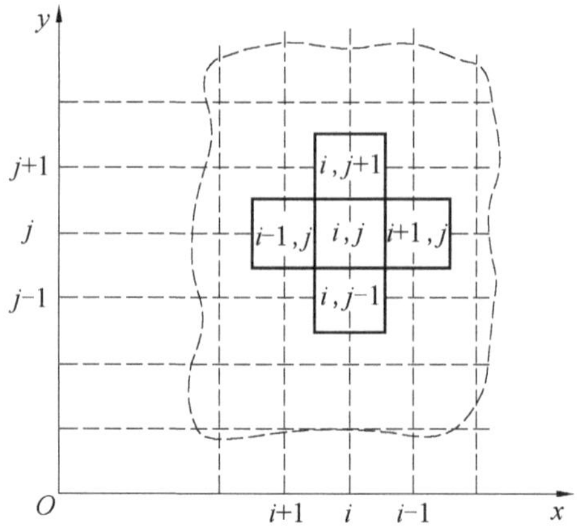

图 3.7　二维系统的分离

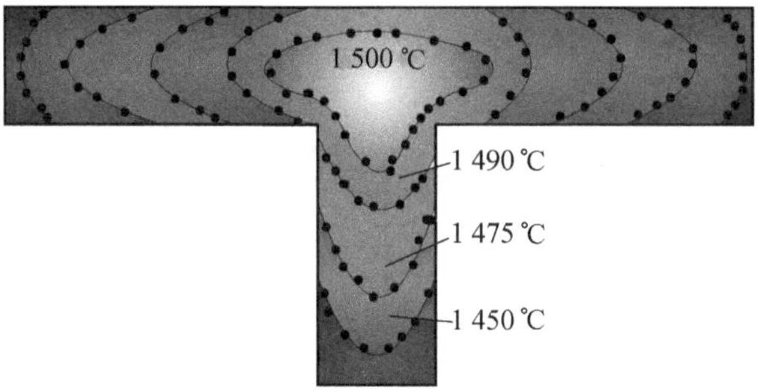

图 3.8　T 形铸件浇注后某瞬间的等温线和凝固前沿移动情况

求出界面初始温度：

$$T_F = \frac{b_1\ T_{10} + b_2\ T_{20}}{b_1 + b_2} \tag{3.59}$$

金属凝固释放结晶潜热，使铸件温度下降速度减慢。因此，在计算时须把潜热的作用考虑进去。方法有温度回升法、等价比热容法、积分法和热焓法等。下面以温度回升法为例考虑潜热的作用。

温度回升法是将每次的计算温度回升到凝固温度 T_{Li} 来体现潜热的作用。假设某单元在不考虑潜热时计算出的温度为 T，比凝固温度低 $\Delta T(\Delta T = T_{Li} - T)$，单元固相率增加 Δf_S，Δf_S 与 ΔT 的关系可表示为：

$$\Delta f_S = \frac{c}{L} \cdot \Delta T \tag{3.60}$$

式中，c 为铸件的比热容；L 为结晶潜热。

由于潜热释放，单元温度由 T 回升到 T_{Li}。当各次回升当量的固相率之和等于 $1\left(\sum \Delta f_S = 0\right)$ 时，潜热释放完，温度不再回升。

对于纯金属和共晶成分合金，T_{Li} 为常数。对于有结晶温度范围的合金，其凝固温度随固相率变化。若近似认为液相线为直线，则：

$$T_{Li} = T_L - (T_L - T_S) \cdot f_S \tag{3.61}$$

式中，T_{Li} 为固相率等于 f_S 时合金的凝固温度；T_S、T_L 分别为合金的固相线和液相线温度；f_S 为固相率。

3.2.3　实测法

铸件温度场测定方法的装置如图 3.9 所示。将一组热电偶的热端固定在型腔中的不同位置，利用多点自动记录电子电位计作为温度测量和记录装置，即可记录自金属液注入型腔起至任意时刻铸件断面上各测温点的温度－时间曲线，如图 3.10(a) 所示。根据该曲线可绘制出铸件断面上不同时刻的温度场(图 3.10(b)) 和铸件的凝固动态曲线。

铸件温度场的绘制方法是：以温度为纵坐标，以离开铸件表面向中心的距离为横坐标，将图 3.10(a) 上同一时刻各测温点的温度分别标注在图 3.10(b) 中，连接各标注点即得到该时刻的温度场。以此类推，则可绘制出各时刻铸件断面上的温度分布。

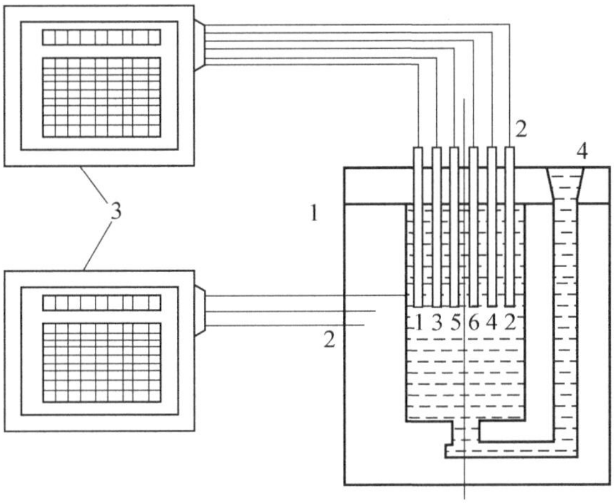

图 3.9　温度场测定方法示意图

1— 铸型；2— 热电偶；3— 多点自动记录电子电位计；4— 浇注系统

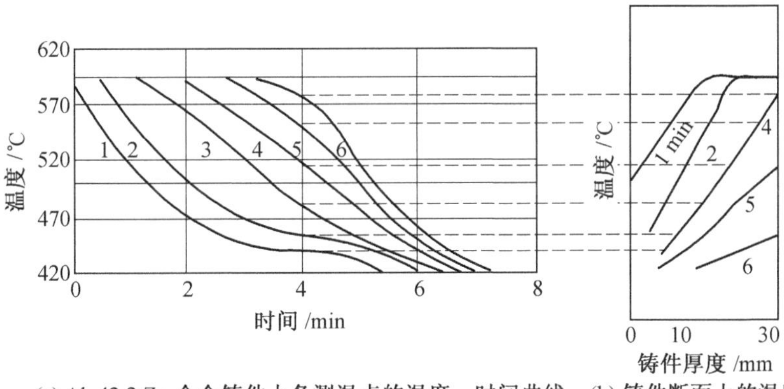

(a) Al-42.2 Zn 合金铸件上各测温点的温度－时间曲线　(b) 铸件断面上的温度场

图 3.10　铸件示意图

图 3.11 所示为直径 250 mm 的纯铝圆柱形铸件的温度场，是根据实测的温度—时间曲线绘制的。从曲线可以看出，铸型中的全部液态合金几乎同时从浇注温度很快降至凝固温度，接近铸件表面的合金结晶时释放出结晶潜热，阻止了内部合金液的温度继续下降，并维持凝固温度，因此在曲线上表现为平台。曲线上的拐点表示铸件中该等温面上发生凝固的时刻。所以，注意发生这种情况的时刻，就能确定凝固前沿从铸件表面移向内部的进程。当铸件热中心处出现拐点时，整个铸件即凝固完毕。可以看出，凝固初期温度场的梯度大，温度下降得快，以后逐渐缓慢，凝固由表及里逐层到达铸件中心。

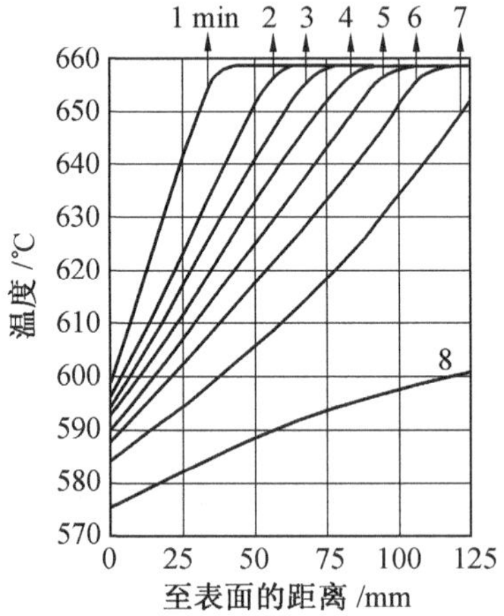

图 3.11 根据温度—时间曲线绘制的纯铝铸件的温度场

3.2.4 影响铸件温度场的因素

1. 金属性质的影响

(1) 金属的热扩散率。

金属的热扩散率越大，铸件内部的温度均匀化的能力就越大，温度梯度也就越小，断面上温度分布曲线就越平坦。

(2) 结晶潜热。

金属结晶潜热越大，向铸型传热的时间越长，铸型内表面被加热的温度也越高。因此，铸件断面的温度梯度会减小，铸件的冷却速度会下降，温度场也较为平坦。

(3) 金属的凝固温度。

金属的凝固温度越高，在凝固过程中铸件表面和铸型内表面的温度越高，铸型内外表面的温差就越大，且铸型的导热系数随温度升高而升高，致使铸件断面的温度场有较大的梯度。

2. 铸型性质的影响

(1) 铸型的蓄热系数。

铸型的蓄热系数越大，对铸件的激冷能力越强，铸件中的温度梯度越陡。水冷金属型具有较大的激冷能力，铸件断面上的温度梯度最大。

(2) 铸型的预热温度。

铸型预热温度越高，冷却作用越小，铸件断面上的温度梯度越小。

3. 浇注条件的影响

液态金属的浇注温度很少超过液相线以上 100 ℃。在砂型铸造中，液态金属所有过热热量全部散失后，铸件的凝固才会进行。所以增加过热程度，相当于提高了铸型的温度，使铸件的温度梯度减小。在金属型铸造中，由于铸型具有较大的导热能力，而过热热量所占比重又很少，能够迅速传导出去，所以浇注温度的影响并不十分明显。

4. 铸件结构的影响

(1) 铸件的壁厚。

厚壁铸件比薄壁铸件含有更多的热量，当凝固层逐渐向中心推进时，必然要把铸型加热到更高的温度。铸件越厚大，温度梯度就越小。

(2) 铸件的形状。

铸件的棱角和弯曲表面与平面壁的散热条件不同，在铸件表面积相同的情况下，向外部凸出的曲面，如球面、圆柱表面、L 形铸件的外角，散出的热量由较大体积的铸型所吸收，铸件的冷却速度比平面铸件要大。如果铸件表面是向内部凹下的，如圆筒铸件内表面、L 形和 T 形铸件的内角，其冷却速度比平面部分要小。

图 3.12 给出了 L 形和 T 形断面砂型条件下各时刻的等固相线位置。可以看出，外角的冷却速度大约为平面壁的三倍，而内角的冷却速度最慢。

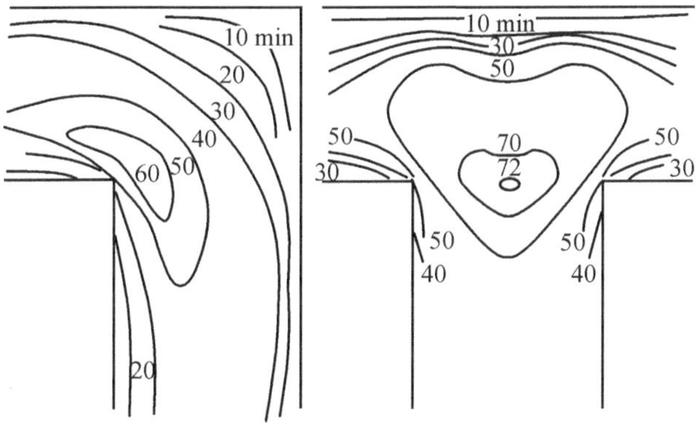

图 3.12　L 形和 T 形断面砂型条件下各时刻的等固相线位置

3.3　凝固方式及其与铸件质量的关系

3.3.1　凝固动态曲线

图 3.13 所示为铸件凝固动态曲线，也是根据直接测量的温度－时间曲线绘制的。首先，在图 3.13(a) 中给出合金的液相线和固相线温度，把这两直线与温度－时间曲线相交的各点分别标注在图 3.13(b)($x/R,t$) 坐标系上，再将各点连接起来，即得到凝固动态曲线。纵坐标中 x 为铸件表面距中心方向的距离，分母 R 是铸件壁厚的一半或圆柱体和球体的半径。因凝固是从铸件壁两侧同时向中心进行，所以 $x/R=1$ 表示已凝固至铸件中心。

图 3.13(b) 左边的曲线与铸件断面上各时刻的液相等温线相对应，称为“液相边界”；

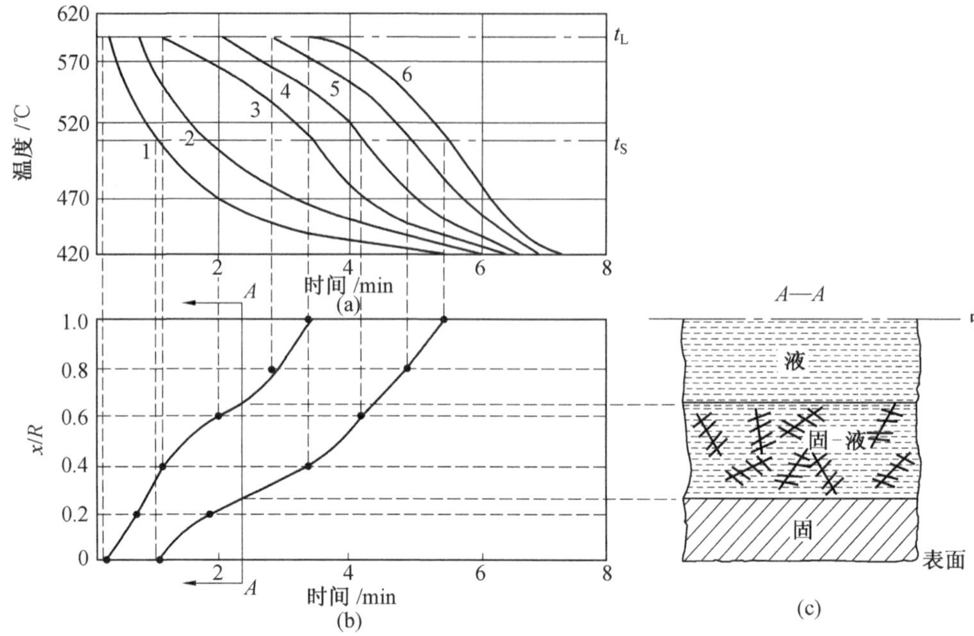

图 3.13　铸件凝固动态曲线

右边的曲线与固相等温线相对应，称为“固相边界”。从图 3.13(b) 可以看出，在第2 min时，距铸件表面 $x/R=0.6$ 处的合金开始凝固，由该处至铸件中心的合金仍处于液态(液相区)；$x/R=0.2$ 处的合金刚刚凝固完，从该处至表面的合金为固相(固相区)；二者之间是液－固两相区(凝固区)。到第 3.2 min 时，液相区消失。经过 5.3 min，铸件凝固完毕。所以，这两条曲线是表示铸件断面上液相和固相等温线由表面向中心推移的动态曲线。“液相线”边界从铸件表面向中心移动，所到达之处凝固就开始，过一段时间，“固相线”边界离开铸件表面向中心移动，所到达之处凝固就完毕，因此，也称液相线边界为“凝固始点”，固相线边界为“凝固终点”。图 3.13(c) 是铸件断面上某时刻的凝固情况。

3.3.2　凝固区域的结构

铸件在凝固过程中，除纯金属和共晶成分合金外，断面上一般都存在三个区域，即固相区、凝固区和液相区，如图 3.14 所示。铸件的凝固方式和质量均与凝固区域宽度有密切的关系。

图 3.14 所示为根据铸件断面温度场确定某一瞬间的凝固区域分布。左图是状态图的一部分，M 合金的结晶温度范围为 $T_L \sim T_S$。右图是铸型中正在凝固的铸件断面，壁厚为 D。此时铸件断面上的 b 和 b' 点已达到固相线温度 T_S，因此，Ⅰ－Ⅰ 和 Ⅰ′－Ⅰ′ 等温面为“固相等温面”。同时，c 和 c' 点已达到液相线温度 T_L，Ⅱ－Ⅱ 和 Ⅱ′－Ⅱ′ 为“液相等温面”。所以，在 Ⅰ 和 Ⅱ 之间的合金都处于凝固状态，即液固共存状态。这个液相等温面和固相线等温面之间的区域即为凝固区域。从铸件表面到固相等温面 Ⅰ 和 Ⅰ′之间的合金温度低于固相线温度 T_S，因此，这个区域内的合金已完全凝固成固相，为固相区；液相等温面 Ⅱ 和 Ⅱ′之间的合金温度高于液相线温度 T_L，为液相区。

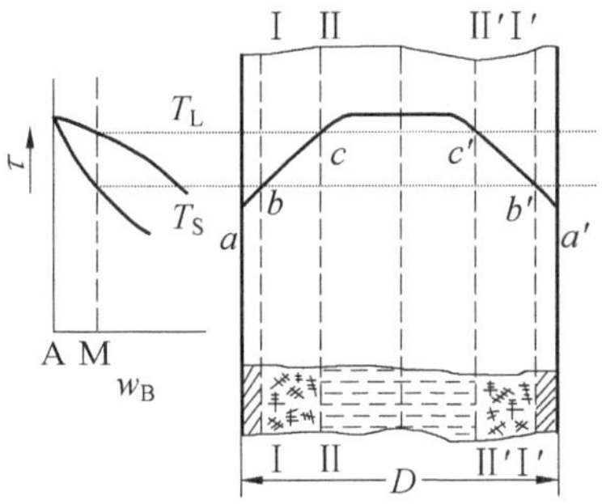

图 3.14　某一瞬间的凝固区域分布示意图

图 3.15 所示为凝固区域的结构示意图(另一半与之对称)，凝固区域又可划分为两个部分：液相占优势的液－固部分和固相占优势的固－液部分。在液－固部分中，晶体处于悬浮状态而未连成一片，固相可以自由移动，用倾出法做实验时，晶体能够随液态金属一起被倾出。因此，液－固部分和固－液部分的边界称为"倾出边界"。

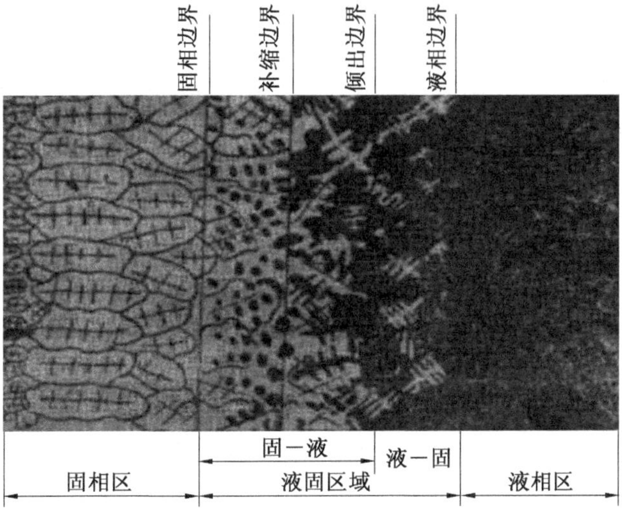

图 3.15　凝固区域的结构示意图

还可以把固液部分划分为两个区域。在右边的区域里，晶体已经连成骨架，但是液体还能在其间移动。在左边的区域里，因为它接近固相线温度，固相占绝大部分，并已连接成为牢固的晶体骨架，存在于骨架之间的少量液体被分割成一个个互不沟通的小"溶池"(图 3.15 中的黑点)。当这些小溶池进行凝固而发生体积收缩时，得不到液体的补充，从而形成空洞。因此，固液部分中两个区域的分界称为"补缩边界"。

3.3.3　凝固方式及其影响因素

依据铸件凝固区域的宽度，可将铸件的凝固方式分为三种类型：逐层凝固方式、体积凝固方式和中间凝固方式。

图 3.16(a) 为恒温下结晶的纯金属或共晶成分合金某瞬间的凝固情况。t_c 是结晶温度，T_1 和 T_2 是铸件断面上两个不同时刻的温度场。从图中可观察到，恒温下结晶的金

属,在凝固过程中其铸件断面上的凝固区域宽度等于零,断面上的固体和液体由一条界线(凝固前沿)清楚地分开。随着温度的下降,固体层不断加厚,逐步到达铸件中心,这种情况称为"逐层凝固方式"。如果合金的结晶温度范围很小,或断面温度梯度很大时,铸件断面的凝固区域则很窄,也属于逐层凝固方式(图 3.16(b))。

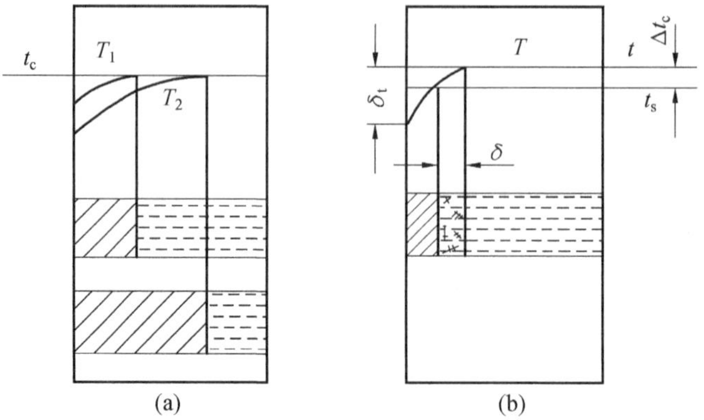

图 3.16　逐层凝固方式示意图

如果合金的结晶温度范围很宽(图 3.17(a)),或因铸件断面温度场较平坦(图 3.17(b)),铸件凝固的某一段时间内,其凝固区域很宽,甚至可贯穿整个铸件断面,凝固区域里既有已结晶的晶体也有未凝固的液体,这种情况为"体积凝固方式"。

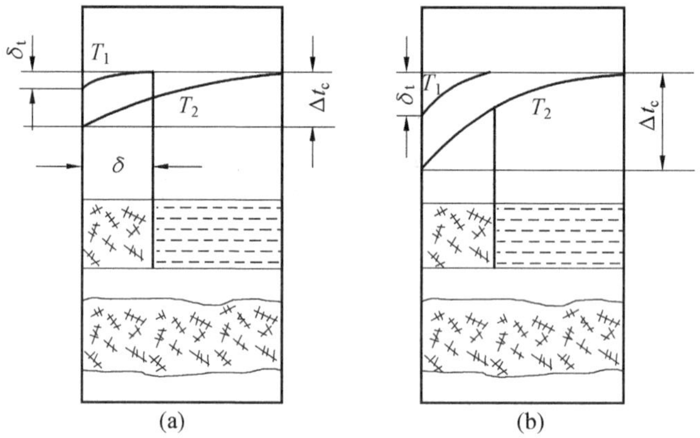

图 3.17　体积凝固方式示意图

如果合金的结晶温度范围较窄(图 3.18(a)),或因铸件断面的温度梯度较大(图 3.18(b)),铸件断面上的凝固区域宽度介于前二者之间时,则属于"中间凝固方式"。

凝固区域的宽度可根据凝固动态曲线上的"液相边界"与"固相边界"之间的纵向距离直接判断,因此,这个距离的大小是划分凝固方式的一个准则。如两条曲线重合在一起,为恒温下结晶的金属对应的情况,若其间距很小,则趋向于逐层凝固方式;如果两曲线的间距很大,则趋向于体积凝固方式。

由此可见,铸件断面凝固区域的宽度是由合金的结晶温度范围和温度梯度两个量决定的。

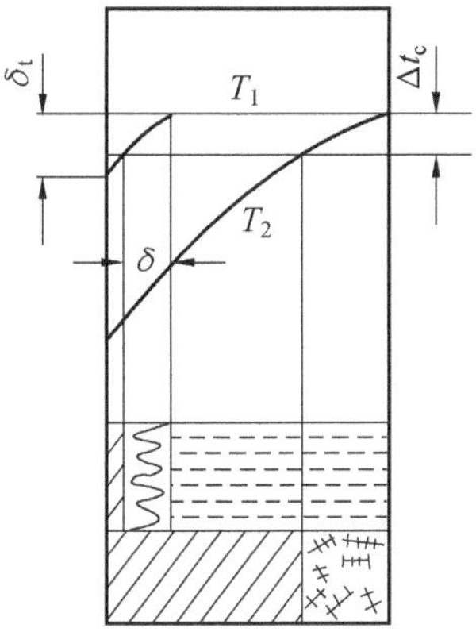

(a)　　　　(b)

图 3.18　中间凝固方式示意图

1. 合金结晶温度范围的影响

在铸件断面温度梯度相近的情况下，凝固区域的宽度取决于合金的结晶温度范围。图 3.19(a) 所示为三种不同碳含量的碳钢在砂型和金属型中铸造时测得的凝固动态曲线，图 3.19(b) 是相对应的横截面结构示意图。

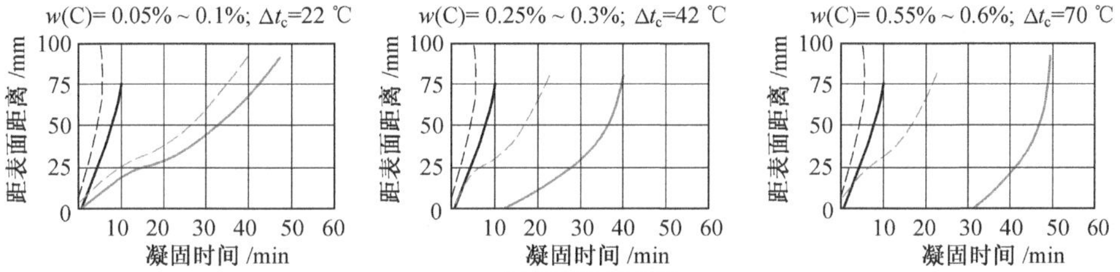

(a) 凝固动态曲线

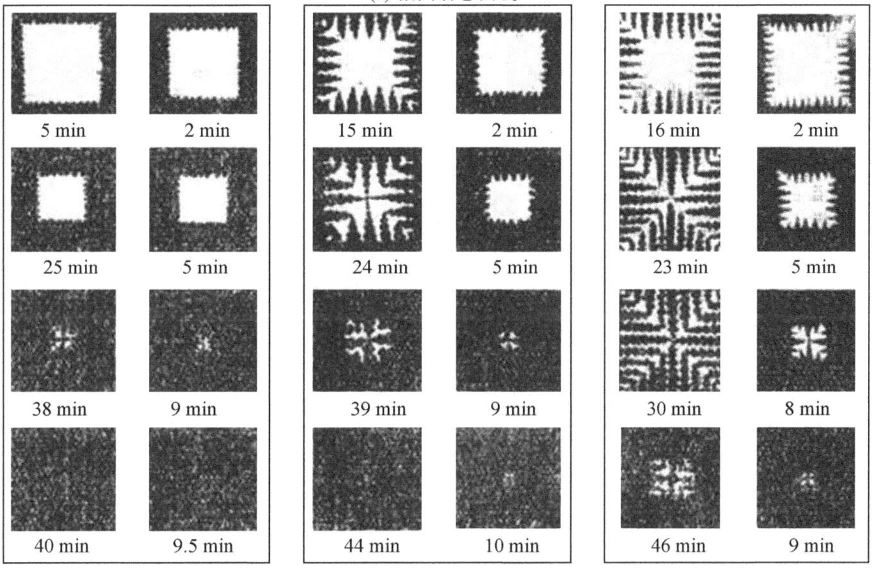

(b) 横截面结构示意图

图 3.19　不同的碳质量分数碳钢的凝固过程

随含碳量增加，碳钢的结晶温度范围扩大，铸件断面的凝固区域随之变宽。图 3.19 表明，低碳钢在砂型中的凝固为逐层凝固方式；中碳铸钢为中间凝固方式；高碳铸钢为体积凝固方式。

2. 温度梯度的影响

当合金成分确定后，合金的结晶温度范围即确定，铸件断面的凝固区域宽度则取决于温度梯度。梯度很大的温度场可使宽结晶温度范围的合金成为中间凝固方式（如高碳钢在金属型中凝固），甚至成为逐层凝固方式；而很平坦的温度场可以使窄结晶温度范围的合金成为体积凝固方式。所以，温度梯度是凝固方式的重要调节因素。

综上所述，凝固区域的宽度，亦即铸件的凝固方式，是由合金的结晶温度范围 Δt_c 与温度降 δ_t（近似地表示温度梯度）的比值确定的。$\Delta t_c/\delta_t \ll 1$ 时，铸件的凝固趋向于逐层凝固方式；$\Delta t_c/\delta_t > 1$ 时，趋于体积凝固方式。

3.3.4 凝固方式与铸件质量的关系

铸件的致密性和健全性与合金的凝固方式密切相关。在铸件断面温度场相近的情况下，无论何种合金，它们的结晶温度范围的大小对凝固方式的影响有共同的规律性。根据结晶温度范围将合金分为窄、宽和中等结晶温度范围合金三种类型，分别讨论它们的凝固方式与铸件质量间的关系。

1. 窄结晶温度范围的合金

这类合金包括工业纯金属、共晶及近共晶成分合金和其他窄结晶温度范围的合金。该类合金铸件断面上没有液－固共存的凝固区域，是以逐层方式凝固的。

（1）纯金属和共晶成分合金。

如图 3.20 所示，液态纯金属浇入铸型后，首先在型壁处过冷，而形成一薄层激冷晶，方向有利的晶体沿垂直于型壁的方向生长为紧密排列着的柱状晶。随温度下降，平滑的凝固前沿逐步向中心发展。共晶成分合金和纯金属一样，在凝固过程中，铸件断面的固体和液体是由固－液界面分开。

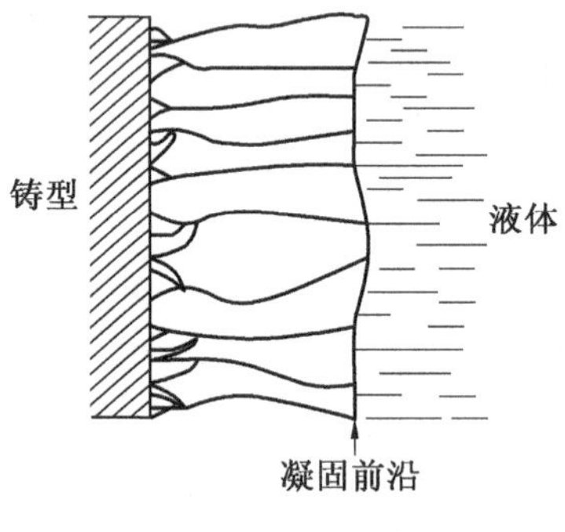

图 3.20　纯金属和共晶成分合金的凝固过程

（2）其他窄结晶温度范围的合金。

该类合金与纯金属不同之处为凝固前沿不是平滑的，而呈锯齿形。由于纯金属、共晶成分合金和窄结晶温度范围的合金在一般的铸造条件下是以逐层方式凝固的，其凝固前沿直接与液态金属接触。当液体凝固成为固体而发生体积收缩时，可以不断地得到液体的补充，所以产生分散性缩松的倾向性小，而是在铸件最后凝固的部位留下集中的缩孔，如图 3.21 所示。由于集中缩孔容易消除（如设置冒口），一般认为这类合金的补缩性良好。板状和棒状铸件上会出现中心线缩孔。

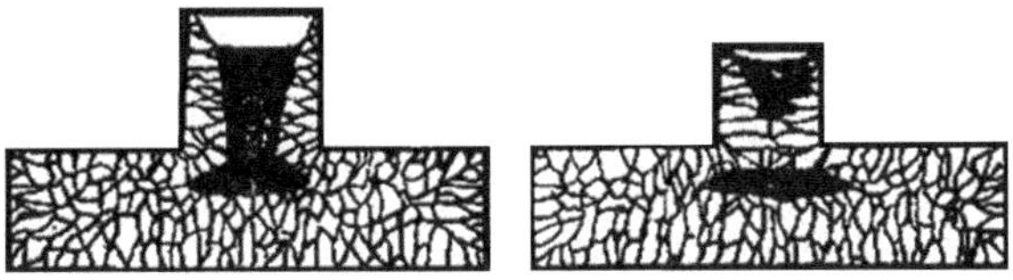

图 3.21　逐层凝固方式的缩孔特点

2. 宽结晶温度范围的合金

宽结晶温度范围的合金的凝固过程是：在凝固区域中靠近固相前沿的地方先形成一批小晶体，这些小晶体中合金元素比平均含量低得多，“多余”的合金元素被推到周围的液体中，使这部分液体的凝固点降低，晶体成长暂时停止；因为凝固区域宽，此时在富溶质层的后边又立即形成一批小晶体，这第二批小晶体又被富溶质液层包围，而停止生长；又形成第三批、第四批小晶体；如此继续下去，小晶体很快布满整个凝固区，甚至可以看作在整个凝固区域里各处同时形成小晶体。但是，由于凝固区域宽，液态金属的过冷很小，晶体的总数并不多，因此，这些小晶体容易发展成为树枝发达的粗大等轴晶，且很快就连成一片。当粗大等轴晶互相连接后（固相大约占 70% 时），便将尚未凝固的液体分割成一个个互不沟通的小溶池，最后在铸件中形成分散的缩孔即缩松，如图 3.22 所示。对于这类合金铸件采用普通冒口消除其缩松是很困难的，而往往必须采取其他措施，如：增加冒口的补缩压力、加速铸件冷却等，以增加铸件的致密性。

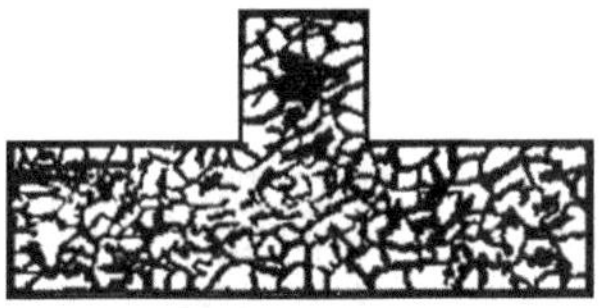

图 3.22　体积凝固方式的缩松

由于粗大的等轴晶比较早地连成晶体骨架，在铸件中产生热裂的倾向性很大。这是因为等轴晶越粗大，其高温强度就越低；此外，当晶间出现裂纹时，也得不到液态金属的充填使之愈合。如果这类合金在充填过程中发生凝固，其充型性能也很差。

应该指出，合金的补缩特性和充型能力是一致的，不仅与凝固方式密切相关，还受初生晶形态的影响。图 3.23 所示为两种铝硅合金的凝固动态曲线，从曲线 1、2、3 可以看出，两种合金具有相似的凝固规律。液相边界迅速到达铸件中心，断面上很大部分分布初生晶而处于凝固状态。初生晶析出后，存在于其间的共晶液体立即开始共晶转变。凝固初期，由于冷却强度较大，曲线 2 和 3 重合在一起。这说明初生晶析出完毕，共晶转变也结束，以后的共晶转变比较缓慢。

两种合金的最大差别是倾出边界 4 的位置。亚共晶合金的初生 α 相是发达的枝晶，在 α 相析出不到一半时，α 晶体就连成骨架。做倾出法实验时，大量尚未结晶的液体被阻留在骨架之间，所以倾出边界靠近液相边界。过共晶合金的倾出边界和固相边界十分接

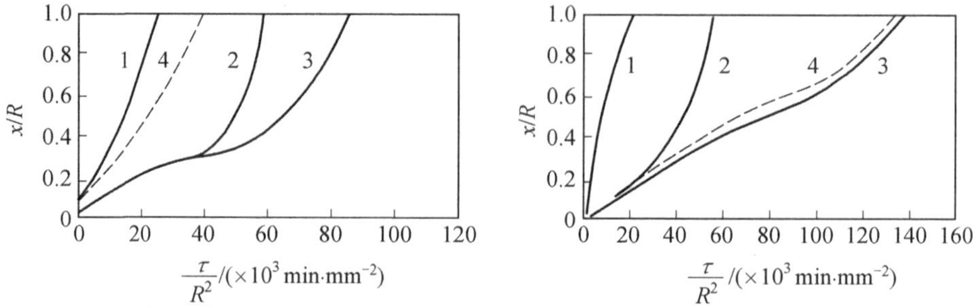

(a) Si 质量分数为 7.55% 的亚共晶合金　　(b) Si 质量分数为 15% 的过共晶合金

图 3.23　铝硅合金的凝固动态曲线

1— 液相边界；2— 初生晶析出终了边界；3— 固相边界；4— 倾出边界

近，这说明做倾出法实验时，彼此孤立的块状或片状初生硅相能随同残余液体一同被倾出，而看到的是已经完全凝固的固相边界的晶面，初生硅相不是发达的枝晶，没有连成骨架的能力，对合金的补缩特性和充型性影响较小。

3. 中等结晶温度范围的合金

中等结晶温度范围的合金在工业上常用的有中碳钢、高锰钢、一部分特种黄铜和白口铁等，凝固区域为中等宽度。在凝固初期，由于铸件断面上的温度梯度较大，凝固区域较窄，凝固方式近于窄结晶温度范围的合金。首先在型壁生成一层细晶粒，并成长为细长的柱状晶，其间充满富有溶质元素的液体。这些液体因凝固点低而凝固得较晚，使铸件在凝固早期没有一个坚实的硬壳，这与逐层凝固方式有差别。到某个时刻，柱状晶生长终止。铸件中心区域的液体因富有更多的溶质元素，且温度梯度减小，凝固区域变宽，凝固方式又接近宽结晶温度范围的合金，形成等轴晶组织，这类合金的补缩特性（图 3.24）、热裂倾向性和充型性能介于窄结晶温度范围和宽结晶温度范围合金之间。

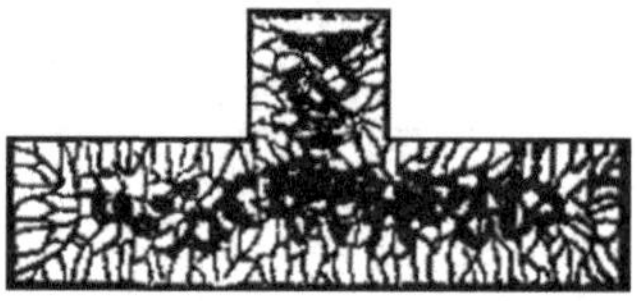

图 3.24　中间凝固方式的缩孔和缩松

3.4　凝固时间

凝固时间是从液态金属充满铸型后至凝固完毕所需的时间，单位时间凝固层增长的厚度为凝固速度。

3.4.1　凝固时间的理论计算

凝固时间大体上可以分为两个阶段，即导出金属液过热热量所需的时间（第一阶段）和从液相线温度冷却至凝固完毕的时间（第二阶段）。实际上，这两阶段之间没有严格的界限，且往往在一段时间内是同时进行的。

1. 第一阶段 —— 导出金属液过热热量的时间 τ_1

在 $d\tau$ 时间内，铸件通过表面积 S_1 散出的热量，亦即铸型吸收的热量 dQ_1：

$$dQ_1 = \alpha_1 (T - T_{20}) S_1 d\tau \tag{3.62}$$

式中，T 为金属的温度；T_{20} 为铸型温度；α_1 为铸件的换热系数。

$$\alpha_1 = \frac{b_2}{\sqrt{\pi\tau}} \tag{3.63}$$

$$dQ_1 = \frac{b_2}{\sqrt{\pi\tau}} (T - T_{20}) S_1 d\tau \tag{3.64}$$

该时间内，铸件温度降低 dT，放出的热量 dQ_2 为：

$$dQ_2 = -V_1 \rho_1 c_1 d\tau \tag{3.65}$$

式中，V_1 为铸件的体积；ρ_1 为铸件的密度；c_1 为液态金属的比热容。

因 $dQ_1 = dQ_2$，得：

$$\frac{d\tau}{\sqrt{\tau}} = \frac{-\sqrt{\pi}\rho_1 c_1}{b_2} \cdot \frac{V_1}{S_1} \cdot \frac{dT}{T - T_{20}} \tag{3.66}$$

积分后得到：

$$2\sqrt{\tau} = \frac{-\sqrt{\pi}\rho_1 c_1}{b_2} \cdot \frac{V_1}{S_1} \ln(T - T_{20}) + C \tag{3.67}$$

当 $\tau = 0$ 时，液态金属温度等于浇注温度，即 $T = T_{浇}$。求出积分常数 C 为：

$$C = \frac{\sqrt{\pi}\rho_1 c_1}{2b_2} \cdot \frac{V_1}{S_1} \ln(T_{浇} - T_{20}) \tag{3.68}$$

$$\sqrt{\tau} = \frac{-\sqrt{\pi}\rho_1 c_1}{2b_2} \cdot \frac{V_1}{S_1} \ln \frac{T - T_{20}}{T_{浇} - T_{20}} \tag{3.69}$$

当 $\tau = \tau_1$ 时，金属的温度 T 等于液相线温度 T_L，即 $T = T_L$，所以：

$$\sqrt{\tau_1} = \frac{-\sqrt{\pi}\rho_1 c_1}{2b_2} \cdot \frac{V_1}{S_1} \ln\left(1 - \frac{T_{浇} - T_L}{T_{浇} - T_{20}}\right) \tag{3.70}$$

对数项按级数展开，并略去高次项，得：

$$\sqrt{\tau_1} = \frac{\sqrt{\pi}\rho_1 c_1}{2b_2} \cdot \frac{V_1}{S_1} \cdot \frac{T_{浇} - T_L}{T_{浇} - T_{20}} \tag{3.71}$$

2. 第二阶段 —— 铸件凝固所需的时间 τ_2

对于有结晶温度范围的合金，在 $d\tau$ 时间内，铸件通过表面积 S_1 散出的热量，即铸型吸收的热量 dQ_2 为：

$$dQ_2 = \frac{b_2}{\sqrt{\pi\tau}} (T - T_{20}) S_1 d\tau \tag{3.72}$$

该时间内铸件温度降低 dt，铸件放出的热量 dQ_1 为：

$$dQ_1 = -V_1 \rho_1 c_1^* d\tau \tag{3.73}$$

$$c_1^* = c_1' + \frac{L}{T_L - T_S} \tag{3.74}$$

式中，c_1^* 为当量比热容；L 为结晶潜热；T_L 为液相线温度；T_S 为固相线温度。

因 $dQ_1 = dQ_2$，积分后得：

$$2\sqrt{\tau} = \frac{-\sqrt{\pi}\rho_1 c_1^*}{b_2} \cdot \frac{V_1}{S_1}\ln(T - T_{20}) + C \tag{3.75}$$

当 $\tau=0$ 时，液态金属温度等于液相线温度，即 $T=T_L$，可求得积分常数 C；且 $\tau=\tau_2$ 时，$T=T_S$，则得到：

$$\sqrt{\tau_2} = \frac{\sqrt{\pi}\rho_1 c_1^*}{2b_2} \cdot \frac{V_1}{S_1} \cdot \frac{T_L - T_S}{T_L - T_{20}} \tag{3.76}$$

铸件的凝固时间 τ：

$$\tau = \tau_1 + \tau_2 \tag{3.77}$$

铸件凝固后冷却至打箱时间 τ_3，可根据类似的热平衡方程式求出：

$$\sqrt{\tau_3} = \frac{\sqrt{\pi}\rho_1 c_1}{2b_2} \cdot \frac{V_1}{S_1} \cdot \frac{T_S - T_{打}}{T_S - T_{20}} \tag{3.78}$$

铸件浇注后至打箱所需的时间为：

$$\tau = \tau_1 + \tau_2 + \tau_3 \tag{3.79}$$

铸件的凝固时间 τ 也可以根据下述简化的方法求得。

对铸型温度场方程在 $x=0$ 处求导为：

$$\left[\frac{\partial T_2}{\partial x}\right]_{x=0} = (T_{20} - T_F) \cdot \left(\frac{1}{\sqrt{\pi\alpha_2\tau}}\right) \tag{3.80}$$

根据傅里叶定律，有：

$$q' = \frac{2b_2 \cdot (T_F - T_{20})}{\sqrt{\pi}} \cdot \sqrt{\tau} \tag{3.81}$$

铸型通过整个工作表面积 S_1 在 τ 时间内吸收的总热量 Q'：

$$Q' = \frac{2b_2 \cdot (T_F - T_{20})}{\sqrt{\pi}} \cdot \sqrt{\tau} \cdot S_1 \tag{3.82}$$

在同一时间内，铸件放出热量 Q''：

$$Q'' = V_1\rho_1 \cdot [L + c_1(T_{浇} - T_S)] \tag{3.83}$$

因为$Q' = Q''$，得：

$$\sqrt{\tau} = \frac{\sqrt{\pi}\rho_1}{2b_2} \cdot \frac{V_1}{S_1} \cdot \frac{[L + c_1(T_{浇} - T_S)]}{T_F - T_{20}} \tag{3.84}$$

对铸件的凝固时间进行理论计算，必须知道铸件和铸型的热物理参数、金属液的浇注温度、铸型的初始温度和铸件－铸型的界面温度等，计算式比较复杂。因此，在实际当中更多应用经验计算法。

3.4.2 经验计算法

1.“平方根定律”计算法

铸型单位面积、在 τ 时间内从铸件吸收的热量 q' 为：

$$q' = \frac{2b_2 \cdot (T_F - T_{20})}{\sqrt{\pi}} \cdot \sqrt{\tau} \tag{3.85}$$

在此时间内铸件凝固厚度为 ξ，所放出的热量 q'' 为：

$$q''=\xi\cdot\rho_1\cdot[L+c_1(T_{浇}-T_S)] \tag{3.86}$$

由于 $q'=q''$，得：

$$\xi=\frac{2b_2\cdot(T_F-T_{20})}{\sqrt{\pi}\cdot\rho_1\cdot[L+c_1(T_{浇}-T_S)]}\cdot\sqrt{\tau} \tag{3.87}$$

令

$$K=\frac{2b_2\cdot(T_F-T_{20})}{\sqrt{\pi}\cdot\rho_1\cdot[L+c_1(T_{浇}-T_S)]}\quad(单位\ m/s^{1/2}) \tag{3.88}$$

则

$$\xi=K\cdot\sqrt{\tau}\quad(单位\ m) \tag{3.89}$$

$$\tau=\frac{\xi^2}{K^2}\quad(单位\ m/s^{1/2}) \tag{3.90}$$

式(3.89)称为“平方根定律”，即凝固层厚度 ξ 与凝固时间 τ 的平方根成正比。式中 K 称为铸件的“凝固系数”，从其定义式可看出，K 值与许多因素有关，在实际中常用实验方法测得。

铸件的凝固速度，亦即“等固相线”向铸件中心的推进速度：

$$v=\frac{d\xi}{d\tau}=\frac{1}{2}\frac{K}{\sqrt{\tau}} \tag{3.91}$$

图 3.25 所示为凝固层厚度、凝固速度与凝固时间的关系曲线。可以清楚地看出，$\xi-\tau$ 呈抛物线关系，凝固初期增长很快，以后逐渐变慢；在浇注后最初瞬间 v 值很大，过一段时间凝固速度急剧下降，以后则变化很小。

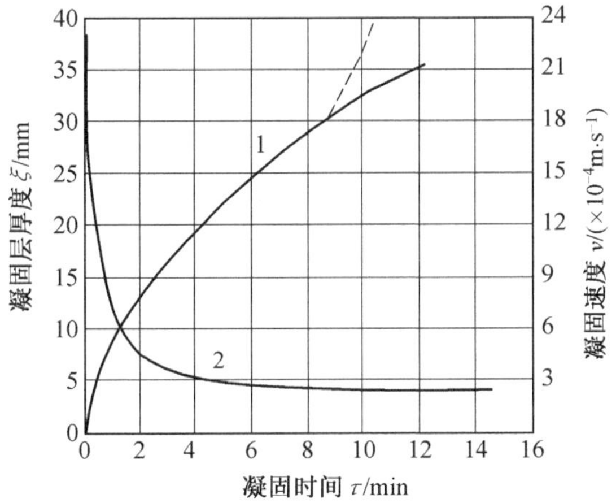

图 3.25　凝固层厚度、凝固速度与凝固时间的关系曲线

1—凝固层厚度与凝固时间的关系；2—凝固速度与凝固时间的关系

实际上，铸件在凝固过程中并非自始至终遵循平方根定律，而在凝固末期凝固速度有加速现象，如图 3.25 中虚线所示。这是因为在凝固末期，铸件中心剩余的液态金属体积与其散热表面积之比，远远小于凝固初期的比值。

平方根定律在推导时对凝固过程做了假设，但实际铸件和铸型都是有限体；铸件表面除大平板外,不能看成无限大平面,亦即不能看成一维的传热过程,而表面曲度、边缘效应影响很大;铸型－铸件分界面的温度不可能恒定;铸型和金属的热物理参数是随温度变化的。所以,平方根定律有很大的近似性,比较适用于大型平板类、结晶间隔小的合金铸件。对于这类铸件,用平方根定律计算的凝固时间和实验结果很接近。这说明平方根定律虽有其局限性,但还是反映了凝固过程的一些基本规律,所以它仍是计算铸件凝固时间的基本公式。许多其他计算方法,都是在它的基础上发展的。

研究铸件凝固过程的实验方法常用的有两种:测温法和残余液体倾出法(简称倾出法)。测温法在前面已介绍。倾出法是研究铸件凝固过程应用最早的一种方法。用同一个模样(通常是形状简单的球形或圆柱形模样)制造几个铸型,将同一炉液态金属在同一浇注温度下注入所有铸型中,经过不同时间间隔,分别把铸型翻转过来,或把预先嵌在铸型下部的泥塞拔掉,使铸型中尚未凝固的残余液态金属流出,留下一层固态硬壳。理论上,每个硬壳的厚度就是从浇注到倾出这一段时间内的凝固层厚度,测量各铸型中凝固层的厚度,即可得到铸件凝固层厚度与凝固时间的关系曲线和铸件的凝固系数。图 3.26 所示为用此法所得结果的实例。

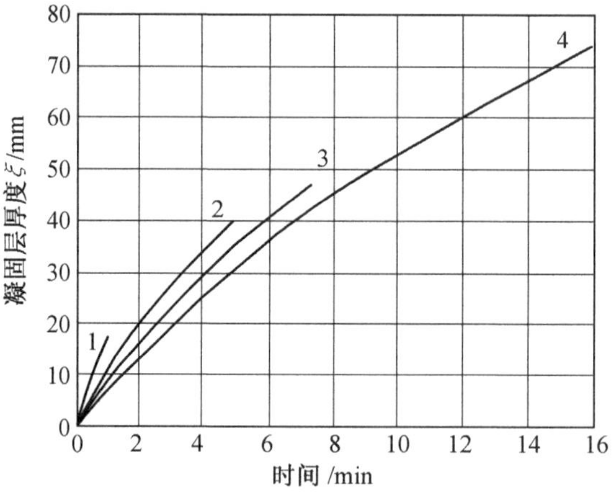

图 3.26 钢球的凝固层厚度与时间的关系

1—$2R = 76.2$ mm; 2—$2R = 114.3$ mm; 3—$2R = 152.4$ mm; 4—$2R = 228.6$ mm

2.“折算厚度”法则

体积为 V_1 和表面积为 S_1 的铸件,完全凝固时间 τ 为:

$$\sqrt{\tau} = \frac{\sqrt{\pi}\rho_1}{2b_2} \cdot \frac{[L + c_1(T_{浇} - T_S)]}{T_F - T_{20}} \cdot \frac{V_1}{S_1} \tag{3.92}$$

将凝固系数 K 代入后得到:

$$\tau = \frac{1}{K^2} \cdot \left(\frac{V_1}{S_1}\right)^2 = \frac{R^2}{K^2} \tag{3.93}$$

式中,R 为铸件的折算厚度。

式(3.93)为计算铸件凝固时间的“折算厚度法则”,它也可以直接从“平方根定律”导出。由于“折算厚度法则”考虑了铸件形状这个主要影响因素,所以更加接近实际,是对“平方根定律”的一个发展。

表 3.1 给出了在干砂型中浇注不同形状铸钢件的凝固时间。表中数据表明：结构形状不同的铸钢件，虽然体积和质量相同，但由于散热面积不相等，即折算厚度不等，凝固时间相差很大。在体积相同条件下，球形铸件散热表面积最小，折算厚度最大，其凝固时间最长，而板形铸件凝固时间最短。

表 3.1　不同形状铸钢件的凝固时间

外形尺寸 /mm	体积 /cm^3	散热表面积 /cm^2	折算厚度 /cm	凝固时间 /min
球形 $d = 152.4$	1 852	729	2.54	7.2
圆柱 $d = 108$，$h = 203$	1 852	872	2.13	4.7
立方柱 $d = 92$，$h = 219$	1 852	976	1.90	3.6
板 $a = 57$，$b = 160$，$l = 203$	1 852	1 063	1.74	2.7
板 $a = 35.4$，$b = 258$，$l = 203$	1 852	1 377	1.35	1.5

应用折算厚度法则计算铸件凝固时间时，可将复杂的铸件划分为简单的平板、圆柱、球、长方体、立方体等的组合体，分别计算各组合体的折算厚度，其中 R 最大的组合体的凝固时间即为铸件的凝固时间。折算厚度法则是近似的计算方法，对于大平板、球和长圆柱体比较准确；而对于短而粗的杆和立方体铸件，由于边缘和棱角散热效应的影响较大，计算结果一般要比实际凝固时间长 10% ～ 15%。

第 4 章　单相合金的凝固

液态金属结晶的过程决定铸件或铸锭凝固后的结晶组织，并对其质量、性能和随后的固态相变及热处理过程产生极大的影响。而多相合金凝固通常是从单相固溶体开始的，故单相合金凝固的内容对多相合金十分重要。因此，本章将对单相合金凝固的相关问题进行介绍。

4.1　液态金属的结晶过程

4.1.1　结晶过程的热力学条件

根据热力学分析，液态金属结晶是一个降低体系自由能的自发进行的相变过程。体系体积自由能 G_V 可用下式表示：

$$G_V = H - T \cdot S = E + P \cdot V - T \cdot S \tag{4.1}$$

结晶过程可认为是在恒压下进行的。故有：

$$\left(\frac{\partial G_V}{\partial T}\right)_p = -S \tag{4.2}$$

由此可见，体积自由能随着温度的升高而降低，降低速度取决于熵值的大小。

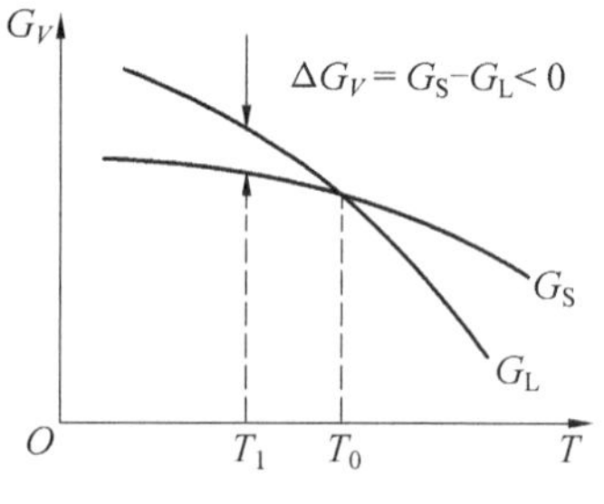

图 4.1　纯金属液态与固态自由能与温度的关系

只有当固态的自由能小于液态的自由能时，物质才能从液态向固态转变。固态和液态的体积自由能与温度的关系如图 4.1 所示。由式(4.1) 可知，在低温下，自由能的数值主要取决于内能 E。由于高度有序的晶体结构具有更低的内能，因此在低温下固相自由能 G_S 低于液相自由能 G_L；但由于结构高度紊乱的液相具有更高的熵值，自由能 G_L 将以更大的速度随着温度的上升而下降，并于某一温度 T_0 处与曲线 G_S 相交。当温度高于 T_0 时，$G_S > G_L$，所以固态要向自由能较低的液态转变，即固体要发生熔化；而当温度低于 T_0 时，$G_S < G_L$，则液态要向固态转变，即液体要发生结晶，T_0 为理论凝固温度(熔点)；但在 $T = T_0$ 时，$G_S = G_L$，两相处于平衡，液态尚不能自发变为固态，只有当温度 T 低于 T_0，即有过冷($\Delta T = T_0 - T$) 时，液体才能凝固，此时两相体积自由能差 ΔG_V 就构成了相变(结晶) 的驱动力。图 4.1 表明，过冷度越大，两相的自由能差 ΔG_V 也越大，液体的凝固动力就越大。由此可见，液态金属的过冷是其结晶的热力学条件。

$$\Delta G_V = G_L - G_S = (H_L - H_S) - T \cdot (S_L - S_S) \tag{4.3}$$

一般结晶都发生在熔点附近，故焓与熵随温度而变化的数值可忽略不计。则：

$$H_L - H_S = L \tag{4.4}$$

$$S_L - S_S = \Delta S \tag{4.5}$$

式中，L 为结晶潜热；ΔS 为熔化熵。

当 $T = T_0$ 时：

$$(\Delta G_V)_{T=T_0} = L - T \cdot \Delta S = 0 \tag{4.6}$$

$$\Delta S = \frac{L}{T_0} \tag{4.7}$$

因而：

$$\Delta G_V = L \cdot \left(1 - \frac{T}{T_0}\right) = \frac{L \cdot \Delta T}{T_0} \tag{4.8}$$

式中，ΔT 为过冷度，$\Delta T = T_0 - T$。

对于给定的金属，L 与 T_0 均为定值，故 ΔG_V 仅与 ΔT 有关。式(4.8) 表明，液态金属结晶的驱动力是由过冷提供的，过冷度越大，结晶驱动力也就越大；过冷度为零时，驱动力就不复存在，而液态金属不会在没有过冷度的情况下结晶。

液态金属原子在驱动力 ΔG_V 的作用下，从高自由能 G_L 的液态结构转变为低自由能 G_S 的晶体结构的过程中，其运动状态和它们之间的作用力都要发生较大的变化，原子本身也要产生较大的位移。且要使结晶过程得以实现，金属原子在转变过程中还必须克服能量障碍。因此，液态金属结晶这一类相变的典型转变方式是：体系先通过起伏作用在某些微观小区域内克服能障而形成稳定的新相小质点 —— 晶核；新相一旦形成，就出现了新旧两相的界面，依靠界面逐渐向液相内推移而使晶核长大。

4.1.2　生核过程

介稳定的液态金属通过起伏作用在某些微观小区域内形成稳定存在的晶态小质点的过程为生核。生核的首要条件是体系必须处于介稳态以提供相变驱动力；其次，需要通过起伏作用克服能障才能形成稳定存在的晶核并确保其进一步生长。由于新相和界面相伴而生，界面自由能这一热力学能障就成为生核过程中的主要阻力。根据构成能障的界面情况的差异，可能出现以下两种不同的生核方式。

均质生核是指在没有任何外来界面的均匀熔体中的生核过程。均质生核在熔体各处概率相同。晶核的全部固 - 液界面皆由生核过程提供。由于热力学能障较大，其所需的驱动力也较大。理想液态金属的生核过程就是均质生核。

非均质生核是在不均匀熔体中依靠外来杂质或型壁界面提供的衬底进行生核的过程。非均质生核优先发生在外来界面处，其热力学能障较小，所需的驱动力也较小。实际液态金属的生核过程一般都是非均质生核。

1. 均质生核过程

当液体中出现晶核时，系统自由能的变化由两部分组成：一部分是液相和固相体积自由能差 ΔG_V，它是相变的驱动力；另一部分是由于固 - 液界面的出现而引入的界面能 ΔG_i，它是相变的阻力。系统总的自由能变化为：

$$\Delta G = \Delta G_V + \Delta G_i = V \cdot \Delta G_m + A \cdot \gamma_{LS} \tag{4.9}$$

式中，γ_{LS} 为固－液界面张力；V 为晶核体积；A 为晶核表面积；ΔG_m 为固、液单位体积的吉布斯自由能差。

当晶核为球形时：

$$\Delta G = \Delta G_{m} \cdot \frac{4\pi r^{3}}{3} + \gamma_{LS} \cdot 4\pi r^{2} \tag{4.10}$$

晶核半径 r 发生变化时，ΔG_{i} 和 ΔG_{V} 均发生变化，晶核尺寸与 ΔG 的关系如图 4.2 所示。当温度低于熔点温度即 $T < T_{0}$ 时(图 4.2)，ΔG_{V} 值将随 r 的增大而减小。由于 ΔG_{V} 与 r 呈三次方关系，而 ΔG_{i} 与 r 呈二次方关系，所以在晶核半径很小时，ΔG_{V} 的绝对值小于 ΔG_{i}；但在晶核半径较大时，ΔG_{V} 将大于 ΔG_{i}，因此，总的吉布斯自由能 ΔG 将随 r 的增加而由小变大再变小，在晶核临界半径 r^{*} 时，为极大值，与其相对应的 ΔG^{*} 即为生核功。为此，球形晶核自由能差关系式对 r 求导，并令 $\mathrm{d}\Delta G/\mathrm{d}r = 0$，即可求出临界晶核半径 r^{*}：

$$r^{*} = \frac{-2\gamma_{LS}}{\Delta G_{m}} \tag{4.11}$$

或

$$r^{*} = \frac{2\gamma_{LS} \cdot T_{0}}{L \cdot \Delta T} \tag{4.12}$$

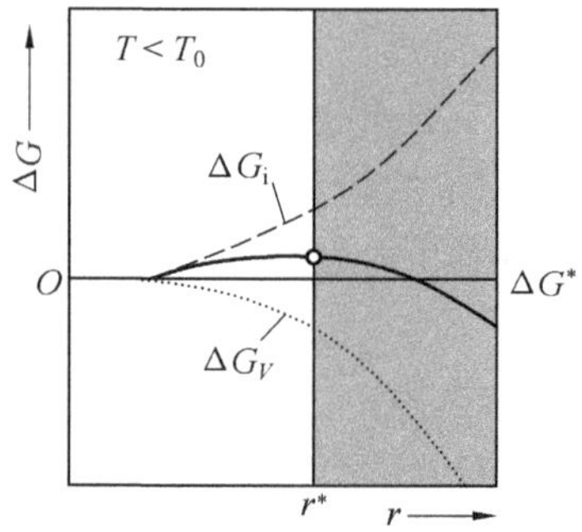

图 4.2　晶核尺寸与吉布斯自由能的关系

由此可得最大生核功：

$$\Delta G^{*} = \frac{16}{3}\pi\left(\frac{\gamma_{LS}^{3}}{\Delta G_{m}^{2}}\right)^{2} \tag{4.13}$$

或

$$\Delta G^{*} = \frac{16}{3} \cdot \frac{\pi\gamma_{LS}^{3} \cdot T_{0}^{2}}{L^{2} \cdot \Delta T^{2}} \tag{4.14}$$

由于临界晶核的表面积为：

$$A^{*} = 4\pi(r^{*})^{2} = 16\pi\left(\frac{\gamma_{LS}}{\Delta G_{m}}\right)^{2} \tag{4.15}$$

故：

$$\Delta G^{*} = \frac{1}{3}A^{*} \cdot \gamma_{LS} \tag{4.16}$$

即临界生核功相当于表面能的 1/3，这意味着固、液相之间自由能差只能供给形成临界晶核所需表面能的 2/3，其余 1/3 的能量靠能量起伏来补足。

由于 ΔG_{m} 与过冷度 ΔT 成正比，从临界晶核半径公式可知，临界晶核半径 r^{*} 与 ΔT 将成反比。此外，液体中存在各种尺寸的原子集团，它们的尺寸随温度的降低而增大，如图 4.3 中的 r^0 曲线所示，$r^0-\Delta T$ 曲线与 $r^*-\Delta T$ 曲线相交于点 N，与 N 相对应的过冷度即为某金属均质生核的过冷度。不同的金属，其均质生核的过冷度是不一样的，这与它们的熔化熵及界面能有关。但不论哪种金属，它们的均质生核过冷度相对来说都比较大，因为晶核的尺寸是以原子尺度衡量的，其曲率半径非常小，但过冷度是很大的。这就是说临界晶核尺寸越小，其平衡熔点越低。相反，过冷度越小，所需要的临界晶核尺寸越大，但这是难以实现的。因为，假设一个原子的体积为 V'，则形成一个球形晶核所需要的原于数为：

$$n=\frac{4\pi r^3}{3V'} \tag{4.17}$$

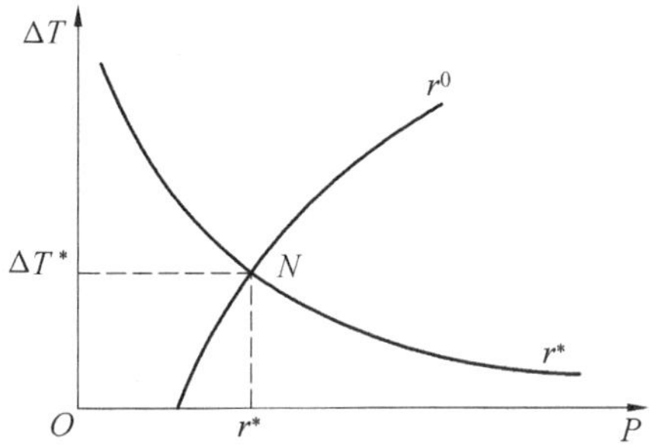

图 4.3　临界晶核所需过冷度示意图

大的晶核，需要大量的液相原子同时按固定的晶格形式排列成为固相；而小的晶核原子较少，更容易实现按晶格形式排列。

形核速率是指在单位体积中单位时间内形成的晶核数目。它取决于由 n 个原子组成的临界尺寸的晶胚数N_n^*，但同时也取决于液相原子通过固－液界面向晶胚上吸附并使晶胚尺寸继续长大的吸附速度 $\mathrm{d}n/\mathrm{d}t$。临界晶胚可以长大也可以变小，以减小系统的自由能，只有使晶胚维持长大，该晶胚才能被称之为晶核。为此，形核速率可表示为：

$$I=N_n^*\cdot\frac{\mathrm{d}n}{\mathrm{d}t} \tag{4.18}$$

液相中出现晶胚之后，由于其尺寸与液相原子的尺寸不同，为使系统自由能降低，将会发生单个原子与晶胚混合从而引起熵值增加的现象，在隔离系统中，使熵值增大的过程是使自由能降低的自发过程。图 4.4 所示为液态单个原子数 N_i 和由 n 个原子组成的晶胚数 N_n 混合的示意图。混合后的系统与只有单个液相原子的系统吉布斯自由能差为：

$$\Delta G_{\mathrm{m}}=N_n\cdot\Delta G_n-T\cdot\Delta S_n \tag{4.19}$$

式中，ΔG_n 为形成一个晶胚吉布斯自由能的变化，即：

$$\Delta G_n=n\cdot\Delta G'+A_n\cdot\gamma \tag{4.20}$$

式中，$\Delta G'$ 为一个原子由液相变为固相吉布斯自由能的变化；A_n 为一个晶胚的界面积。

式(4.19) 中 ΔS_n 为出现 N_n 个晶胚后与 N_i 个液相原子混合的组态熵，即：

$$\Delta S_n=k\cdot\ln\left[\frac{(N_i+N_n)!}{N_i!\cdot N_n!}\right] \tag{4.21}$$

式中，k 为玻尔兹曼常数。

结合上述内容，式(4.19) 演变为：

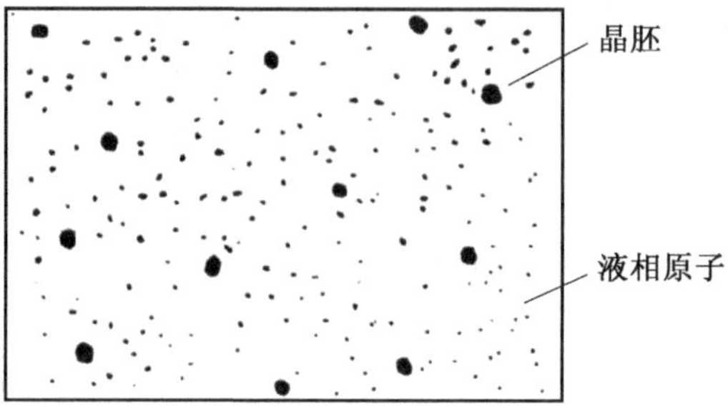

图 4.4　液相中分布有晶胚示意图

$$\Delta G_{\mathrm{m}} = N_n \cdot \Delta G_n - T \cdot \Delta S_n$$
$$= N_n \cdot \Delta G_n - kT \cdot \ln(N_i + N_n)! + kT \cdot \ln N_i! + kT \cdot \ln N_n! \tag{4.22}$$

将 Stirling 近似公式 $\ln N! = N \cdot \ln N - N$ 代入进行处理。考虑到随着晶胚数 N_n 的增加，组态熵的绝对值一开始增加较大，但随后增加较小（图 4.5），而 $N_n \Delta G_n$ 的绝对值始终与 N_n 成正比，因此，系统的自由能变化将有一个最小值，与此值相应的晶胚数即为某一过冷度下的平衡晶胚数。为此可以对 ΔG_{m} 微分并令 $\mathrm{d}\Delta G_{\mathrm{m}}/\mathrm{d}N_n = 0$，即：

$$\Delta G_n - kT \cdot \ln(N_i + N_n) + kT \cdot \ln N_n = 0 \tag{4.23}$$

或

$$\frac{N_n}{N_i + N_n} = \exp\left(\frac{-\Delta G_n}{kT}\right) \tag{4.24}$$

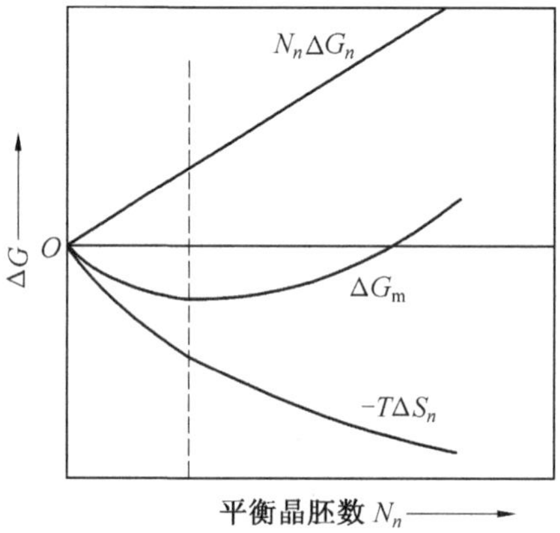

图 4.5　晶胚数与系统自由能关系

由于 $N_i \gg N_n$，式(4.24) 可写为：

$$\frac{N_n}{N_i} = \exp\left(\frac{-\Delta G_n}{kT}\right) \tag{4.25}$$

为此临界尺寸的晶胚数为：

$$N_n^* = N_i \cdot \exp\left(\frac{-\Delta G_n^*}{kT}\right) \tag{4.26}$$

式中，ΔG_n^* 为式(4.16) 所表示的临界尺寸晶胚的自由能。

式(4.18) 中的原子向晶胚上的吸附速度可表示为：

$$\frac{\mathrm{d}n}{\mathrm{d}t}=\nu\cdot n_{\mathrm{S}}^{*} \tag{4.27}$$

式中，ν 为原子的吸附频率；n_{S}^{*} 为临界晶胚表面上能够吸附原子的位置密度。其中：

$$\nu=\nu_0\cdot\exp\left(\frac{-\Delta G_{\mathrm{d}}}{kT}\right) \tag{4.28}$$

式中，ν_0 为原子的振动频率；$\exp[-\Delta G_{\mathrm{d}}/(kT)]$ 为具有扩散激活能 ΔG_{d} 的液态原子的分率。

$$n_{\mathrm{S}}^{*}=A_n^{*}\cdot n_{\mathrm{C}} \tag{4.29}$$

式中，A_n^{*} 为临界晶胚的表面积；n_{C} 为单位晶胚面积上能捕获原子的位置密度。

因此，形核速率的表达式为：

$$I=I_0\cdot\exp\left(\frac{-\Delta G_n^{*}-\Delta G_{\mathrm{d}}}{kT}\right) \tag{4.30}$$

式中指数项对形核速率的影响很大，I_0 可近似地看作常数。设 N_i 等于阿伏伽德罗常数，则 I 为每秒每摩尔中的核心数；如除以摩尔体积，I 可表示为单位体积的形核速率。

形核速率 I 包含两个指数项：一项与晶胚数有关；另一项与原子扩散有关，它们均随温度的变化而改变，图 4.6 所示为形核速率 I 与温度 T 的关系。在过冷度较小时，需要的生核功较高，形核速率很小；当过冷度增加时，形核速率随之增大；但当过冷度太大时，由于原子扩散困难，而使形核速率减小。图 4.6 中 I_{m} 为最大的形核速率，与之相应的临界温度 T_{c} 位于熔点温度和 0 K 之间。由于 I 的倒数是时间 t，因此，可以将图 4.6 改变为图 4.7 的形式，横坐标由 lg I 变为 lg t，从而建立类似奥氏体连续冷却转变曲线的液－固转变 TTT 曲线(即时间、温度、转变曲线)。图 4.7 中 t_{m} 为与 I_{m} 相对应的达到最大形核速率时所需的最短时间。由图 4.7 可知，当采用 1 的冷却速度时，可以获得固态晶体；而采用 2 的冷却速度时，由于原子的扩散过程受到限制而无法结晶，只能获得非晶态固体。近年来，利用某些共晶合金在超高速冷却($10^6\sim10^9$ ℃/s)条件下制作金属玻璃得到很大发展。这种材料由于没晶界，没有偏析，所以具有高的强度、塑性和韧性，此外，还具有非常高的耐腐蚀性能。

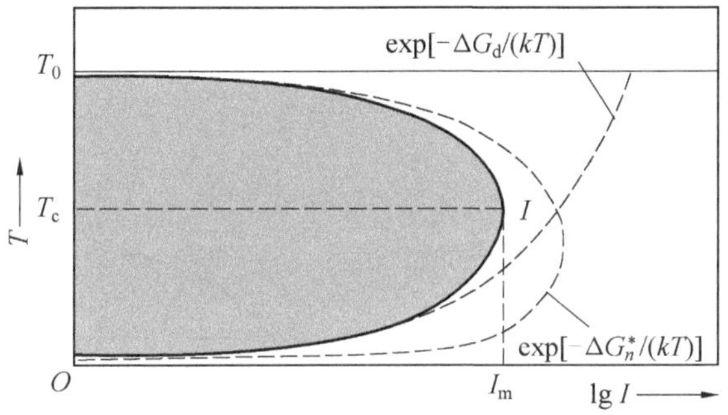

图 4.6　形核速率与温度的关系

通常金属形核速率与过冷度的关系只是图 4.6 中的上半部分，此时 I 与 ΔT 的关系如图 4.8 所示。其最大自发形核速率处的过冷度约为其熔点值的 0.2 倍。

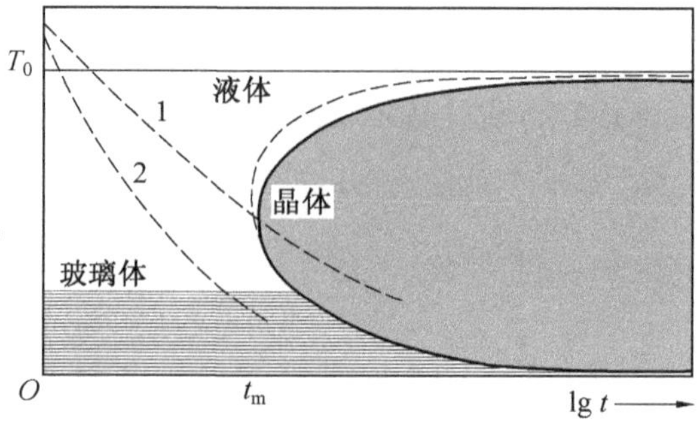

图 4.7 固－液转变 TTT 曲线

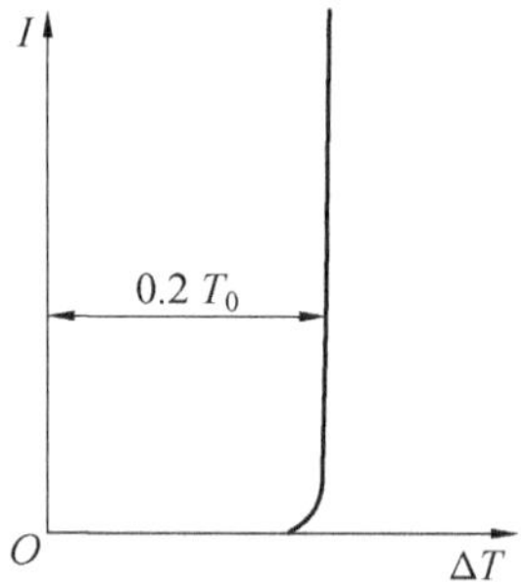

图 4.8 金属的晶核率与过冷度的关系

2. 非均质生核过程

在液相中那些对生核有促进作用的现成界面上形成晶核称之为非自发生核。这种界面可以是悬浮于液体中的夹杂颗粒、金属表面的氧化膜及铸型内表面等。

假定晶胚在夹杂颗粒表面上形成一个球冠，如图 4.9 所示。此时有三种界面能出现，即 γ_{LS}(液－固)、γ_{LC}(液－夹)、γ_{SC}(固－夹)，当达到平衡时，具有下式关系：

$$\gamma_{LC}=\gamma_{SC}+\gamma_{LS}\cdot\cos\theta \tag{4.31}$$

$$\cos\theta=\frac{\gamma_{LC}-\gamma_{SC}}{\gamma_{LS}} \tag{4.32}$$

式中，θ 为润湿角；$\cos\theta$ 为衡量晶体在夹杂颗粒表面上扩展倾向的一个量度，它对非自发生核功影响较大。为计算生核功，必须知道晶核球冠的体积(V)、晶核与夹杂的接触面积(A_1)和晶核与液体的接触面积(A_2)。

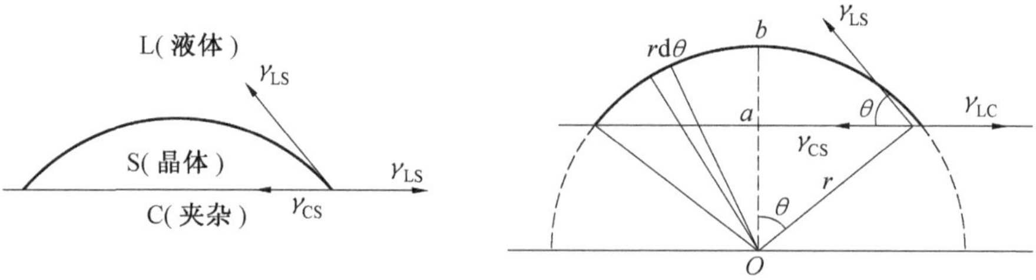

图 4.9 非自发生核示意图

如图 4.9 所示：

$$\begin{cases} A_1 = \pi(r \cdot \sin\theta)^2 \\ A_2 = \int_0^{\theta}(2\pi r \cdot \sin\theta)(r\mathrm{d}\theta) = 2\pi r^2(1-\cos\theta) \end{cases} \tag{4.33}$$

$$V = \int_0^{\theta}[\pi(r\sin\theta)^2]\mathrm{d}(r - r\cdot\cos\theta) = \pi r^3\left(\frac{2-3\cos\theta+\cos^3\theta}{3}\right) \tag{4.34}$$

晶核形成前,液体与夹杂界面接触,其界面能为:

$$\gamma_{LC}\cdot A_1 = \gamma_{LC}\cdot\pi r^2\cdot\sin^2\theta \tag{4.35}$$

晶核形成后界面能为:

$$\gamma_{LS}\cdot A_2 + \gamma_{SC}\cdot A_1 = \gamma_{LS}\cdot 2\pi r^2\cdot(1-\cos\theta) + \gamma_{SC}\cdot\pi r^2\cdot\sin^2\theta \tag{4.36}$$

晶核形成前后的界面能变化 ΔG_i 为:

$$\begin{aligned}\Delta G_i &= \gamma_{LS}\cdot A_2 + \gamma_{SC}\cdot A_1 - \gamma_{LC}\cdot A_1 \\ &= \gamma_{LS}\cdot 2\pi r^2\cdot(1-\cos\theta) + (\gamma_{SC}-\gamma_{LC})\cdot\pi r^2\cdot\sin^2\theta\end{aligned} \tag{4.37}$$

将 $\gamma_{LC}-\gamma_{SC}=\gamma_{LS}\cdot\cos\theta$ 代入式(4.37)得:

$$\begin{aligned}\Delta G_i &= \gamma_{LS}\cdot 2\pi r^2\cdot(1-\cos\theta) - \gamma_{LS}\cdot\cos\theta\cdot\pi r^2\cdot\sin^2\theta \\ &= \gamma_{LS}\cdot\pi r^2[2-3\cos\theta+\cos^3\theta]\end{aligned} \tag{4.38}$$

晶核形成前后体积吉布斯自由能的变化为:

$$V\cdot\Delta G_m = \pi r^3\left(\frac{2-3\cos\theta+\cos^3\theta}{3}\right)\cdot\Delta G_m \tag{4.39}$$

因此,在生核时总的吉布斯自由能变化为:

$$\Delta G_{he} = V\cdot\Delta G_m + \Delta G_i = \left(\frac{4\pi r^3}{4}\cdot\Delta G_m + 4\pi r^2\cdot\gamma_{LS}\right)\cdot\left(\frac{2-3\cos\theta+\cos^3\theta}{4}\right) \tag{4.40}$$

为求非自发生核的临界半径 r_{he}^* 及其生核功,可令 $\mathrm{d}\Delta G_{he}/\mathrm{d}r=0$,得:

$$r^* = \frac{-2\gamma_{LS}}{\Delta G_m} \tag{4.41}$$

式(4.41)与自发生核的公式相同。代入式(4.40)后可求出非自发生核功,如下:

$$\Delta G_{he}^* = \frac{16\pi\gamma_{LS}^3}{3\Delta G_m^2}\cdot\left(\frac{2-3\cos\theta+\cos^3\theta}{4}\right) = \Delta G_{ho}^* f(\theta) \tag{4.42}$$

式(4.42)即非自发生核功公式。非自发生核功 ΔG_{he}^* 与自发生核功 ΔG_{ho}^* 之比为:

$$f(\theta) = \frac{2-3\cos\theta+\cos^3\theta}{4} \tag{4.43}$$

当 $\theta=0°$ 时,$\Delta G_{he}^*=0$,代表此时在无过冷的情况下即可形核;当 $\theta=180°$ 时,$\Delta G_{he}^*=\Delta G_{ho}^*$,此时杂质界面不发挥作用,生核过程与均质生核相同。

图 4.10 所示为不同润湿角对应的过冷度与曲率半径 r' 的关系。过冷度 ΔT 越大,晶胚尺寸越大,其曲率半径越大。但在相同的过冷度下,润湿角小的晶胚,在折合成同体积的情况下,其曲率半径更大些。它们与临界半径 r^* 和 ΔT 的关系曲线的交点即为该 θ 角相应的形核过冷度。从图 4.10 中可知,θ 角越小,形核过冷度越小,即其形核能力越强。上述讨论的情况必须满足三个前提条件:首先,润湿角和温度无关;其次,夹杂的基底面积

要大于晶胚接触所需要的面积；最后，晶胚和夹杂的接触面为平面。

含有一定数目原子的晶胚，在夹杂表面上形成一个球冠时，要比形成一个体积与之相等的完整球体有更大的曲率半径。因此，在一定的过冷度下，出现具有临界曲率半径的晶核时，球冠中含有的原子数比同样曲率半径的球体晶体中所含的原子数要少得多。由此可知，液相中晶胚附在适当的界面上生核时，体积较小的晶胚便可达到临界曲率半径。因此，在较小的过冷度下，自发生核的速率还微不足道时，非自发生核便开始了。

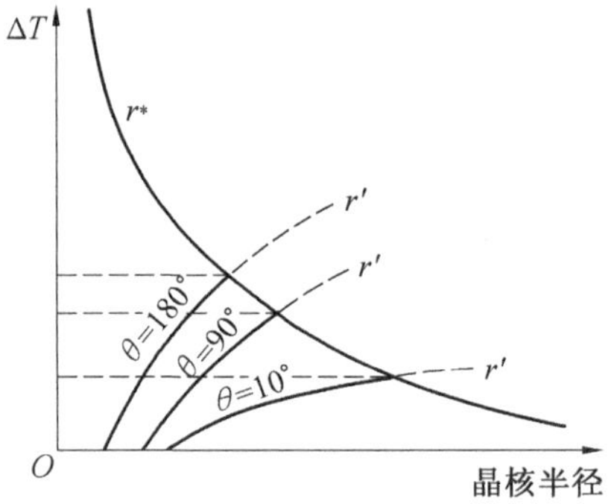

图 4.10 非自发生核的形核过冷度与润湿角及晶核尺寸的关系

非均质生核过程的形核速率表达式与均质生核较为类似，但由于生核功ΔG_n^* 较小，因此其液－固转变 TTT 曲线位置略高于均质生核的情况，如图 4.7 中的点划线所示。

4.1.3 固－液相界面结构及晶体生长方式

1. 固－液相界面结构

固－液相界面包括粗糙界面（又称非小晶面）和光滑界面（又称小晶面）两种。图 4.11(a) 为小晶面，从下部放大图可以看出，固－液界面上的原子排列是光滑的；而宏观尺度上却是不光滑的。图 4.11(b) 为非小晶面，从下部放大图可以看出，固－液界面上的

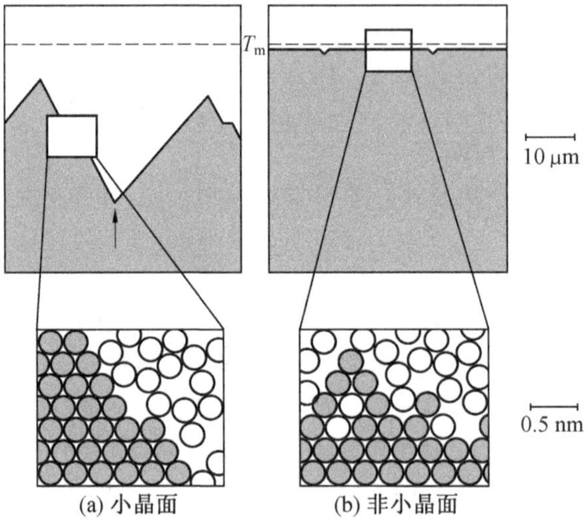

图 4.11 小晶面和非小晶面的固－液界面

原子排列是粗糙的；但从宏观尺度来看，固－液界面形貌却是平滑的。在非平界面生长(单向凝固)条件下，非小晶面将生长成光滑的树枝(图 4.12(a))；而小晶面将生长成有棱角的晶体(图 4.12(b))。

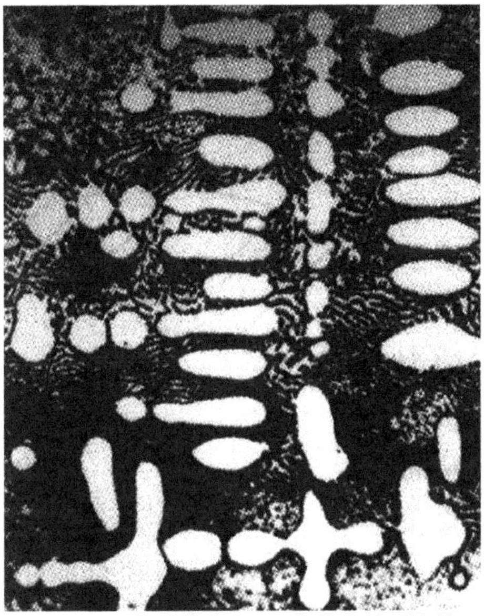

(a) Cu-Ag 共晶基底上 Ag 的非小晶面枝晶

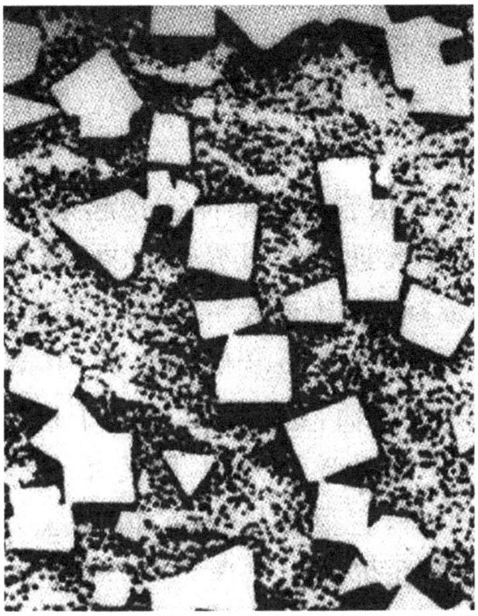

(b) 富 Sn 基底上 β′-SnSb 化合物小晶面立方形晶体

图 4.12　金属合金的固－液界面形貌

2. 晶体生长中固－液界面处的原子迁移

在晶体生长过程中，由于能量起伏，界面两侧总有一部分原子在获得足够的能量以后会越过界面而进入另一相。因此在界面处始终存在着两种方向相反的原子迁移运动(图 4.13)，固相原子迁移到液相中的熔化反应(m)；液相原子迁移到固相中为凝固反应(F)。

$$\left(\frac{dN}{dt}\right)_m = N_S f_S A_m \nu_S \cdot \exp\left(-\frac{\Delta G_A + \Delta G_V}{kT_i}\right) \tag{4.44}$$

$$\left(\frac{dN}{dt}\right)_F = N_L f_L A_F \nu_L \cdot \exp\left(-\frac{\Delta G_A}{kT_i}\right) \tag{4.45}$$

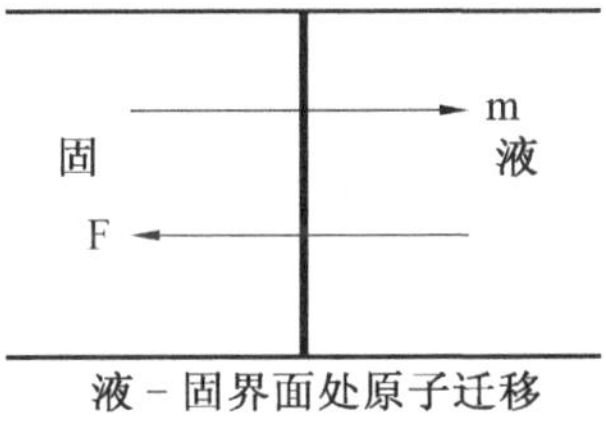

图 4.13　单位界面处反应速度

(m 为固相原子迁移到液相的反应；F 为液相原子迁移到固相的反应)

上述两式中，N_S、N_L 分别为单位面积界面处固、液两相的原子数，对于平界面，$N_S = N_L = N$；f_S、f_L 分别为固、液两相中每个具有足够能量的原子跳向界面的概率，一般地 $f_S = f_L = 1/6$；A_m、A_F 分别为一个原子到达界面后不因弹性碰撞而被弹回的概率，$A_m \approx$

1，而 $A_F \leqslant 1$，A_F 与原子到达晶体表面后所具有的近邻原子数有关，晶体表面的台阶越多，迁移原子就越易于获得较多的近邻原子，因而它被弹回的概率就越小；ν_S、ν_L 分别为界面处固、液两相原子的振动频率，可近似地认为 $\nu_S = \upsilon_L = \nu$；ΔG_A 为一个具有平均自由能的液相原子越过界面时所需的激活能；ΔG_V 为一个液相原子与一个固相原子所具有的平均体积自由能差值，该值可用式(4.46) 求得。

$$\Delta G_V = \frac{L \cdot (T_0 - T_i)}{T_0} \tag{4.46}$$

式中，T_i 为界面温度。

显然，只有当液相原子迁移到固相的反应速度较快时，即 $\left(\frac{dN}{dt}\right)_F > \left(\frac{dN}{dt}\right)_m$ 时，晶体才能生长，且晶体的生长速率 R 应与其差值成正比：

$$R \propto \left(\frac{dN}{dt}\right)_F - \left(\frac{dN}{dt}\right)_m \tag{4.47}$$

$$R \propto \frac{1}{6} N \cdot \nu \cdot \exp\left(-\frac{\Delta G_A}{kT_i}\right) \cdot \left[A_F - \exp\left(-\frac{\Delta G_V}{kT_i}\right)\right] \tag{4.48}$$

或

$$R \propto \frac{1}{6} N \cdot \nu \cdot \exp\left(-\frac{\Delta G_A}{kT_i}\right) \cdot \left[A_F - \exp\left(-\frac{L_0 (T_0 - T_i)}{k T_0 T_i}\right)\right] \tag{4.49}$$

式(4.49) 表明：

(1) 只有当 $T_i < T_0$，并满足$A_F > \exp\left(-\frac{\Delta G_V}{kT_i}\right)$ 或$\Delta G_V > (-\ln A_F) k T_i$ 时，才有 $R > 0$，也就是说，只有当界面处于过冷状态并使相变驱动力足以克服热力学能障 $(-\ln A_F) k T_i$ 时，晶体才能生长。晶体生长所需的过冷度称为动力学过冷度(ΔT_k)。

$$\Delta T_k = T_0 - T_i \tag{4.50}$$

(2) 热力学能障 $(-\ln A_F) k T_i$ 取决于界面固相一侧的台阶数量；动力学能障则取决于固、液两相结构上的差异以及液相原子向固相原子过渡的具体形式。因此，界面生长动力学规律，即生长速率与过冷度之间的关系将与界面的微观结构以及晶体的生长机理密切相关。

固－液界面结构不同，晶体长大的方式也不一样。依据界面结构，可将长大机制归纳为：① 界面结构为非小晶面的粗糙界面时，其长大方式为连续长大，也称为正常长大，原子尺度上这种界面是坎坷不平的，界面固相一侧台阶数量较多。对于接纳从液相中沉积来的原子来说各处都是等效的，从液相中扩散来的原子很容易与晶体连接起来，只要沉积原子持续供应，其长大可以连续不断地进行，因此称之为“连续长大”。② 界面结构为小晶面的光滑界面时，该长大方式为侧面长大，原子尺度上光滑的界面结构上几乎不存在台阶，单个原子与晶面的结合力较弱，容易从界面跑开，因此这类界面的长大，只有依靠在界面上出现台阶，然后从液相中扩散来的原子沉积在台阶的边缘，依靠台阶向其侧面扩展而进行长大，因此称之为“侧面长大”。因原子台阶的来源不同又可分为：① 二维晶核台阶，这种台阶(图 4.14) 的形式要求首先在光滑的界面上产生二维晶核，原子向二维晶核提供的台阶处着落，待台阶消耗完了，晶体进一步长大时，还需要再产生新的二维晶核，而二维晶核形成时需要较多的原子，因此需要的过冷度较大。② 缺陷形成的台阶，这种台阶如图 4.15 所示，可分为螺型位错形成的台阶（图 4.15(a)）、孪晶沟槽形成的台阶（图 4.15(b)）、旋转晶界形成的台阶（图 4.15(c)）等，原子更容易在该台阶处添加。

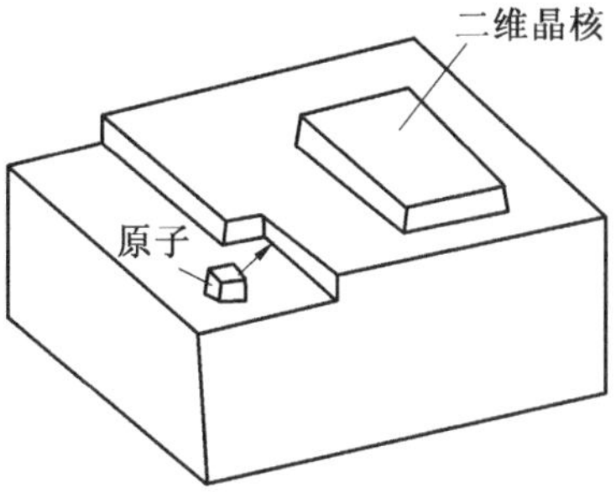

图 4.14　二维晶核台阶示意图

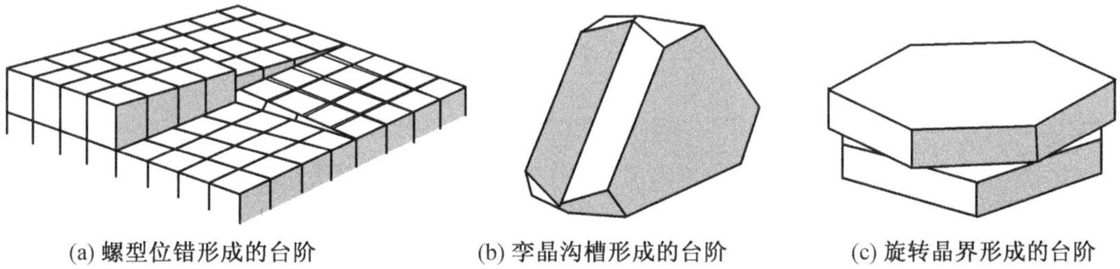

图 4.15　晶体缺陷提供的台阶

4.2　凝固过程的溶质再分配

溶质的扩散系数只有温度扩散系数的 $10^{-3} \sim 10^{-5}$，特别是溶质在固相中的扩散系数更小，因此，当溶质还未来得及扩散时，温度早已降低得很多，而使固－液界面大大向前推进，新成分的固相又已结晶出来。基于上述原因，本节主要讨论非平衡凝固条件下的溶质再分配问题。

4.2.1　液相中完全混合的溶质再分配

假设长度为 L 的单元体由左至右的单向凝固，固液界面保持平直，其溶质再分布的情况如图 4.16 所示。固液界面推移时多余的溶质分别向固相和液相侧排出，由于质量守恒，则：

$$(w_L - w_S^*) \cdot df_s = (1 - f_S) \cdot dw_L + \frac{1}{2}\frac{\delta_S}{L} \cdot dw_S^* \tag{4.51}$$

式中，δ_S 为固相内溶质反扩散的边界层厚度，其值为：

$$\delta_S = \frac{2D_S}{v} \tag{4.52}$$

式中，D_S 为固相中溶质扩散系数；v 为固－液界面推进速度。

式(4.51) 左侧为图 4.16 中面积 A_1，它表示凝固出 Ldf_S 量的合金排出的溶质量；等

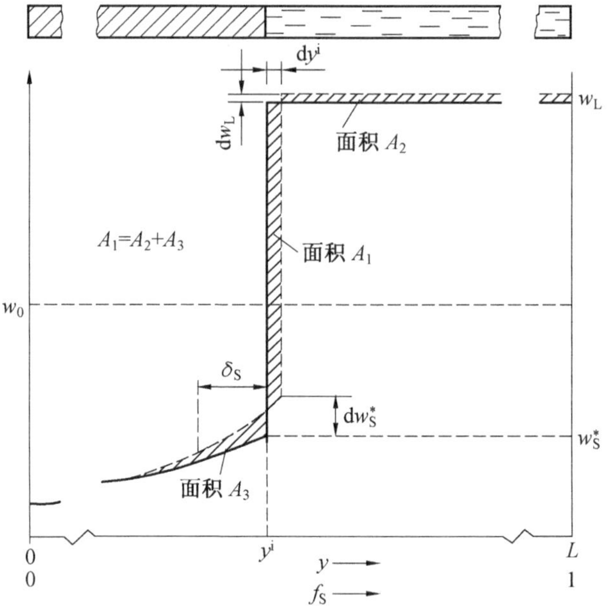

图 4.16　长度为 L 的单元体内单向凝固时的溶质分布

式右侧第一项为图中的面积 A_2，表示液相内溶质的增量，由于液相内溶质可完全混合，因此其各处的溶质浓度变化量相同；等式右侧第二项为图中的面积 A_3，它表示固相中溶质扩散的增量，由于远离界面时溶质量增量变小，可近似地用高为 δ_S、底为dC_S^* 的三角形面积来表示 A_3。

设凝固厚度与凝固时间具有平方根原理的关系，即：

$$\frac{s}{L}=\left(\frac{t}{t_f}\right)^{0.5} \tag{4.53}$$

式中，s 为已凝固相长度，其凝固时间为 t；t_f 为试样总的凝固时间。这样，凝固速度可表示为：

$$v=\frac{ds}{dt}=\frac{L}{2}\cdot\left(\frac{1}{t\Delta t_f}\right)^{0.5} \tag{4.54}$$

将式(4.52)、式(4.54) 代入式(4.51)，积分整理后可得：

$$w_S^* = k_0 w_0 \cdot [1-(1-2\alpha k_0)\Delta f_S]^{(k_0-1)/(1-2\alpha k_0)} \tag{4.55}$$

式(4.55) 即为有固相扩散、液相完全混合时的溶质分布方程。式中，α 为无量纲的溶质扩散因子，或称无量纲的扩散时间，可表示为

$$\alpha=\frac{D_S t_f}{L^2} \tag{4.56}$$

将与w_S^* 相对应的相图上的温度 T 代入式(4.55) 可得：

$$f_S=\left(\frac{1}{1-2\alpha k_0}\right)\cdot\left[1-\left(\frac{T_m-T}{T_m-T_L}\right)^{(1-2\alpha k_0)/(k_0-1)}\right] \tag{4.57}$$

式中，T_L 为合金的液相线温度；T_m 为纯溶剂的熔点温度。

当 $\alpha=0$ 即固相中无扩散时，式(4.55) 变为：

$$w_S^* = k_0 w_0 \cdot (1 - f_S)^{(k_0 - 1)} \tag{4.58}$$

即为 Scheil 公式或称非平衡杠杆准则。

当 $\alpha = 0.5$ 时，式(4.55) 变为：

$$w_S^* = \frac{k_0 w_0}{[1 + (k_0 - 1)\Delta f_S]} \tag{4.59}$$

此为平衡凝固时的溶质分布表达式。对于那些原子半径非常小的间隙原子，如C、N、O来说，由于其固相扩散系数较大，可以近似认为在通常的铸造条件下，平衡凝固对它们是适用的。

这里应该指出的是，$\alpha = 0.5$ 是不符合平衡凝固的物理含义的。在平衡条件下，α 值理论上应该较大，而不仅仅是 0.5。为此，需要对 α 值进行修正。用 α' 代替 α，即：

$$\alpha' = \alpha \cdot \left[1 - \exp\left(-\frac{1}{\alpha}\right)\right] - \frac{1}{2}\exp\left(-\frac{1}{2\alpha}\right) \tag{4.60}$$

α' 与 α 的关系如图 4.17 所示，可以看出 α' 的极大值为 0.5，采用 α' 代替 α 后，式(4.55) 可以在 α 的任何数值时适用。

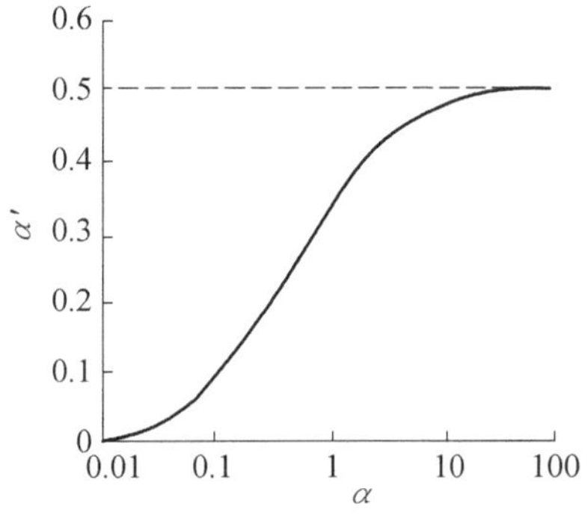

图 4.17　α 与 α' 的关系

4.2.2　液相中有对流作用的溶质再分配

在实际生产中，需要强烈搅拌的条件才能使液相中的溶质浓度各处相同。而这种传质条件是较少能遇到的，即使在这种情况下，在固－液界面仍然存在一个很薄的扩散层 δ_N，在扩散层以外的液相成分因有对流而保持均匀一致。如果液相的容积很大，它将不受已凝固体的影响而保持原始成分，此时，固相成分 w_S^* 在 δ_N(固相内溶质反扩散的边界层厚度) 及 v(晶体长大速度) 一定的情况下也将保持一定，是小于 w_0 的一个数值。液相中有对流时的溶质分布如图 4.18 所示。由于溶质质量守恒，为使问题简化，忽略固相内的溶质扩散时，在扩散层达到稳定时，式(4.61) 是成立的(单向凝固条件下)：

$$D_L \cdot \frac{d^2 w_L}{d x'^2} + v \cdot \frac{d w_L}{d x'} = 0 \tag{4.61}$$

其边界条件为：$x' = 0$ 时，$w_L = w_L^* < w_0 / k_0$，这是由于扩散层外存在对流，从而使稳定态的液相最大溶质浓度 w_L^* 低于 w_0 / k_0；$x' = \delta_N$ 时，$w_L = w_0$(当液相容积足够大时)。

令：

$$\frac{\mathrm{d}w_{\mathrm{L}}}{\mathrm{d}x'}=z, \quad \frac{\mathrm{d}z}{\mathrm{d}x'}=\frac{\mathrm{d}^2 w_{\mathrm{L}}}{\mathrm{d}x'^2} \tag{4.62}$$

故：

$$D_{\mathrm{L}} \cdot \frac{\mathrm{d}z}{\mathrm{d}x'}+v \cdot z=0 \tag{4.63}$$

$$\frac{\mathrm{d}z}{z}=-\frac{v}{D_{\mathrm{L}}} \cdot \mathrm{d}x' \tag{4.64}$$

解此方程可得：

$$w_{\mathrm{L}}=-\frac{D_{\mathrm{L}}}{v} \cdot K_1 \cdot \exp\left(-\frac{v}{D_{\mathrm{L}}}\Delta x'\right)+K_2 \tag{4.65}$$

式中，K_1、K_2 为积分常数。

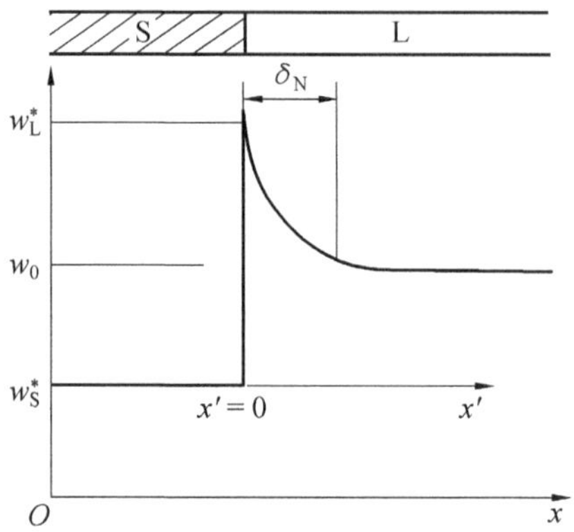

图 4.18　有对流液相内的溶质分布

将边界条件代入式(4.65) 可得：

$$K_1=\frac{v}{D_{\mathrm{L}}} \cdot \frac{(w_{\mathrm{L}}^*-w_0)}{\exp\left(-\frac{v}{D_{\mathrm{L}}} \cdot \delta_{\mathrm{N}}\right)-1} \tag{4.66}$$

$$K_2=w_{\mathrm{L}}^*+\frac{(w_{\mathrm{L}}^*-w_0)}{\exp\left(-\frac{v}{D_{\mathrm{L}}} \cdot \delta_{\mathrm{N}}\right)-1} \tag{4.67}$$

代入式(4.65) 整理后得：

$$\frac{w_{\mathrm{L}}-w_0}{w_{\mathrm{L}}^*-w_0}=1-\frac{1-\exp\left(-\frac{v}{D_{\mathrm{L}}}\Delta x'\right)}{1-\exp\left(-\frac{v}{D_{\mathrm{L}}} \cdot \delta_{\mathrm{N}}\right)} \tag{4.68}$$

如果液体容积有限，则溶质富集 δ_{N} 以外的液相成分在凝固过程中将不是固定于 w_0 不变，而是逐步提高的，用 $\bar{w}_{\mathrm{L}}$ 表示该浓度值，式(4.68) 可改写为：

$$\frac{w_{\mathrm{L}}-\bar{w}_{\mathrm{L}}}{w_{\mathrm{L}}^*-\bar{w}_{\mathrm{L}}}=1-\frac{1-\exp\left(-\frac{v}{D_{\mathrm{L}}}\Delta x'\right)}{1-\exp\left(-\frac{v}{D_{\mathrm{L}}} \cdot \delta_{\mathrm{N}}\right)} \tag{4.69}$$

在液相中没有对流只有扩散的情况下，式(4.69) 中 $\delta_{\mathrm{N}}=\infty$，$\bar{w}_{\mathrm{L}}=w_0$，$w_{\mathrm{L}}^*=w_0/k_0$，此

时，式(4.69)即变为稳定态时的溶质分布方程：

$$w_L = w_L\left[1+\left(\frac{1-k_0}{k_0}\right)\cdot\exp\left(-\frac{v}{D_L}\Delta x'\right)\right] \tag{4.70}$$

另外，当达到稳定态时：

$$D_L\cdot\frac{dw_L}{dx'}\bigg|_{x'=0} = -v\cdot(w_L^* - w_S^*) \tag{4.71}$$

对式(4.68)中的 w_L 求导可得：

$$D_L\cdot\frac{dw_L}{dx'}\bigg|_{x'=0} = -v\cdot\frac{w_L^*-w_0}{1-\exp\left(-\frac{v}{D_L}\cdot\delta_N\right)} \tag{4.72}$$

将式(4.71)代入式(4.72)，并将 $w_S^*=k_0\cdot w_L^*$ 代入后整理得：

$$k_E=\frac{w_S^*}{w_0}=\frac{k_0}{k_0+(1-k_0)\cdot\exp\left(-\frac{v}{D_L}\cdot\delta_N\right)} \tag{4.73}$$

此即溶质有效分配系数 k_E 的表达式，它将凝固中的溶质分布与晶体的生长条件联系起来。当搅拌对流强度较大时，扩散层 δ_N 越小，故 w_S^* 越小；生长速率越大时，w_S^* 越向 w_0 趋近。

利用 k_E 与 k_0 的关系可以描述有限容积中的溶质再分布，其条件是 δ_N 相对整体容器长度来说是微不足道的，只有这样 δ_N 层以外的液相溶质成分才能代表溶液的整体成分。为此，当用稳态的 k_E 代替 k_0 时，Scheil 公式可表示为：

$$\bar{w}_L = w_0\ \Delta f_L^{(k_E-1)} \tag{4.74}$$

该式又称修正的正常偏析方程式。图 4.19 所示为不考虑初始过渡区时不同 k_E 值的溶质分布情况，所取 k_E 值分别为 k_0、1 及 $k_0<k_E<1$。从式(4.51)可知，最小值($k_0=k_E$)发生在($v\delta_N/D_L$) ≪ 1 时，即慢的生长速率和最大的对流、搅拌的情况；k_E 为最大值($k_E=1$)发生在($v\delta_N/D_L$) ≫ 1 时，即大的生长速率或液相中没有任何对流而只有扩散的情况下；$k_0<k_E<1$ 时，相当于液相中有对流但属于部分混合时的情况。

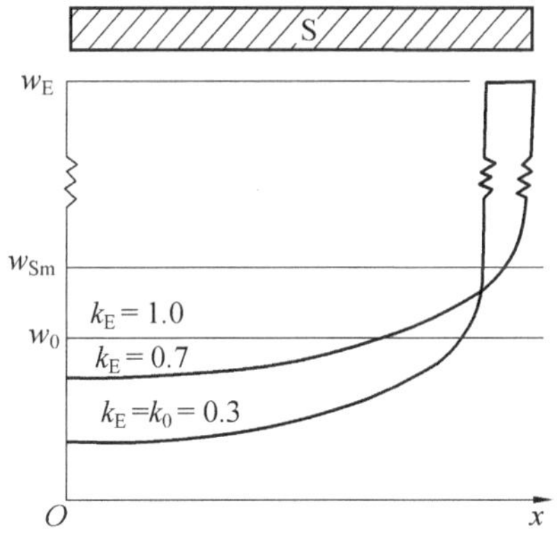

图 4.19　不同 k_E 值的溶质分布情况

4.3 金属凝固过程中的"成分过冷"

4.3.1 "成分过冷"的判别式

单向凝固平界面生长达到稳态后，对于$k_0<1$的合金来说，在固－液界面前沿的液相内将形成稳定的溶质富集层，其厚度为δ_c，如图4.20所示。δ_c与界面推进速度成反比，即$\delta_c=2D_L/v$。图4.21中所表示的固－液界面前沿液相内的溶质浓度，随距固－液界面的距离增加而减小；液相线的温度T_L则由低变高，当液相线温度T_L的分布曲线高于液相内的实际温度T_q分布线时(图4.21(b))，就会在固－液界面的前沿液相中形成"成分过冷"区(阴影区域)。

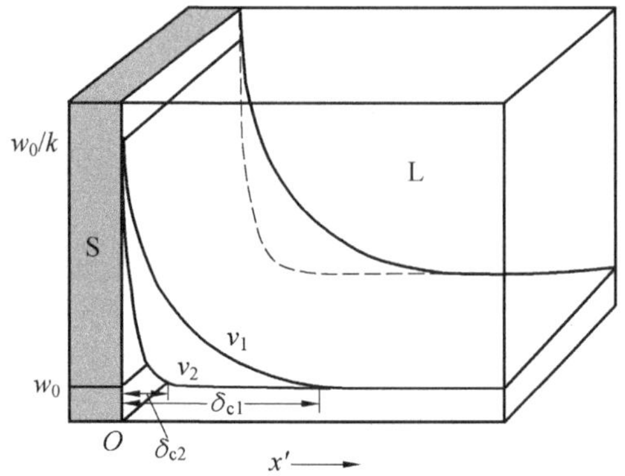

图4.20 合金生长过程中平界面前沿稳定的溶质富集层

"成分过冷"判别式的推导如下：设液相线的斜率为m_L，则液相熔点温度分布梯度可表示为：

$$\frac{dT_L}{dx'}=-m_L\cdot\frac{dw_L}{dx'} \tag{4.75}$$

在平界面凝固条件下，界面处液体内实际温度梯度应大于(至少等于)液相熔点温度分布的梯度，即：

$$G_L\geqslant -m_L\cdot\frac{dw_L}{dx'}\bigg|_{x'=0} \tag{4.76}$$

从式(4.68)可求出：

$$\frac{dw_L}{dx'}\bigg|_{x'=0}=-\frac{v}{D_L}\cdot\frac{w_L^*-w_0}{1-\exp\left(-\frac{v}{D_L}\cdot\delta_N\right)} \tag{4.77}$$

将式(4.73)代入式(4.77)整理后得出：

$$w_L^*=\frac{w_0}{k_0+(1-k_0)\cdot\exp\left(-\frac{v}{D_L}\cdot\delta_N\right)} \tag{4.78}$$

将两者同时代入式(4.76)，整理后可得：

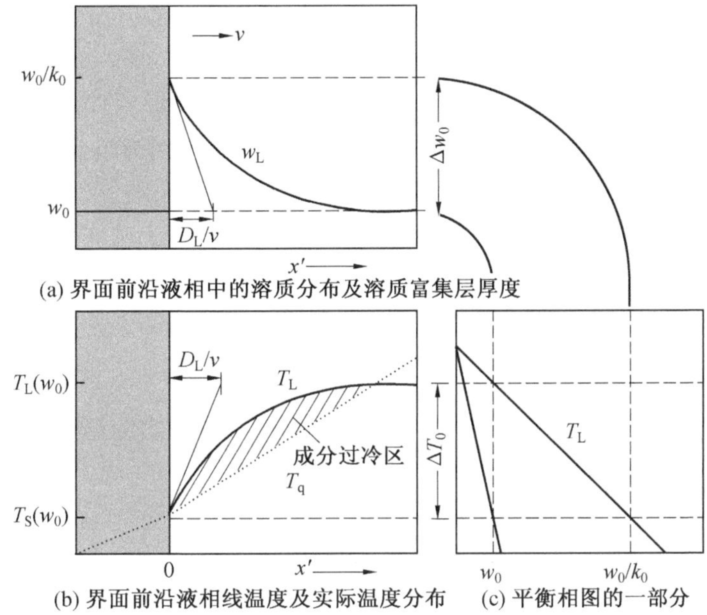

图 4.21　合金中“成分过冷”的形成

$$\frac{G_L}{v} \geqslant \frac{m_L}{D_L} \cdot w_0 \cdot \frac{1}{\frac{k_0}{1-k_0} + \exp\left(-\frac{v}{D_L} \cdot \delta_N\right)} \tag{4.79}$$

式(4.79) 即为“成分过冷”判别式的通用式。设在液相没有对流只有扩散的情况下，$\delta_N \rightarrow \infty$，此时式(4.79) 将变为：

$$\frac{G_L}{v} \geqslant \frac{m_L \cdot w_0 \cdot (1-k_0)}{D_L \cdot k_0} \tag{4.80}$$

或

$$\frac{G_L}{v} \geqslant \frac{\Delta T_0}{D_L} \tag{4.81}$$

式中，ΔT_0 为结晶温度间隔，$\Delta T_0 = m_L w_0 (1-k_0)/k_0$，即 $T_L(w_0) - T_S(w_0)$。可见，结晶温度间隔越大，“成分过冷”的倾向越大，平界面越容易破坏。

三元合金凝固形成单相固溶体时，“成分过冷”的判断式基本上和二元的相似。设溶剂组元为 A，溶质组元分别为 B 和 C。其液相面是组元 B 在液相中的浓度 w_{LB} 和组元 C 在液相中的浓度 w_{LC} 的函数，即：

$$T_L = T_L(w_{LB}, w_{LC}) \tag{4.82}$$

在固－液界面处的液相熔点温度梯度为：

$$\left.\frac{dT_L}{dx'}\right|_{x'=0} = P \cdot \left(\frac{dw_{LB}}{dx'}\right)_{x'=0} + S \cdot \left(\frac{dw_{LC}}{dx'}\right)_{x'=0} \tag{4.83}$$

式中，P 为 w_{LC} 是常数时液相面的斜率，$P = dT_L/dw_{LB}$；S 为 w_{LB} 是常数时液相面的斜率，$S = dT_L/dw_{LC}$。

在稳定态时，固－液界面处由于溶质质量守恒，下式是成立的，即：

$$D_B \cdot \left(\frac{dw_{LB}}{dx'}\right) + D_{BC} \cdot \left(\frac{dw_{LB}}{dx'}\right) = -v \cdot (w_{LB}^* - w_{0B}) \quad (4.84)$$

$$D_{CB} \cdot \left(\frac{dw_{LC}}{dx'}\right) + D_C \cdot \left(\frac{dw_{LC}}{dx'}\right) = -v \cdot (w_{LC}^* - w_{0C}) \quad (4.85)$$

式中，D_B、D_C 分别为组元 B、C 各自的扩散系数；D_{BC}、D_{CB} 分别为组元 B 和 C 交互作用的扩散系数。

设组元 B、C 之间不发生交互作用，即 $D_{BC}=D_{CB}=0$，则上两式分别变为：

$$\left(\frac{dw_{LB}}{dx'}\right)_{x'=0} = -\frac{v}{D_B} \cdot (w_{LB}^* - w_{0B}) \quad (4.86)$$

$$\left(\frac{dw_{LC}}{dx'}\right)_{x'=0} = -\frac{v}{D_C} \cdot (w_{LC}^* - w_{0C}) \quad (4.87)$$

将该两式及 $w_{LB}^*=w_{0B}/k_B$、$w_{LC}^*=w_{0C}/k_C$ 代入式(4.83)，并在实际温度梯度 w_L 大于或等于 $\left.\frac{dT_L}{dx_i'}\right|_{x'=0}$ 的情况下即得：

$$\frac{G_L}{v} \geqslant -\frac{P \cdot w_{0B} \cdot (1-k_B)}{D_B \cdot k_B} - \frac{S \cdot w_{0C} \cdot (1-k_C)}{D_C \cdot k_C} \quad (4.88)$$

4.3.2 “成分过冷”的过冷度

“成分过冷”的过冷度可表示为

$$\Delta T = T_L - T_q \quad (4.89)$$

$$T_q = T_i - G_L \Delta x' \quad (4.90)$$

式中，T_i 为固－液界面处的实际温度；w_L 为实际温度梯度。液相线温度可表示为(设 dT_L/dw_L 为负时，m_L 为正)：

$$T_L = T_m - m_L \cdot w_L \quad (4.91)$$

当平界面、液相只有扩散情况下达到稳态生长时，固－液界面的 T_i 可表示为：

$$T_i = T_m - m_L \cdot w_L^* \quad (4.92)$$

或

$$T_m = T_i + m_L \cdot \frac{w_0}{k_0} \quad (4.93)$$

将式(4.70)、式(4.93)同时代入式(4.91)可得：

$$T_L = T_i + \frac{m_L \cdot w_0 \cdot (1-k_0)}{k_0} \cdot \left[1 - \exp\left(-\frac{v}{D_L}\Delta x'\right)\right] \quad (4.94)$$

将式(4.90)、式(4.94)同时代入式(4.89)可得：

$$\Delta T = \frac{m_L \cdot w_0 \cdot (1-k_0)}{k_0} \cdot \left[1 - \exp\left(-\frac{v}{D_L}\Delta x'\right)\right] - G_L \Delta x' \quad (4.95)$$

为求最大过冷度，令 $\frac{d\Delta T}{dx'}=0$，从而求出最大过冷度处的 x' 为：

$$x' = \frac{D_L}{v} \cdot \ln \frac{v \cdot m_L \cdot w_0 \cdot (1-k_0)}{G_L \cdot D_L \cdot k_0} \quad (4.96)$$

将式(4.95)代入式(4.96)得最大“成分过冷”度为：

$$\Delta T_{max}=\frac{m_L \cdot w_0 \cdot (1-k_0)}{k_0}-\frac{G_L \cdot D_L}{v}\left[1+\ln\frac{v \cdot m_L \cdot w_0 \cdot (1-k_0)}{G_L \cdot D_L \cdot k_0}\right] \quad (4.97)$$

对于液相中有对流部分混合的情况，只要将 w_0 用w_S^* 代替即可。

4.3.3　固－液界面的形貌

固液界面前方液相内的过冷情况将对界面形态产生较大的影响。

纯金属的晶体长大主要与传热有关，其凝固方式有单向凝固与等轴凝固两种情况，如图 4.22 所示。在单向凝固条件下（图 4.22 (a)），在固－液界面前沿，温度梯度如总是正的，则 $G>0$。如果固－液界面产生振幅为 ε 大小的波动时，则在凸入液相的尖端处（图中 A—A 截面），液相中的温度梯度增加，而固相中的温度梯度减少，因此，液相中较多的热量流向尖端，但却又较少地从尖端处向固相内排走，其结果是尖端处将被熔化。与此同时，在凹下部分（图中 B—B 截面），传热的情况完全与凸出部分相反。其结果是凸出部分被熔化，界面扰动消失。因此，纯金属在单向凝固条件下，其固－液界面形貌为稳定的平界面。在等轴凝固的条件下（图 4.22 (b)），情况却完全不同。由于结晶潜热的释放，在晶体生长前沿，液相内部的温度梯度为负值，而在固相内的温度梯度为“0”，在扰动引起晶体表面出现凹凸不平时，在凸入液相的尖端部分，液相内有大的温度梯度产生，而在凹下部分温度梯度较小，热流大量从晶体的尖端排向液相，从而增加了这里的长大速度，使尖端处向液相内部继续推进，此时有利于枝晶的形成。因此，纯金属在等轴凝固的条件下，其界面是不稳定的，结晶形貌为枝晶形式。由于没有成分的偏析，纯金属的枝晶形貌在凝固完全结束后是观察不到的。采用熔化熵值与金属相近的纯的有机物、水、氯化铵水溶液可以直接观察到枝晶的生长情况。

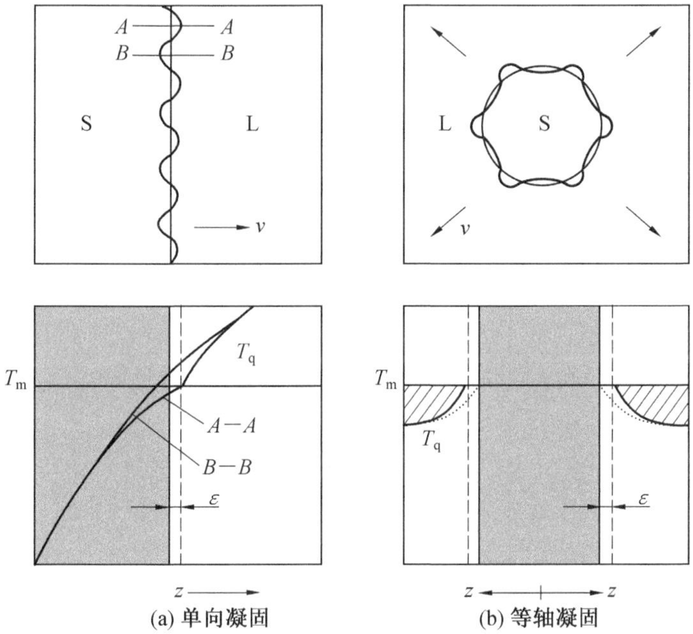

图 4.22　纯金属的单向凝固与等轴凝固

合金的晶体长大除了受传热的影响外，更主要的是受传质的影响。如前所述，在晶体生长达到稳态后，对于 $k_0<1$ 的合金来说，在晶体前沿的液相内将形成稳定的溶质富集层，如图 4.21(b) 所示的情况，将在晶体生长前沿造成"成分过冷"区，该区内的液相是亚稳定的，从而就存在着使固－液界面扰动得以发展的驱动力。在固－液界面凸入液相内的尖端处，液相内的温度梯度将会增加，但也应看到，在尖端处合金液相内的溶质浓度梯度也会增加，从而使液相线的梯度也增加，这样，最终使"成分过冷"区得以保留。

图 4.23 显示了合金单相凝固时的两种情况。图 4.23(a) 为液相内的实际温度（T_q）梯度大于液相线温度（T_L）梯度，不出现"成分过冷"区，晶体按平界面向前推进。图 4.23(b) 为液相内的实际温度梯度小于液相线温度梯度，出现了"成分过冷"区，随着成分过冷度及成分过冷区域的增加，平界面将依次形成胞状晶及树枝晶。合金的原始成分 w_0、固－液界面处液相内的温度梯度 G_L 和凝固速度 v 是影响"成分过冷"从而决定合金晶体形貌的主要因素。从图 4.24 可以看出，在 w_0 一定的条件下，随着 $G_L/\sqrt{v}$ 值的减小，晶体形貌由平面晶向树枝晶转变。

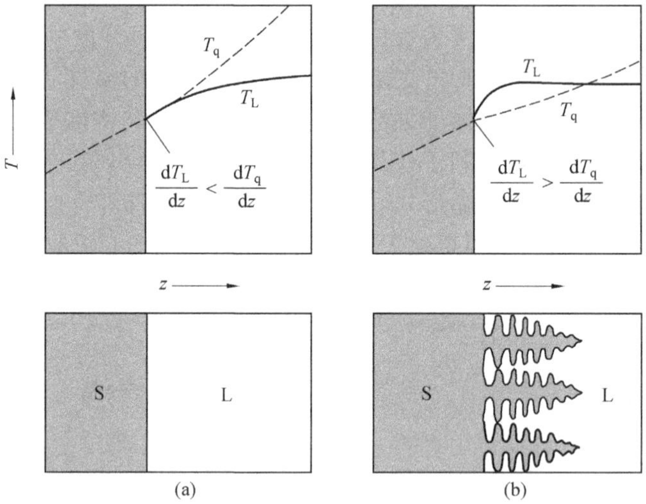

图 4.23 "成分过冷"情况与固－液界面形貌

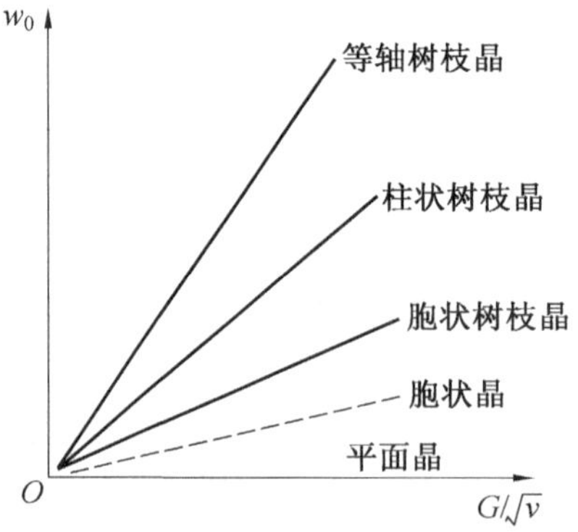

图 4.24 $G_L/\sqrt{v}$ 和 w_0 对固溶体晶体形貌的影响

4.4　胞晶与树枝晶

4.4.1　胞晶与树枝晶的形成

1. 胞晶组织的形成

“成分过冷”一旦使平界面遭到破坏，在宏观组织上就会出现胞状晶。但是，胞状晶的形成是一个发展过程。图 4.25 所示为 Sn－Pb（ω(Pb)＝0.05%）合金的固－液界面采用倾倒法所显示的胞状晶形成和发展的照片。当“成分过冷”刚刚出现时，在固－液界面上先是出现溶质富集的凹坑（或称痘点），此时为平界面遭到破坏时的临界状态，其成分过冷度和成分过冷区域较小，根据“成分过冷”的判断式，有：

$$\frac{G}{v} \leqslant \frac{m \cdot (1-k_0)}{D_L \cdot k_0} \cdot w_0 \tag{4.98}$$

显然，在这种临界状态下，通过一系列实验，可以确定出 G/v 与 w_0 的函数关系。对于稀释的二元合金来说，它们是直线关系，其斜率为$\frac{m \cdot (1-k_0)}{D_L \cdot k_0}$，通过 k_0 与 m 的数值可粗略地估算出溶质元素的液相扩散系数 D_L。平界面遭到破坏时的临界状态（出现近于规则分布的痘点）与界面稳定性动力学理论假设的固－液界面正弦波形有关。在波谷处溶质是富集的，而在波峰处溶质是稀少的。随着“成分过冷”的增加，凹坑增多增大，进而连接成沟槽，此即不规则的胞状晶。从不规则的胞状晶发展成为规则的六角形胞状晶（图 4.25(e)），除“成分过冷”因素外，可能还与界面张力有关。胞状晶往往不是彼此分离的晶粒，一个晶粒可以形成许多条胞状晶，这些胞状晶来源于一个晶粒，即胞状晶是一种亚结构。“成分过冷”继续增加时，规则的胞状晶侧向将出现锯齿萌芽，这就意味着它将向胞状树枝晶发展。在胞状晶形成的理论中有两种观点：一种是认为平界面破坏时，在晶界两侧先形成条状凸起，然后向周围地区扩展；另一种是认为平界面破坏时，在界面上同时

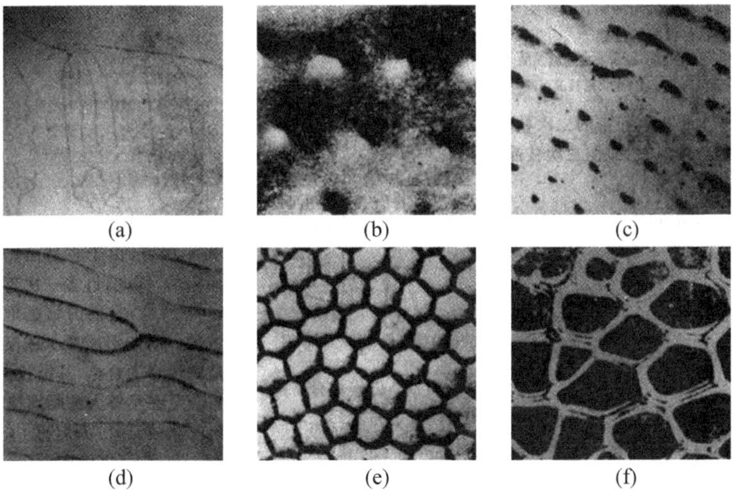

图 4.25　“成分过冷”逐渐增加时胞晶的形成和发展过程

出现凸起和凹坑，当“成分过冷”增加时，它们将按图 4.26 所示的情况发展。虽然晶界处的沟槽是溶质富集区，晶界两侧由于“成分过冷”度较大易于形成凸起，从而在晶界处成为平界面开始破裂的起点，但它却不能解释在平界面上形成“痘点”的原因。对于以小晶面界面长大的材料来说，它的胞状晶形成过程与上面所讲到的情况完全一样，只是其胞晶的固－液界面显示出明显的棱角；而非小晶面界面长大的材料（如一般的金属），其固－液界面是圆滑的抛物面形，显示不出特定晶面来。

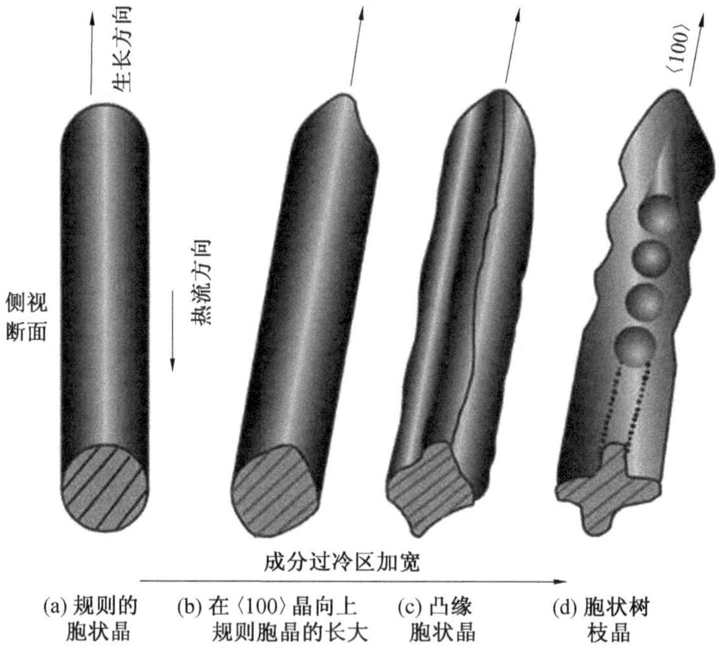

图 4.26　随生长速率的增加胞状晶转变为胞状树枝晶的过程

胞状晶组织只有在合金单向凝固的条件下才能看到，且其生长的轴向通常是与热流平行且与晶体学取向无关。在等轴凝固的条件下，看不到胞晶组织，而只能看到树枝晶组织。

2. 胞状树枝晶

随着生长速率的增加，如图 4.26 所示，胞晶生长方向开始转向优先的结晶生长方向（立方晶体的金属为〈100〉），胞晶的横断面也将受晶体学因素的影响而出现凸缘结构。当凝固速度进一步增加时，在凸缘上又会出现锯齿结构，此即二次枝晶臂。胞状树枝晶的主干称为一次臂，由于它是由胞晶发展而来的，因此，许多一次臂是来自一个晶粒，它们的结晶取向是一致的。对于溶质量少或凝固温度范围很窄的合金，其胞状树枝晶形貌为在主干上长出短而密的二次枝晶臂，而大多数合金在足够大的凝固速度时，却具有高度的分枝形态，即在二次枝晶臂上还会长出三次枝晶臂。人们通常将这种一次臂与热流方向平行的高度分枝的晶体称为柱状树枝晶。在本质上这种结构和胞状树枝晶是一样的，它们的一次枝晶臂间距物理模型也是一样的。

胞状树枝晶的长大方向是密排晶面形成的锥体的主轴方向（图 4.27）。晶体生长时这些方向的生长线速度最大，这是由于液相原子易于向固相原子排列密度较小的晶面上堆放，所以在垂直于这些晶面的方向上长大速度较大。原子排列密度较小的晶面（如立方晶系的(100)晶面)，其原子配位数较少，易于出现粗糙界面，其长大按粗糙界面的连续长大方式进行，因此长大速度很快。(100)晶面在其垂直方向上的推进，势必为密排晶面(111)的侧向扩展提供了原子附着台阶，导致晶体表面被(111)晶面所覆盖。不同的晶系，其晶体学长大方向是不一样的，立方晶系的长大方向为〈100〉，六方晶系的长大方向为〈10$\bar{1}$0〉。

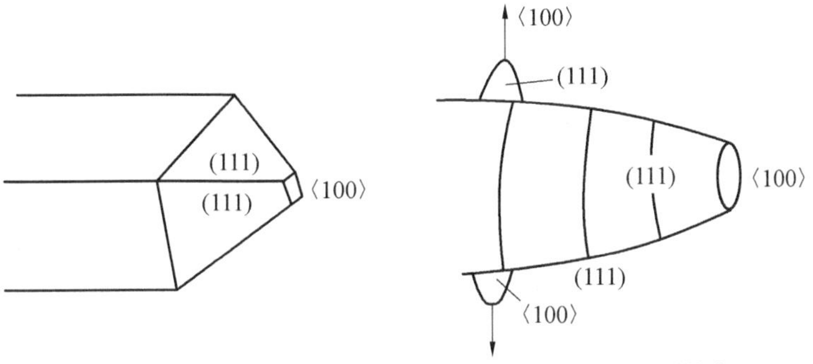

图 4.27　胞状树枝晶的长大方向

胞状树枝晶的发展将成为高度分枝的柱状树枝晶，它们的分枝都按其晶体学最优长大方向进行长大。图 4.28 所示为立方晶系和六方晶系柱状树枝晶的三维空间长大方向和横断面（垂直于一次臂的面）。由于按晶体结构的特定晶向长大，所以上述柱状树枝晶容易成为依赖于晶体结构特征的某种形态。如：立方晶体结构长大方向为〈100〉，易呈十字交叉结构（图 4.28(a)）；而密排六方晶系，由于其长大方向〈10$\bar{1}$0〉、〈1$\bar{1}$00〉、〈0$\bar{1}$10〉互成 120°，呈板状结构(4.28(b))。因此，同样是柱状树枝晶，由于晶体结构不同，其组织形态也不同。

3. 自由树枝晶

自由树枝晶又称等轴枝晶，它是在没有热流的熔体内部形成的。在单向凝固时，如果在固－液界面前沿的液体中出现大范围的“成分过冷”，成分过冷度超过形核所需过冷度时，也会出现等轴枝晶（图 4.29）。

在液体内部形成晶体时，在稳定状态下，平衡的结晶形态并不是球形，而是近于球形的多面体，晶体的界面总是由界面能较小的晶面所组成，那些宽而平的面是界面能较小的晶面，而棱与角的狭面为界面能大的晶面。各向异性较强的非金属晶体，其平衡态的晶体形貌具有清晰的多面体结构；而各向异性较弱的金属晶体，其平衡态更接近于球形。但在非平衡状态下，多面体的棱角前沿液相中的溶质浓度梯度较大，其扩散速度较大；而大平面前沿液相中溶质浓度梯度较小，其扩散速度也小，因此棱角处晶体的长大速度大，平面处长大速度较小，多面体便逐渐长成如图 4.30 所示的星形，最终从星形再生出分枝面而长成树枝状。

对于以小晶面侧向扩展方式长大的非金属晶体，是不容易长成树枝晶的，这是由于棱角处的向前推进，势必为其近邻的密排晶面侧向扩展提供原子附着台阶，而晶体始终由界面能小的原子密排晶面所包裹，由此可降低自由能。在凝固速度很快时，非金属可以形成

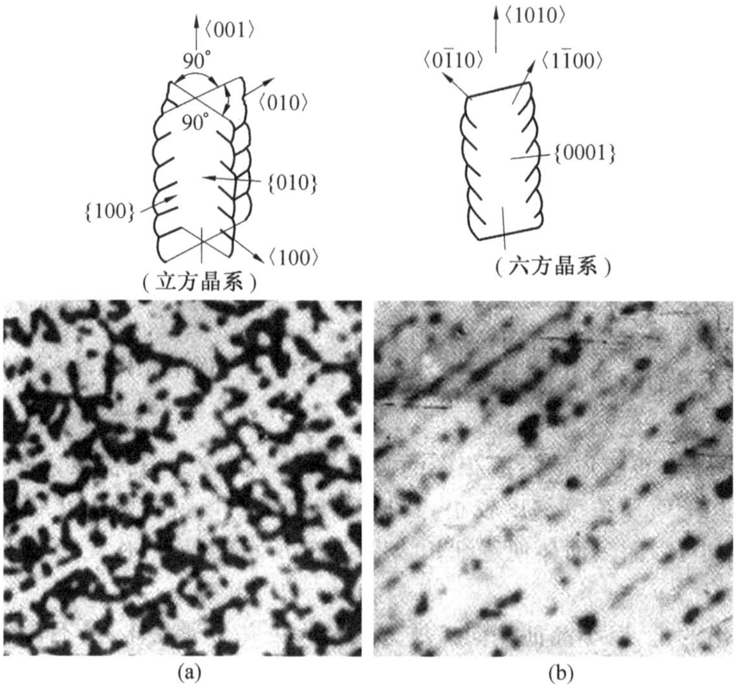

图 4.28　不同晶系柱状树枝晶三维空间长大方向及其横断面组织形貌

图 4.29　铸件中的三晶区

有棱角的树枝晶，其界面始终是界面能最小的平面(图 4.31)。

在等轴晶长大的过程中，由于其热流在各个方向上是一样的，因此晶体的长大可以按所有晶体学最优长大方向进行，对立方体来说即在六个〈001〉晶向长大，在长大过程中，在这些主干(即一次枝晶)上，又可长出〈001〉晶向的二次臂，如果一次臂的间距足够大，在二次臂上还会长出三次臂，当这些分枝的尖端进入相邻树枝晶的扩散场时，分枝将停止长大而开始枝晶臂的粗化过程。粗化过程包括二次臂间距的变大及三次臂的熔解，而一次臂则不发生改变。对等轴来说，一次臂间距通常就是晶粒的直径。

由此可见，不论柱状树枝晶还是等轴树枝晶，它们的晶体学最优长大方向是一样的

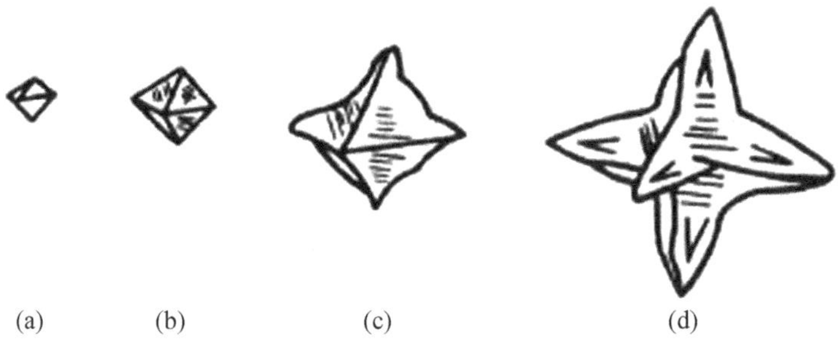

图 4.30　由八面体晶体发展为树枝状晶干的成长过程

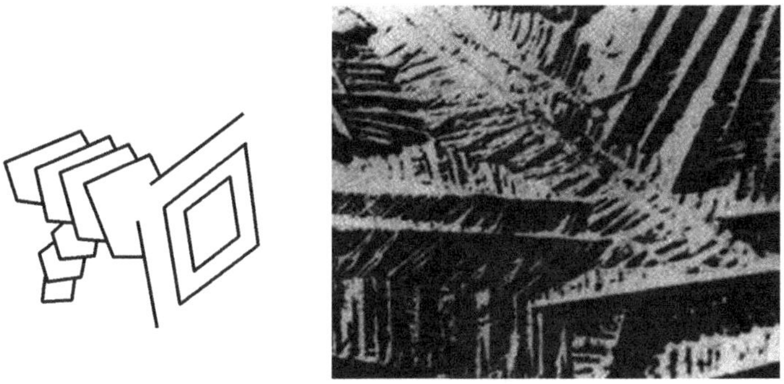

(a) 非金属或类金属的树枝晶示意图　　(b) 锑的树枝晶金相图

图 4.31　各类型树枝晶示意图

(如立方晶体的最优长大方向都是〈001〉),但是,它们在组织形貌上差别很大,这主要是受溶质扩散场及温度场的影响。另外,等轴树枝晶多为棒状结构(图 4.32),这是由于它处于过冷液体包围之中,其结晶潜热传出较为困难,因此,枝晶长大时放出的潜热提高了枝晶臂连接处(这里溶质浓度高,熔点也低)的温度,促使局部晶体熔化,使枝晶臂之间不再连贯而被低熔点物质隔绝。冷速非常大时,扩散过程受到限制,此时不再形成枝晶结构,而是形成球状晶。

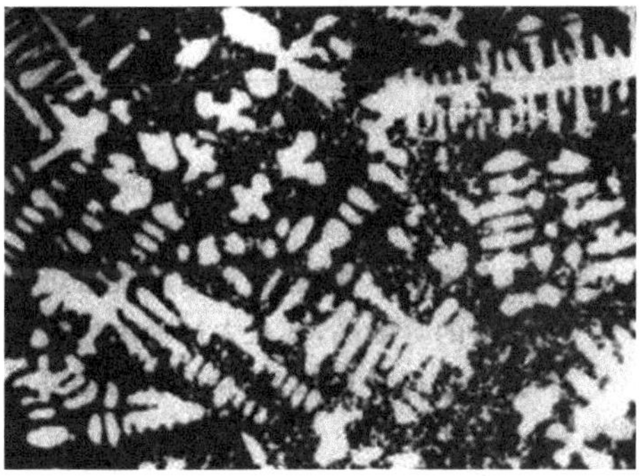

图 4.32　等轴晶的棒状二次臂

4.4.2　枝晶臂间距

枝晶臂间距是指相邻同次枝晶间的垂直距离,它是树枝晶组织细化程度的表征。枝晶间距越小,组织就越细密,合金的力学性能越高。此外,组织越细,分布于其间的元素偏析范围就越小,故越容易通过热处理而实现成分均匀化。另外,组织越细密,显微缩松和非金属夹杂物也更加细小分散,与成分偏析相关的各类缺陷(如热裂)也会减少,因而就越有利于材料性能的提高。

实验上,枝晶臂间距可采用金相法测得。通常考察的有一次枝晶(柱状晶主干)臂间距 λ_1 和二次枝晶臂间距 λ_2。其中,λ_1 是胞状晶和柱状树枝晶的重要参数,λ_2 对柱状树枝晶和等轴树枝晶均有重要意义。等轴晶无一次间距可言,相应于一次枝晶臂间距的参数为晶核间的距离或晶粒尺寸。图 4.33 给出了柱状晶的一次、二次枝晶臂间距的情况。

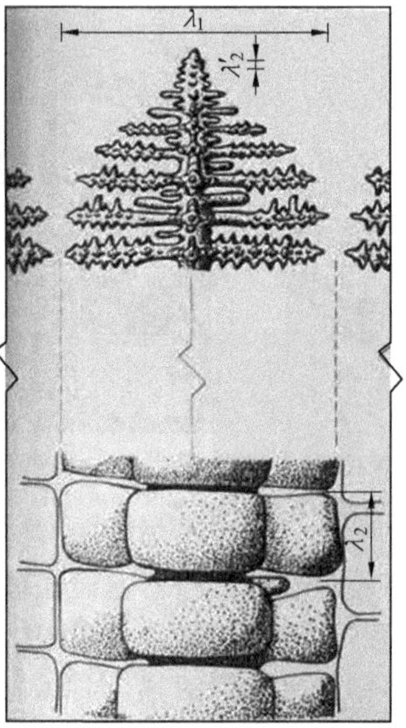

图 4.33 柱状树枝晶 λ_1 与根部及端部的 λ_2

纯金属的枝晶臂间距取决于晶面处结晶潜热的散失条件,而单相合金的枝晶臂间距则还受控于溶质在枝晶间的扩散和偏聚行为。近年来,研究人员采取不同的物理模型和数学方法来预测枝晶间距,并探讨其影响因素和规律。

1. 一次枝晶臂间距

(1) 一次枝晶臂间距 λ_1 与枝晶端部半径 r 的关系。

一次枝晶臂间距 λ_1 与枝晶端部半径 r 密切相关,其表达式为:

$$\lambda_1 = \left(\frac{3\Delta T' r}{G}\right)^{1/2} \tag{4.99}$$

式中,$\Delta T'$ 为枝晶端部温度 T^* 与枝晶间最后部分液体熔点 T'_S 之差。若存在共晶反应,则 T'_S 通常为共晶温度 T'_e。柱状树枝晶的生长通常由胞状晶发展而形成,一旦一次枝晶臂间距确立,在凝固过程中将不会发生改变,所以式(4.99) 被认为适合于胞状晶和柱状树枝晶。

(2) 生长速率 R 及温度梯度 G 对 λ_1 的影响。

实验研究表明,在较低的生长速率下,一次枝晶端部半径 r 近似为界面失稳的最小波长。枝晶端部半径 r 可表达为：

$$r=2\pi\left(\frac{D_{L}\Gamma}{\Delta T_{0}\ K_{0}R}\right)^{1/2} \tag{4.100}$$

在适度生长条件下，$\Delta T'\approx\Delta T_0$，将式(4.100)代入式(4.99)中，可得到 λ_1，其关系式为：

$$\lambda_1=4.3\left(\frac{\Delta T_{0}D_{L}\Gamma}{K_{0}}\right)^{1/4}\cdot R^{-1/4}\Delta G^{-1/2} \tag{4.101}$$

式(4.101)表明，生长速率 R 的变化对 λ_1 的影响要比温度梯度 G 变化的影响小。通常，树枝晶端部半径 r 在成分过冷临界速度 R_c 处很大，随生长速率 R 增大 r 降低。在树枝状生长速率范围内，一次间距 λ_1 近似地随 r 的减小按平方根关系减小。相对应的凝固界面形貌，从生长速率小于 R_c 时的平面，到胞状再到树枝状变化，其 λ_1 变得越来越小，直到 R 接近于绝对稳定临界速度 R_a 时，再次产生胞状组织。当 $R>R_a$ 时，胞状凝固组织消失且再次出现平界面。必须指出，在通常的铸造条件下，铸件柱状晶的生长速率运远低于绝对稳定临界速度 R_a。

尽管式(4.101)只是定性描述了 λ_1 的影响因素，但却明确表达了 R 及 G 对于 λ_1 的不同作用关系，并且指出，在定向生长中，冷却速度 $\dot{T}$ 可由 $\dot{T}=-GR$ 给出。必须指出，所有预测 λ_1 的模型均不能完全真实地描述凝固复杂的实际情况，这些模型所推导的公式对 λ_1 的定性分析和粗略估算十分有用，但不宜运用这些公式进行精确的计算预测。

(3) 一次枝晶臂间距的调整方式。

在 R、G 等工艺因素不变的情况下，一旦合金一次枝晶臂间距确立，凝固过程中 λ_1 将不会发生改变。然而，在凝固初始的非稳态阶段，λ_1 会发生改变；此外，即使进入稳态阶段，若当合金凝固的工艺因素 R、G 发生改变，λ_1 也将发生调整。例如，当 R 或 G 增大时，λ_1 将会变小(新树枝晶形成)。采取精确控制 R 以及不同的 G，对琥珀腈－丙酮合金(透明，可实时观察和拍照)进行定向凝固，可直观地揭示减小一次枝晶臂间距 λ_1 的两种方式。如图 4.34 所示，在 G 较低的条件下，新树枝晶可由二次臂上长出的三次分枝发展而成(图 4.34(a))；而在 G 较高的条件下，新树枝晶由二次臂通过改变生长方向直接形成(图 4.34(c))；在 G 适中的情况下，两种方式兼而有之(图 4.34(b))。该研究结果揭示了热流强度对凝固过程二次枝晶生长方向的作用。在热流强度较弱(G 小则热流导出慢)的条件下，晶体生长的各向异性占有主导地位，此时二次臂与主干方向大致垂直，即按照与主干相同的〈001〉晶向生长(立方晶体理想生长方向)，三次分枝同样以〈001〉晶向生长且与主干方向一致。随着 G 的增大，热流的作用显现出来，二次臂倾斜于主干，偏离理想的〈001〉取向，且此时难以形成三次分枝。正因为如此，在 G 不同时，λ_1 调整过程中新树枝晶按不同的方式而产生。

当 G 或 R 变小时，λ_1 将会逐渐变大，某些树枝晶将在这一过程中被淘汰，生长方向偏离宏观生长方向(热流逆方向)的那些枝晶容易被其他枝晶所超越。如图 4.35 所示，A 枝晶的[001]方向与热流方向平行相反，而 B 枝晶却不与之平行，其中一个树枝晶在图示生长阶段已被淘汰(λ_1 变大)。即使生长方向与热流平行的枝晶，以及本来生长相对滞后的一些枝晶，也会因被相邻的超前发达枝晶二次臂的发展所抑制而被淘汰(图 4.36)。晶体生长过程中这种互相竞争淘汰的机制被称为择优生长。在柱状晶由型壁向铸件内部发展过程中,也存在树枝晶被淘汰(λ_1 变大)的情形。

(a) G=1.06 K/mm (b) G=1.81 K/mm (c) G=3.25 K/mm

图 4.34 不同 G 时琥珀腈－丙酮合金新树枝晶的产生(枝晶主干以〈001〉晶向与热流平行)

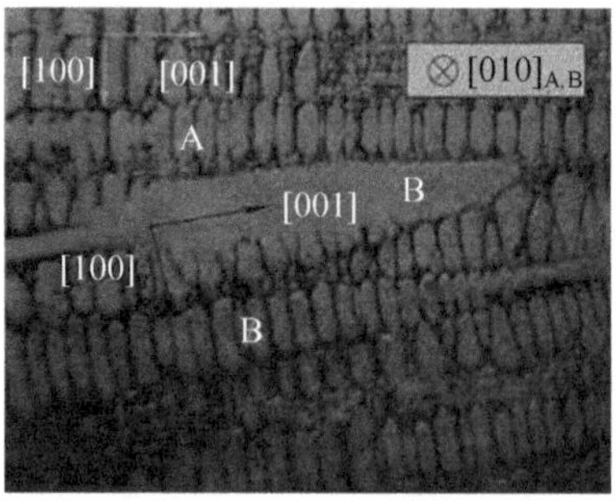

图 4.35 镍基超合金 CMSX4 枝晶的择优生长

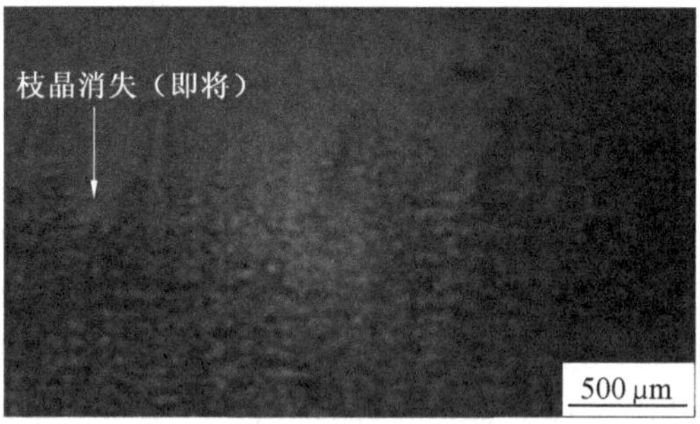

图 4.36 琥珀腈－水杨酸苯酯合金定向凝固过程中 λ_1 的调整

2. 二次枝晶臂间距

胞状晶及柱状树枝晶在生长过程中,二次枝晶在生长中要经历熟化过程,其间距 λ_2 随凝固时间而发生改变。如图 4.33 所示,靠近柱状树枝晶端部刚刚形成的二次枝晶臂间距很小,而根部的二次枝晶经历了熟化过程其间距 λ_2' 已变得很大。下面介绍枝晶熟化过程如何使 λ_2 发生改变。

图 4.33 中,在离端部很近的一些二次枝晶臂初始生成时,枝晶主干侧面表现为抛物线形的正弦函数扰动,类似失稳的平整固－液界面,这些扰动导致形成胞状。在持续的凝固过程中,这些二次枝晶臂有的被相邻的晶臂淘汰,而剩余的二次枝晶臂最终形成垂直于枝晶晶干方向的二次枝晶臂(对于立方晶体)。当它们的长度小于 $\lambda_1/2$ 时,这些二次枝晶臂及它们的更高次分枝发生生长,且继续相互淘汰。一旦它们尖端的扩散场与相邻的树枝晶分枝的扩散场接触,它们就停止生长。其熟化过程使得高度分枝的晶臂随时间变得更粗,晶臂数变得更少,二次枝晶臂间距 λ_2 也更大。

在熟化过程中，枝晶臂间距 λ_2 与所处位置的局部凝固时间 t_f（定义为枝晶臂与液相接触的时间）的立方根成正比，其表达式为：

$$\lambda_2 = 5.5\left(t_f \cdot \frac{\Gamma \cdot D_L \cdot \ln(w_L^m / w_0)}{m_L \cdot (1-K_0) \cdot (w_0 - w_L^m)}\right)^{1/3} = 5.5\,(t_f \cdot M)^{1/3} \tag{4.102}$$

式中，M 为常数。对具有共晶反应的系统，通常将 w_L^m 视为与共晶成分 w_e 相等。图 4.37 所示为 Al－4.5%Cu 合金在很宽范围凝固条件下的实验结果，其实验点的拟合曲线表明：二次枝晶臂间距 λ_2 近似随 t_f 的立方根成正比。

局部凝固时间与其冷却速度存在的关系为 $t_f = \Delta T' / |\dot{T}|$，即 $t_f = \Delta T' / |G \cdot R|$，$\Delta T'$ 为端部温度与共晶温度之差，在无共晶反应时 $\Delta T' \approx \Delta T_0$。由式(4.102)可得：

$$\lambda_2 = A\left(\frac{\Delta T'}{|\dot{T}|}\right)^{1/3} = A\left(\frac{\Delta T'}{G \cdot R}\right)^{1/3} \tag{4.103}$$

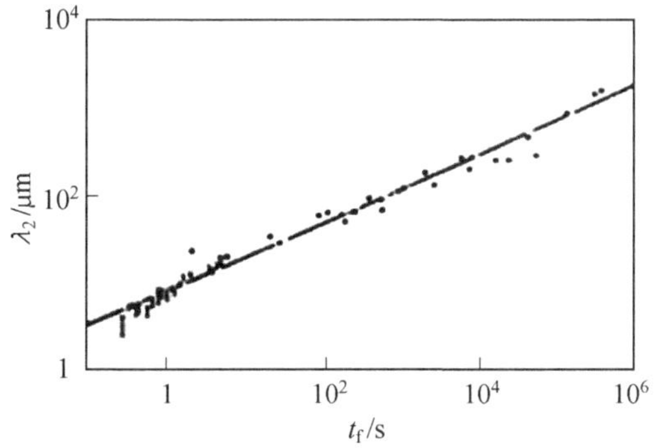

图 4.37　二次枝晶臂间距与局部凝固时间 t_f 的关系

可见，冷却速度 $|\dot{T}|$ 越大（G 及 R 越大），二次枝晶臂间距 λ_2 越小。对铸件而言，由于表面处 $|\dot{T}|$ 大，故表面激冷晶二次臂细密。铸件由外向内不同部位的开始凝固时间逐步推后，且 R 减慢（$|\dot{T}|$ 降低，t_f 变长），铸件由外向内二次臂 λ_2 逐渐增大。另一方面，t_f 也会随铸件大小或铸型性质而不同，从而影响 λ_2。

图 4.38 总结了在温度梯度 G 变化或者生长速率 R 变化时，某特定合金所得到的各种不同凝固组织尺寸和形貌的变化趋势。假定在单向热流条件下，则乘积 GR 就等于冷却速度 $|\dot{T}|$，正是 $|\dot{T}|$ 控制着所形成的微观组织尺寸。从图 4.38 左下端向右上端移动（不同 $\dot{T}$ 值），即冷却速度 $\dot{T}$ 增大，相应组织细化越来越高，胞状晶、柱状树枝晶及等轴树枝晶均遵从这一规律。另一方面，G/R 的比值在很大程度上决定了晶体的生长形态，从图 4.38 的右下方向左上方改变（G/R 逐步变小）时，晶体形态从平面晶到胞状晶再到树枝晶发生变化。图 4.38 中曲线表达的是从柱状晶向等轴晶发生转变的位置。

图 4.38 中还显示了两种凝固工艺，即传统铸造以及定向凝固（D. S.）的典型条件。产生单晶汽轮机叶片的条件为标着 D. S. 竖直线的上端。在平界面生长情况下可生产均质单晶，例如半导体器件（如单晶硅），所需要的工艺就在同一竖条的下端。在传统铸造条件下，随着凝固时间的延长，固－液界面处的生长条件近似地按照从右向左且轻微下倾

的方向箭头经过的不同位置所表示的方式变化。

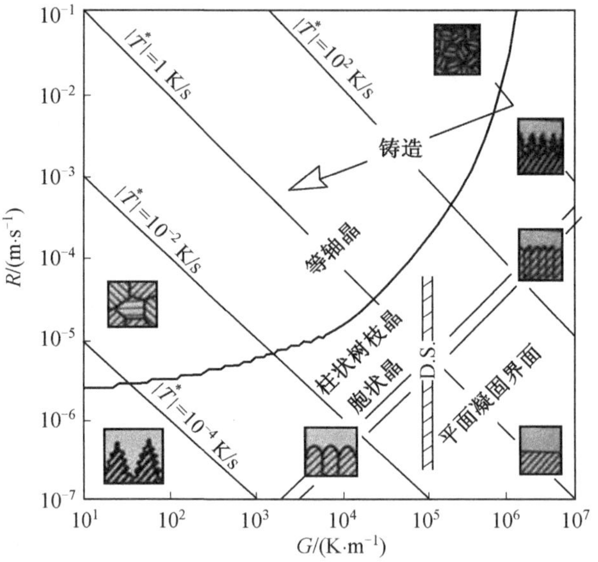

图 4.38　单向合金凝固形貌及其工艺条件($\Delta T_0 = 38$ K)

第 5 章　多相合金的凝固

大部分合金在凝固过程中存在着两个或两个以上的相，其凝固过程称为多相合金的凝固。除了初生单相固溶体的结晶以外，多相合金还可能会出现其他结晶反应，如共晶、包晶及偏晶反应等。本章以讨论共晶合金凝固为主，适当介绍偏晶及包晶合金凝固。

5.1　共晶合金的凝固

5.1.1　共晶组织的分类及特点

共晶系合金在生产与应用中占有很大的比重。共晶体由两相或多相组成，可看作是由凝固自然形成的“复合材料”。而且，共晶凝固组织往往比单相凝固组织要细小得多，所以具有更为优异的力学性能。

共晶组织的形态是多种多样的，这与合金的化学成分、组成相的晶体学特性以及共晶生长条件等因素有关。根据组成相的 Jackson 因子可将二元共晶组织分为以下三类。

1. 第一类共晶

第一类共晶是由粗糙－粗糙界面（非小平面－非小平面）两相组成的，通常的金属－金属及一些金属－金属间化合物共晶系统（如 Al－Al_2Cu 及 Al－Al_3Ni）属于此类。典型的显微形态为规则层片状（图 5.1(a) 和(b)），或其中有一相为平行排列的棒状或纤维状（图 5.1(c)）。因此，此类共晶组织又称为规则共晶，非共晶成分的合金在共晶反应前，其初生相呈树枝状长大，共晶反应后的组织由初晶相及共晶体所组成，图 5.1(d) 所示的黑色组织为初晶 α_{Cu} 相。

2. 第二类共晶

由粗糙－光滑界面（非小平面－小平面）两相组成的共晶为第二类共晶，金属－非金属共晶及某些金属－金属间化合物共晶系统（图 5.1(e)）属于此类。由于小平面相各向异性强，易按自身特定的晶体学取向生长，且对凝固条件（如杂质元素或变质元素）十分敏感，容易发生弯曲和分枝，所得到的组织较为无规则，如图 5.1(e) 所示的黑色 Mg_2Sn 相呈非规则分布。在共晶两相生长时，这种小平面相常为领先相向前凸出，同时其周围被另一相所围绕。

3. 第三类共晶

由光滑－光滑界面（小平面－小平面）两相组成的共晶为第三类共晶，非金属－非金属（两共晶组成相都具有光滑界面）共晶系统属于此类。长大后得到的组织为两相的不规则混合物，如图 5.1(f) 所示。

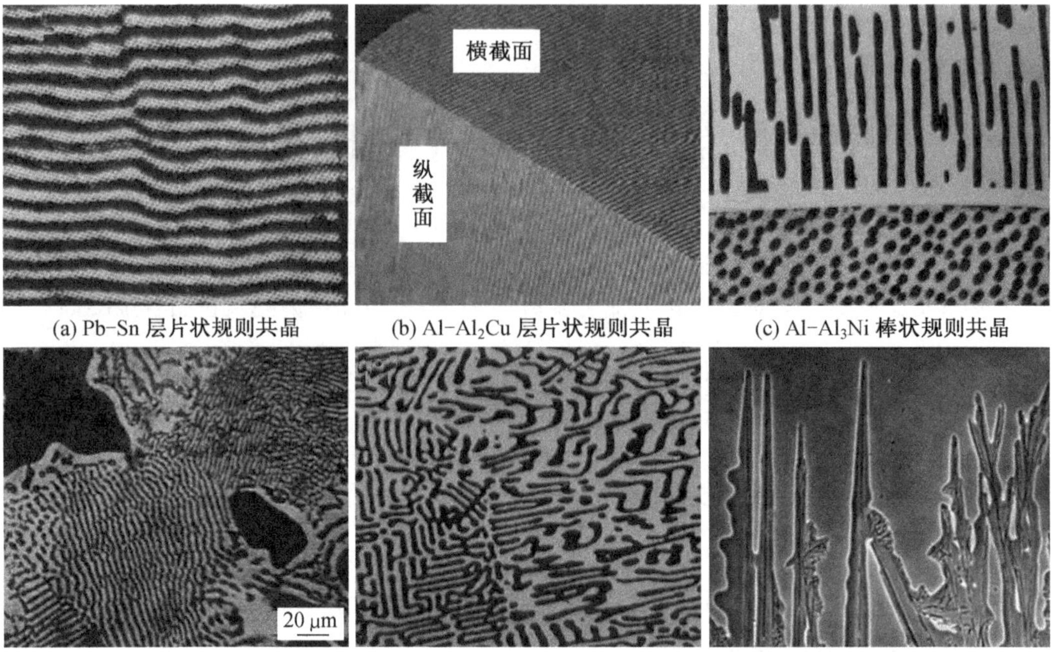

(a) Pb–Sn 层片状规则共晶　(b) Al–Al_2Cu 层片状规则共晶　(c) Al–Al_3Ni 棒状规则共晶

(d) 亚共晶 Cu–Ag 合金的初晶及共晶体　(e) Mg–Mg_2Sn 非规则共晶　(f) 琥珀腈－莰醇共晶

图 5.1　共晶合金分类示意图

5.1.2　规则共晶的凝固

1. 层片状共晶组织的形核过程

层片状共晶组织是最常见的一类非小平面－非小平面共生共晶组织，现以球状共晶团为例，讨论层片状共晶组织的形成过程。如图 5.2 所示，A、B 两组元形成共晶合金，设其共晶转变开始时，熔体首先通过独立形核而析出富 A 组元的领先相 α 固溶体小球。α 相的析出促使界面前沿 B 组元原子的不断富集，且为另一共晶相(β 相) 的析出提供了有效衬底，从而导致 β 相在 α 相球面上析出。在 β 相析出过程中，向前方的熔体中排出 A 组元原子，也向与小球相邻的侧面方向(球面方向) 排出 A 原子。由于两相性质相近，从而促使 α 相依附于 β 相的侧面长出分枝，α 相分枝生长又反过来促使 β 相沿着 α 相的球面与分枝的侧面迅速铺展，并进一步导致 α 相产生更多的分枝。如此交替进行，就形成了具有两

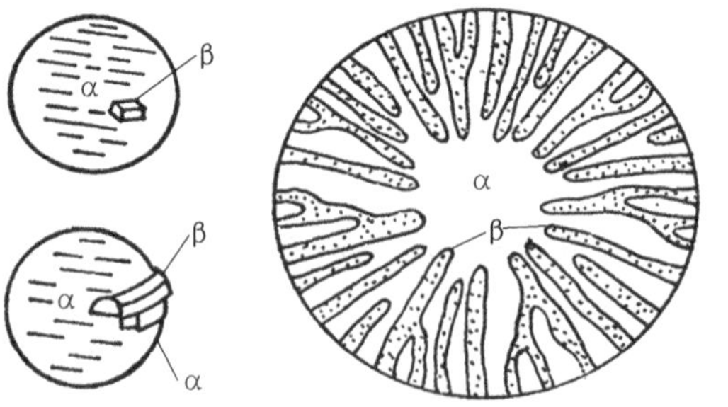

图 5.2　球形共晶的形核与长大

相沿着径向并排生长的球形共生界面双相核心，这就是共晶的形核过程。显然，在领先相表面一旦出现第二相，则也可通过图 5.3 所示的“搭桥”方式产生新的层片来构成所需的共生界面，而不需要每个层片重新形核。事实证明，这也是一般非小平面－非小平面共晶所共有的形核方式。

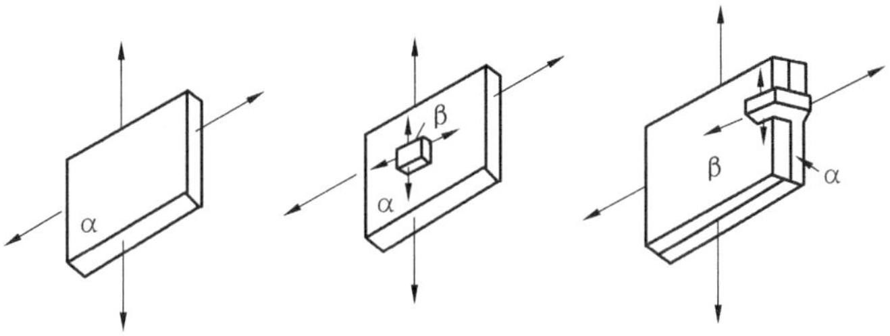

图 5.3　层片状共晶搭桥式形核方式

2. 层片状共晶组织的扩散耦合生长

非小平面－非小平面层片状规则共晶生长与热流方向及原子扩散密切相关。两相并排地向前生长，其长大方向垂直于共同的固－液界面，并借助于 A、B 组元横向的扩散耦合而协同生长。为了便于理解，假想共晶两相在相互隔离的两个容器中从共晶成分的熔体中生长出来，如图 5.4(a) 所示，α 相生长时界面熔体中 B 原子富集，而 β 相生长时界限熔体中 A 原子富集，从而在界面前方熔体中各自形成溶质浓度梯度。在生长方向上必然发生溶质传输的长程扩散，其富集程度及范围均很大的溶质边界层的厚度约为 $2D_L/R$。值得注意的是，当浓度以分数表示时 $w_B=1-w_A$，此长程扩散场将涉及大范围的溶质聚集和相应低的生长界面温度（远低于共晶温度 T_e）。

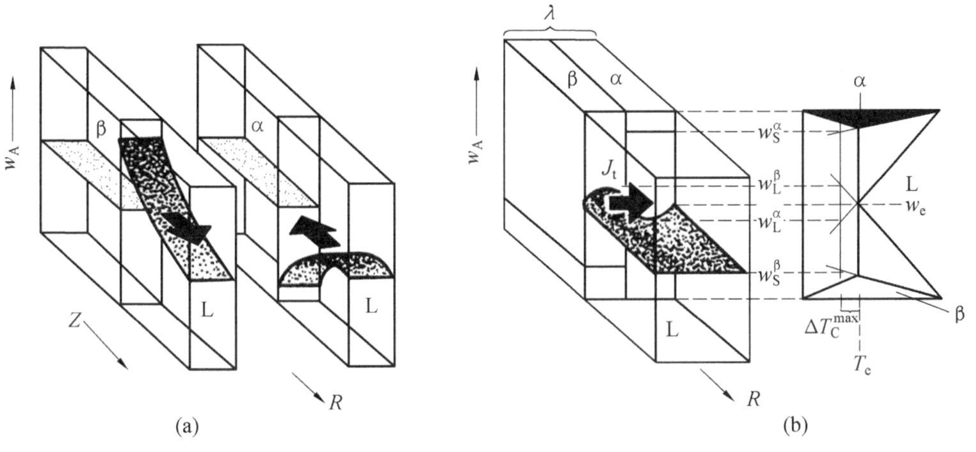

图 5.4　层片状共晶生长时固－液界面前沿成分分布及扩散场示意图

现在将两相并列放在一起，且两相固－液界面在同一平面上，如图 5.4(b) 所示，这与层片状规则共晶生长的实际情况相似。可见，该情况有利于两相的生长，因为由其中一相析出的溶质恰恰满足另一相的生长需求。因此，沿固－液界面的横向扩散（图 5.4(b) 中粗箭头所示方向的 J_t）将起支配性作用。根据图 5.4(b) 对应的相图，按照局部平衡的方式以与 α 相平衡的液相成分 w_L^α 及与 β 相平衡的液相成分 w_L^β 标注在固－液界面处。可见，固一液界面处的液相浓度仅按很小的振幅($\Delta w = w_L^{\alpha} - w_L^{\beta}$)而波动，界面处最大溶质富集程度$\Delta w/2$大大低于图5.4(a)中所示单相生长时的情况。对应于两相溶质差值Δw，界面过冷度最大值为ΔT_e^{max}(图5.4中未考虑界面处的曲率效应)。此外，横向扩散耦合的结果使界面前的溶质富集边界层厚度大大缩小，由图5.4(a)中的约$2D_L/R$(通常为数百微米以上)降到仅为片层间距的一半左右($\lambda/2$，通常仅为微米量级)。因为在界面处的最大浓度差(相对于w_e)远小于单相生长条件下溶质富集层的最大浓度差值，所以正在生长的界面温度接近于平衡共晶温度T_e。换言之，其界面的过冷度通常很小，这是规则共晶生长的另一重要特征。

当然，α及β相片层所共有的液固界面通常并非平面(图5.5)，由α、β与熔体三相交界处的界面张力平衡产生的曲率(毛细作用)使共晶生长条件稍许偏离相图中的平衡状态。图5.6中同时考虑了扩散与毛细作用对界面过冷度的影响。首先，图5.6(a)显示了界面处B原子的扩散路径(流线)，A原子按相反方向的路径扩散。接近界面处的扩散流量更高，随着离开界面距离z的增加，因横向扩散使界面前沿溶质浓度衰减非常快，扩散流量也迅速变小。当$z \approx \lambda/2$时(横向扩散的特征衰减距离)，液相浓度$w_L \to w_e$，即溶质富集波动的振幅$\Delta w \to 0$；当$z > \lambda/2$后，则不再有横向扩散。

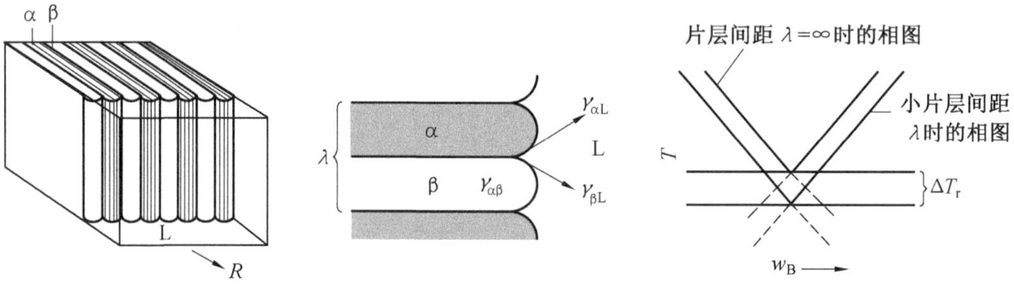

图5.5　共晶界面处的曲率效应

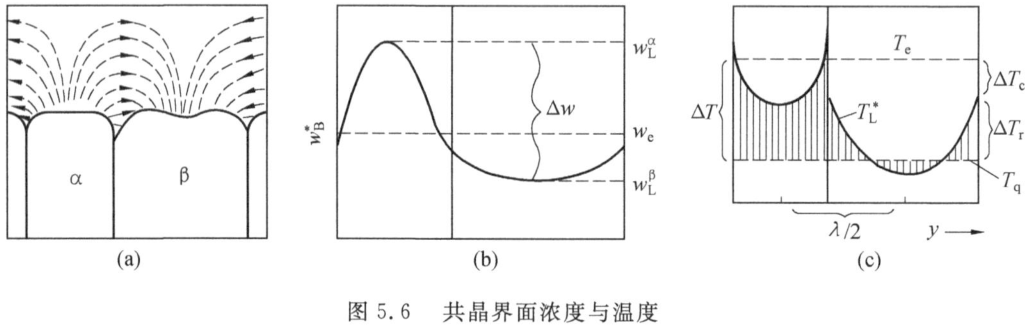

图5.6　共晶界面浓度与温度

3. 层片状共晶组织生长的界面过冷度

(1) 扩散场成分引起的过冷度ΔT。

由相图可知，浓度的变化(图5.6(b))导致了界面处熔体液相线温度T_L^*的变化。图5.6(c)中两条凹陷的曲线为α及β相前的T_L^*，它们分别依据相图上各自的液相线延长线确定。这里将T_L^*与共晶温度T_e之差表达为过冷度ΔT_C。图5.6(c)下方水平虚线表达的T_q^*为界面实际温度，最右侧的ΔT_C所示为该位置(α/β交界处)紧靠β相的熔体成分引起的过冷度，即T_L^*与T_e之差。由于各处成分不同，图 5.7 中对应位置的ΔT_C也不同。通过建立溶质流量平衡关系，可确定出共晶界面前的近似平均ΔT_C：

$$\Delta T_C = \frac{w_e \cdot (1 - K_0)}{2 D_L \cdot \left(\frac{-1}{m_\alpha} + \frac{1}{m_\beta}\right)} \cdot \lambda \cdot R = K_C \cdot \lambda \cdot R \tag{5.1}$$

式中，m_α及m_β分别为α及β相液相线斜率；过冷度ΔT_C为共晶界面处T_L^*的平均值与T_e之差，如图 5.7 所示，即成分引起的平均过冷度。此处有两点需要特别指出：第一，这里讨论的ΔT_C（共晶温度T_e与界面处液相线温度T_L^*之差）并非属于成分过冷（成分过冷为液相线温度T_L与实际温度之差）；第二，根据前面的分析，共晶界面前沿的成分富集程度及扩散边界层距离比之单相固溶体凝固的情况都要小得多，所以界面前T_L的变化及其作用距离不足以引起共晶生长界面产生胞状或柱状树枝晶组织。

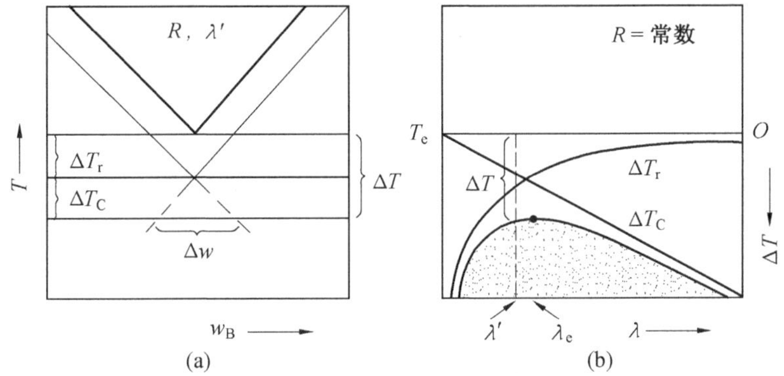

图 5.7　层片状规则共晶生长中的界面过冷度

（2）层片状共晶界面曲率效应。

下面考虑一定片层间距情况下的曲率效应对温度的影响。如图 5.6 所示，对应于共晶生长界面的液相线温度T_L^*，从α相的某些区域的高于T_e值，变化到α及β相中心区域的低于T_e值，甚至低于界面实际温度T_q^*的值。而由于热导率高及片层尺度小这两方面的原因，T_q^*为常值，即规则共晶液－固界面为等温面。因此，过冷度的差值（图 5.6(c) 中的阴影部分）必然由曲率过冷ΔT_r来补偿以维持界面处的局部平衡，即

$$\Delta T = \Delta T_C + \Delta T_r = T_e - T_q^* = 常量 \tag{5.2}$$

例如，在某相（图 5.6 中的β相）片层较宽的中心区域可能会出现一负的曲率（凹陷），此处曲率过冷ΔT_r为负值，以便对界面过冷度进行补偿（该处$\Delta T_C > \Delta T = T_e - T_q^*$）。

在图 5.5 所示的α－β界面与生长界面的交界处，界面张力$\gamma_{\alpha\beta}$必须与$\gamma_{\alpha L}$和$\gamma_{\beta L}$维持力学平衡，而与力学平衡相关的$\gamma_{\alpha L}$和$\gamma_{\beta L}$的高低及其方向（角度）决定了α及β片层的曲率。显然，生长界面不同位置的曲率有所差别（图 5.6(a)），但为了处理问题的方便，这里假设各处曲率处处相等，即计算中取平均曲率k。因为

$$\Delta T_r = \Gamma \cdot k \tag{5.3}$$

式中，Γ为形成新的单位表面或界面面积所需要的能量；曲率k与片层厚度（图 5.5）成反比。于是：

$$\Delta T_r = \frac{K_r}{\lambda} \tag{5.4}$$

式中，K_r 为一个常量。

由式(5.1) 和式(5.4) 确定 ΔT_C 及 ΔT_r 分别表示在图 5.7(a) 中。注意，图中各个过冷度为确定生长速率 R 及特定层片间距 λ' 条件下的情况，且都为平均值。

4. 确定共晶片层间距的最小过冷度准则

由式(5.1) 和式(5.4) 可得到层片状共晶生长界面处总的过冷度($\Delta T = T_e - T_q^*$)：

$$\Delta T = K_C \cdot \lambda \cdot R + \frac{K_r}{\lambda} \tag{5.5}$$

式中，第一项为 ΔT_C；第二项为 ΔT_r。式(5.5) 表明，片层间距 λ 减小时，前者变小，而 ΔT_r 提高。如图 5.7(b) 所示，ΔT_C 随 λ 的增大而线性增大(液相线温度 T_L^* 下降，$\Delta T_C = T_e - T_L^* = K_C \cdot \lambda \cdot R$)，而 ΔT_r 则按反比例函数随片层间距 λ 的增大而减小，两项之和 ΔT 对 λ 的关系为图 5.7(b) 中阴影区域的上缘曲线(图 5.7(a) 对应的是图 5.7(b) 中任意片层间距 λ' 的情况)。显然，当 ΔT 确定后，同时存在两个 λ 值(图 5.7(b) 中的曲线)，且它们可能相差很大。

如图 5.7(b) 所示，当 λ 较小时，共晶的生长受毛细作用的控制，此时曲率过冷 ΔT_r 的作用大于 ΔT_C；而当 λ 较大时，此时扩散成为关键因素，ΔT_C 作用占主导。在 $\Delta T - \lambda$ 关系曲线上存在一个极值点(λ_e)，在 $\lambda = \lambda_e$ 时共晶生长界面的温度最高，即此时界面过冷度 ΔT 为最小值。一般认为，对于规则共晶，共晶生长最可能发生在过冷度最小值处，此即共晶凝固理论中著名的最小过冷度准则，亦称极值准则。根据这一准则，极值点对应的共晶片层间距趋于确定值 λ_e。

对于特定合金在确定的凝固冷却条件下，规则共晶片层间距虽然具有一定的分散度，但分散度并不大，共晶片层间距 λ 基本接近，其平均间距略高于 λ_e。有研究表明：共晶片层间距处于一定范围，其下限为 λ_e，而其上限却高于 λ_e 约 20%。当然，极值准则所确定的 λ_e 除了由合金性质因素决定的 K_e、K_r 之外，还受到凝固条件的影响，如生长速率 R。因此，对于确定成分的合金，由于铸件尺寸或凝固先后的差别，生长速率也不同，壁厚不同或同一铸件不同部位观察到的片层间距则会有较大的差别。

图 5.7(b) 所示为共晶生长速率 R 为常数的情况下，若 R 增大，将会使图中 $\Delta T_C - \lambda$ 线性关系的斜率绝对值增大，而 R 对 $\Delta T_r - \lambda$ 曲线没有影响。因此，R 增大将使 $\Delta T - \lambda$ 曲线的极值点位置 λ_e 左移，从而获得更小的片层间距。对式(5.5) 求导并令 $d(\Delta T)/d\lambda = 0$，可求出片层间距 λ_e 与 R 的关系，即：

$$\lambda_e^2 \cdot R = \frac{K_r}{K_C} \quad 或 \quad \lambda_e = \sqrt{\frac{K_r}{K_C}} \cdot R^{-\frac{1}{2}} = K_A \cdot R^{-\frac{1}{2}} \tag{5.6}$$

式(5.6) 表明，λ_e 与 $R^{1/2}$ 成反比。从共晶凝固的物理过程不难理解式(5.6) 表达的 $\lambda_e - R$ 关系。同一相界面前沿横向的溶质浓度分布并非均匀，例如，α 相片层前沿的中心处 B 原子扩散的距离比在 α－β 交界处要远，所以在 α 片层中部 B 原子的扩散比 α－β 交界处要困难得多，容易引起此处 B 原子聚集而使浓度升高，而且片层间距越厚这种情况越严重。另一方面，生长速率 R 越快，B 原子扩散走的机会就越少，上述 B 原子聚集的情况就更加严重，这会影响 α 相在此处的生长速率，从而形成凹坑，并使得 B 原子扩散越发困难。当 B 原子浓度升高到足以使 β 相形核时，新的 β 相片层则在此处形成，从而使得片层间距得以调整，如图 5.8(a) 所示。因此，共晶生长速率 R 越快（共晶阶段冷却速度越大），相应的片层间距 λ 就会越小。图 5.8(b) 所示为 R 增大引起共晶片层间距减小的实例。

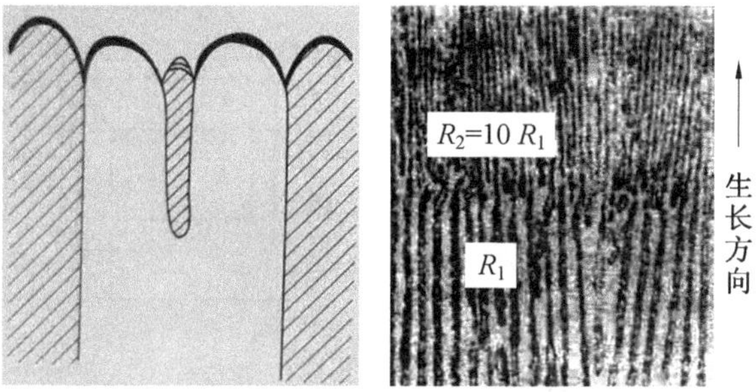

(a) 片层间距的调整示意图

(b) R 增大引起 Pb-Sn 合金片层间距减小的实际凝固组织照片

图 5.8　片层间距结构图

由式(5.5) 及式(5.6) 整理可得到极值点过冷度 ΔT_e 与共晶生长速率($\Delta T_e - R$) 的关系：

$$\frac{\Delta T_e}{R^{1/2}} = 2(K_r \cdot K_C)^{1/2} \quad 或 \quad \Delta T_e = K_R \cdot R^{\frac{1}{2}} \tag{5.7}$$

式(5.7) 表明：共晶生长速率 R 越快，共晶生长过冷度 ΔT_e 越大。

5. 棒状共晶生长

规则共晶除了层片状共晶外，还有一种类型是棒状共晶。该组织中一个组成相以棒状或纤维状形态沿着生长方向规则地分布在另一连续基体相中。究竟出现棒状还是层片结构，取决于共晶中 α 相与 β 相的体积分数和第三组元的影响。设 α 相与 β 相两固相间界面张力各方向相同，当某相的体积分数远小于另一相时，则该相以棒状方式生长。当两相的体积分数相近时，则倾向于层片状生长。一般情况下，如果一相的体积分数小于 $1/\pi$ 时，该相以棒状结构出现；如体积分数在 $1/\pi \sim 1/2$ 之间时，两相则均以片状结构出现。

如图 5.9 所示，设 α、β 两相的共晶体为 $1\times1\times1$ 的立方体单元，若 α 相为棒状，所占体积为 $V_r = \pi r^2 \times 1 = \pi r^2$，其与 β 相接触的面积为 $S_r = 2\pi r \times 1 = 2\pi r$；若 α 相为片状，所占体积为 $V_b = 1\times1\times b = b$，其与 β 相接触的面积为 $S_b = 2\times1\times1 = 2$。考虑临界状态 $S_r = S_b$ 时 $r = 1/\pi$，这时 $V_r = 1/\pi$。当 $V_r > 1/\pi$ $(r > 1/\pi)$ 时有 $S_r = 2\pi r > 2 = S_b$，即：棒状 α 相与 β 相接触的面积大于片状 α 相与 β 相接触的面积。因此，考虑界面能对系统能量的贡献，当 α 相体积大于 $1/\pi$ 时，取片状 α 相的系统能量更低，这时层片状共晶结系统更稳定。

但晶体之间的界面张力不可能是各向同性的。层片状共晶中两相间的位向关系要比棒状共晶中两相间的位相关系强，在片状共晶中，相间界面更可能是低界面能的界面，而棒状共晶两相间的界面不可能都是低能界面。因此，即使共晶体中某相的体积分数小于 $1/\pi$，往往也可能出现层片状共晶。

此外，如果第三组元在两相中的平衡分配系数相差较大，则可能出现第三组元仅引起一个组成相产生成分过冷。在这种情况下，如图 5.10 所示，产生成分过冷相的层片在生长过程中将会越过另一相层片的界面而伸入液相中，通过搭桥作用，落后的一相将被生长快的一相割成筛网状，并最终发展成棒状组织。

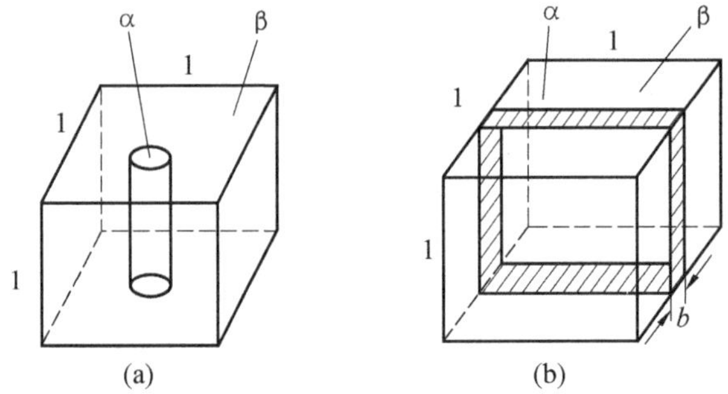

图 5.9　棒状与层片状结构界面积计算示意图

图 5.10　第三组元的影响

5.1.3　共晶与枝晶相的竞争生长

实际应用的共晶系合金，即使为非小平面－非小平面的合金类型，无论是共晶成分还是非共晶成分，还可能出现各种各样与上述规则共晶完全不同的共晶生长方式及相应的组织形态。

1. 共晶生长界面的失稳

在共晶成分的纯二元合金结晶时，由于溶质横向扩散的作用，固－液界面前沿的成分富集程度较低，且 A、B 两组元在界面前的富集层较薄（约为 $\lambda/2$），因此共晶生长界面前沿一般不形成成分过冷，而更容易得到类似单相结晶中宏观平坦的共生界面。但在一些条件下，二元共晶可发生单相或两相两种类型的界面形态失稳，如图 5.11 所示。

(1) 单相及两相两种类型的界面失稳。

如图 5.11(a) 所示的单相界面失稳通常发生在纯二元合金的非共晶成分，且在 G_L/R 较低条件下更容易出现，结果形成一种混合组织，即：单相树枝晶以及它们之间的两相层片状（或纤维状）共晶体。此处的单相树枝晶并非在共晶转变前形成的初生相。偏离共晶成分的合金液体过冷到共晶温度以下发生共晶凝固，此合金的液相线温度总是高于共晶温度，因此共晶组织中与初生相相同的共晶相会处于更高的过冷状态，导致该共晶相有

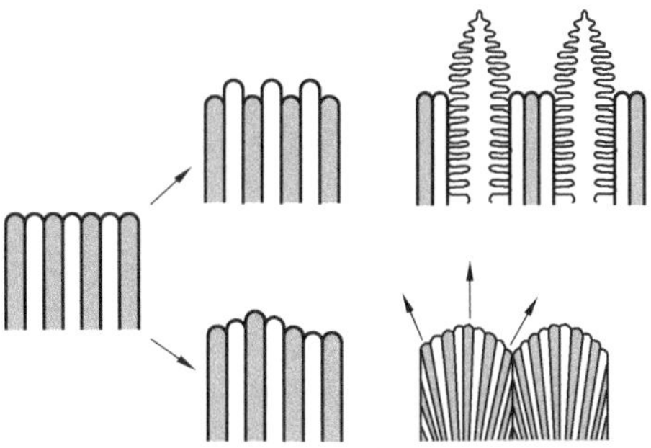

图 5.11　共晶生长界面失稳类型所导致的两种结果

更快的生长速率。且此相一旦在一些位置突破共晶生长界面伸到前方的液体中，则其固液界面前方易形成长距离的溶质富集边界层（远大于 $\lambda/2$），于是此单相固液界面前沿将会产生严重的成分过冷，这将导致该单相形成树枝晶。若其他位置仍保持正常的共晶生长，生长的结果即为图 5.11(a) 所示的组织形态。

当合金中存在对 α 及 β 两相均为 $k_0 \ll 1$ 的第三组元时（$k_0 \gg 1$ 情况类似），每个相在生长中都要排出这种第三组元的原子，并在共晶凝固界面前沿形成溶质富集层。此富集层无法通过界面前沿的横向扩散来消除，只能依靠向液体内部的纵向扩散来平衡。该富集层厚度很大，可能达到几百个层片数量级。在适当的工艺条件下（如 G_L 较小、R 较大时），界面前方液体将形成成分过冷，从而界面失稳导致界面形态发生改变，宏观平坦的共生界面将转变为类似于单相固溶体结晶时的胞状界面（图 5.11(b)）。在界面突出的胞状生长中，共晶两相仍以垂直于界面（图 5.11(b) 右侧箭头）的方式进行耦合生长，故两相的层片将会发生弯曲而形成扇形结构。图 5.12(a) 为不纯 Pb－Cd 共晶两相失稳发生胞状生长的实际组织照片，当第三组元浓度较大或在更大的凝固速度下，成分过冷进一步扩大，胞状共晶将发展为树枝状共晶组织，如图 5.12(b) 所示，甚至会导致共晶合金由外生生长转变为内生生长，从而形成等轴共晶组织，如图 5.12(c) 所示。

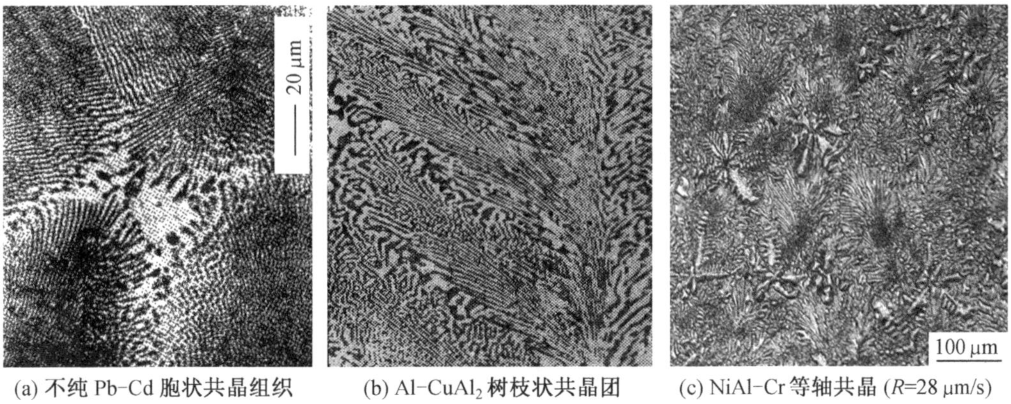

(a) 不纯 Pb-Cd 胞状共晶组织　(b) Al-$CuAl_2$ 树枝状共晶团　(c) NiAl-Cr 等轴共晶 (R=28 μm/s)

图 5.12　共晶组织生长示意图

(2) 工艺因素 G_L/R 和熔体对流对共晶界面失稳的影响。

合金成分、微量元素或杂质的性质及浓度等因素均会影响共晶凝固界面是否失稳及失稳程度。此外,凝固条件也会产生影响。图 5.13 描述了在相同杂质情况下工艺因素 G_L/R 对 NiAl－Mo 共晶界面失稳的影响。当 NiAl－Mo 共晶合金的定向凝固速度由 2.2 μm/s 突然增大到 28 μm/s 以上时,纤维状规则排列共晶间距由 3.0 μm 迅速减小到 1.0 μm,且共晶凝固界面很快失稳而发展为胞状共晶。

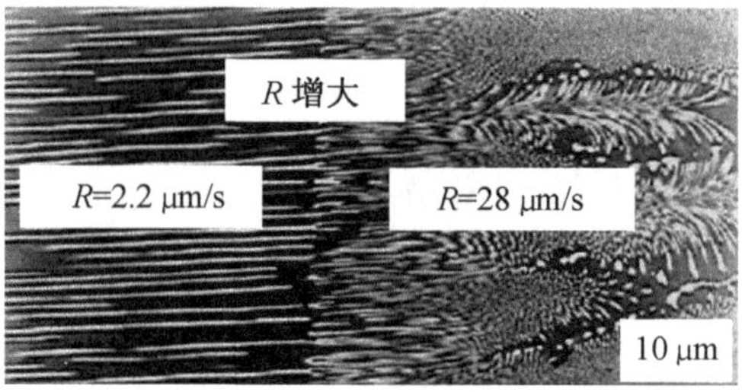

图 5.13 NiAl－Mo 共晶组织因凝固速度加快失稳转为状共晶
(白亮色组织为 α－Mo 相,黑色组织为 NiAl 相)

另一方面,熔体对流也会对共晶生长界面的稳定性产生显著影响。这主要是熔体对流可通过影响界面前沿形成的溶质长程边界层而发挥作用。而且,对流强弱及其影响往往与凝固速度、合金成分及其组元密度差异、温度分布等因素密切相关。通常认为,对流对偏离共晶成分的合金生长界面的单相失稳有促进作用,而对高纯度共晶成分的合金则无明显影响(溶质边界层厚度远小于对流引起的动量边界层)。

2. 偏离平衡相图的共晶共生区

根据平衡相图,共晶成分的合金凝固后为 100% 的共晶组织,而任何偏离共晶成分的合金凝固后都不能获得 100% 的共晶组织。然而,实际共晶凝固过程不可能完全遵循平衡相图获得相应的组织,在不同条件下通常出现以下三种情况:① 共晶成分的合金在冷速较快时不一定能得到 100% 的共晶组织,而可能得到亚共晶或过共晶组织;② 有些非共晶成分的合金反而得到 100% 的共晶组织;③ 有些非共晶成分的合金在一定的冷速下出现两相相对独立的"离异共晶"。

依据热力学分析认为,非共晶成分的合金液过冷到如图 5.14 所示的两条液相线的延长线所包括的范围内时,它们都可以形成完全的共晶组织。此时对 α 及 β 相都具有过冷度,它们可以同时结晶出来耦合生长成为共晶组织。这样的共晶组织为非共晶成分,称为伪共晶,两条液相线的延长线所包括的区域为伪共晶区。

然而,伪共晶区概念却不能解释共晶成分合金有时得不到 100% 共晶组织的现象。一定成分的合金液只有过冷到如图 5.14 所示的阴影区域,α 及 β 两相才可能发生共晶共生生长。可见,这一区域只是两条液相线的延长区内的一部分。所谓共生生长是指在共晶生长过程中,两相彼此交替相邻且具有共同的生长界面,通过界面前方液相中溶质的横向耦合扩散,互相不断地为相邻的另一相提供生长所需的组元,彼此协同向前生长。层片状及棒状(或纤维状)规则共晶的耦合生长方式即为典型的共生生长。对应于相图上发生共晶共生生长的区域称为共晶共生区。其中,图 5.14(a) 所示的情况为对称型共生区,发生在两个组元熔点相近、两条液相线基本对称、两相长大速度基本相同的非小平面－非小平面合金中;图 5.14(b) 所示的非对称型共生区,发生在两个组元熔点相差较大、两条液相线不相对称、共晶两相性质相差较大的非小平面－小平面合金中。在图 5.14(b) 所示的情况下，共晶成分的合金在一定过冷度下首先析出初生 α 相，当液相成分进入共生区后才可能发生共生生长，因此得不到 100% 的共晶组织。

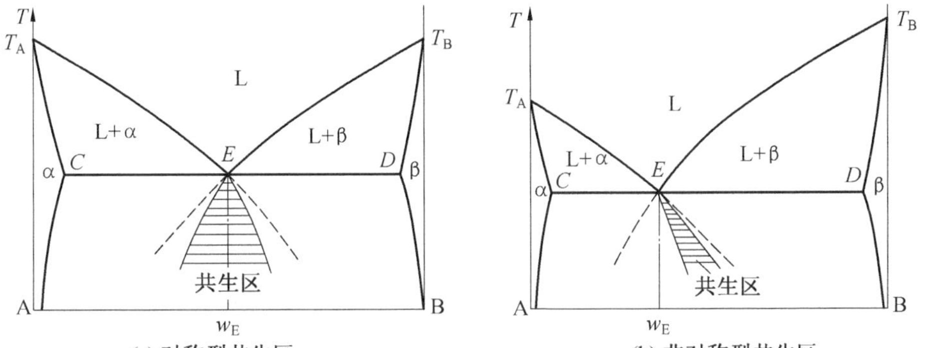

(a) 对称型共生区　　(b) 非对称型共生区

图 5.14　伪共晶区及共晶共生区

图 5.14 所示共生区的情形被认为一般发生在接近 $G_L=0$ 的情况下，而在 $G_L>0$ 的情况下，共生区则为如图 5.15 所示的情形。

通常，图 5.15(a) 所示为非小平面－非小平面合金系的对称型共生区，其形状如砧斧状。共生区上部的宽区域发生在低速生长和较高的正温度梯度条件下，而下部区域对应于大过冷的高速生长。在共生区中，低过冷度下为平面共生共晶。随着过冷度增大生长速率加快，加之杂质的作用而出现成分过冷，共晶凝固界面将变得不稳定，这首先导致胞状共晶的形成（图 5.11(b)），继而产生树枝状共晶，过冷度继续增大（R 亦变大）则出现等轴共晶组织。在图 5.15 中，当合金成分及界面过冷温度相交于共生区之外的两侧时，左侧最终组织为 α 相枝晶＋共晶组织，右侧最终组织为 β 相枝晶＋共晶组织。

共晶系某种成分的合金究竟按什么方式凝固以及最终组织形态如何，取决于共晶与单相枝晶的竞争。以图 5.15(a) 为例，原始成分为 w_0 的合金，若 R 处于第一个 R_{eut} 的速率区间，共晶生长速率 R_{eut} 大于任一单相的生长速率（R_α 及 R_β），此时只发生平面共生生长而得到完全的平面共生共晶。若 R 处于 R_β 为最高的速率区间时，由于 $R_\beta>R_{eut}$，则发生 β 单相枝晶与其间的共晶伴随生长（图 5.11(a) 所示方式），且 β 枝晶突出于共晶界面之前，最终组织为 β 相枝晶＋共晶。若 R 处于第二个大于 R_{eut} 速率区间，再次有 $R_\beta<R_{eut}$，组织为完全的等轴共生共晶，如图 5.12(c) 所示情况。

可见，对于规则共晶的对称型共生区（图 5.15(a)），共晶成分及其附近成分的合金在任何生长速率（或过冷度）下均能形成完全的共晶组织。然而，对于不规则共晶（具有小平面相）的合金系，大过冷度的快速生长时出现非对称型共生区（图 5.15(b)）。受组元扩散难易程度的影响，共生区往往偏向于生长困难的相，往往为高熔点组元一侧（例如 Al－Si 系统中的 Si）的一侧。其最重要的实际影响是：共晶成分的合金在大过冷度凝固时可能不为完全的共晶组织，甚至当成分 w_0 处于共晶点的 β 相一侧时，也可能形成 α 相树枝晶，这很容易从图 5.15(b) 中分析看出。图 5.15 中“α 树枝晶＋共晶”及“β 树枝晶＋共晶”的区域内，α 或 β 并非初生相，而是由于界面失稳单相枝晶与其间的共晶伴随生长，即图

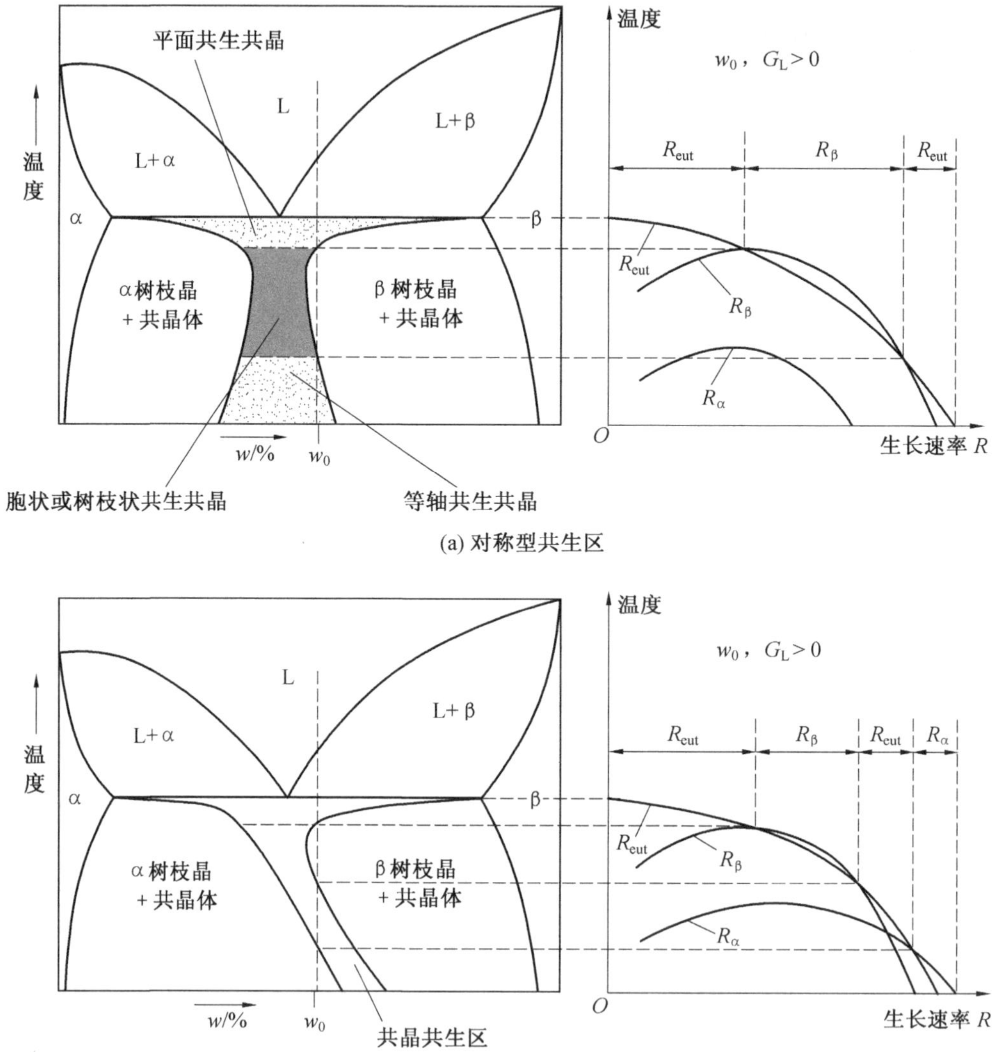

(a) 对称型共生区

(b) 非对称型共生区

图 5.15　$G_L>0$ 情况下的共晶共生区

5.11(a) 所描述的方式。

图 5.15(a) 所示共生区内随过冷度增大而共晶形态的变化是基于定向凝固条件下规律的总结。对于非定向凝固的普通铸件或铸锭，即使在过冷度(或生长速率) 不大的情况下，共晶生长方式也可能存在类似的变化规律。其特定条件下的共晶生长方式以及组织形态如何，本质上取决于共晶生长界面是否稳定，即是否出现成分过冷及过冷程度，这与第三组元的存在及其性质与浓度以及工艺条件(G_L/R) 密切相关。例如，只要存在对 α 及 β 两相均为 $k_0 \ll 1$ 的第三组元，在铸件厚大断面处，凝固后期往往 G_L 很小，即使生长速率 R 很小，也会因界面失稳而出现非平面共生生长，甚至有等轴共晶团的内生生长。

3. 离异生长及离异共晶

在共晶转变不能进入共生区的情况下，除枝晶相与其间共晶伴随生长的情况之外，还会出现另一种情况。共晶两相没有共同的生长界面，它们各自以不同的速度而独立地生长，即：两相的析出与生长在时间上和空间上都是彼此分离的，因而所形成的组织中没有共生共晶的特征。这种非共生生长的共晶结晶方式称为离异生长，所形成的组织称为离异共晶。离异共晶组织总体上有“晶间偏析型”及“晕圈型”两种情况，如图 5.16 所示。

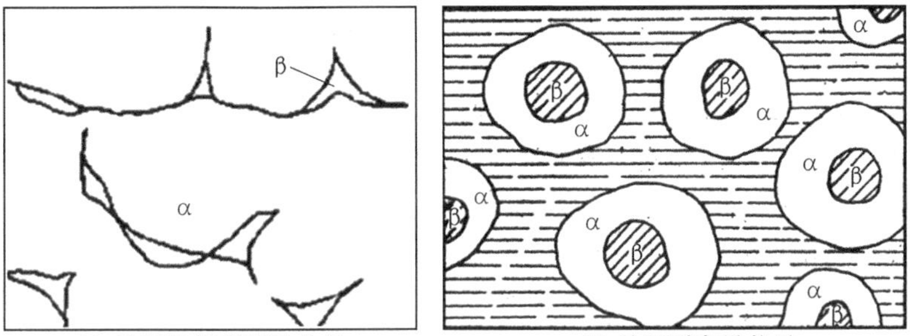

图 5.16　两种离异共晶

当一相大量析出，而另一相仍未开始结晶时，将形成晶间偏析型离异共晶组织（图 5.16(a)），它可由以下两种原因所造成。

(1) 合金成分的原因。

如果合金成分偏离共晶点很远，初晶相长得很大，共晶成分的残留液体很少，类似于薄膜分布于枝晶之间。当发生共晶转变时，一相依附初晶相的枝晶继续长出，而把另一相单独留在枝晶间。

(2) 另一相形核困难的原因。

合金偏离共晶成分，初晶相长得较大。如果另一相不能以初生相为衬底而形核，或因液体过冷倾向大而使该相析出受阻时，初生相就继续长大，而把另一相留在枝晶间。

在共晶结晶过程中，有时可以看到第二相环绕着领先相表面生长而形成一种镶边外围层的情况，此外围层称为“晕圈”（图 5.16(b)）。这种组织是由两相在形核能力和生长速率上差别较大造成的，故在两相性质差别较大的非小晶面－小晶面共晶合金中经常能见到这种晕圈组织。此时领先相往往是高熔点的非金属相，金属相则围绕着领先相而形成晕圈，两相与熔体之间就没有共同的生长界面，而只有形成晕圈的第二相与熔体相接触，所以原先的领先相只能依靠原子通过晕圈扩散进行长大，最后形成领先相呈球团状结构的离异共晶组织。球墨铸铁的共晶反应是最具代表性的晕圈型离异共晶方式。

小平面领先相的固－液界面是各向异性的，若第二相只能将其慢生长面包围住，而其快生长面仍能突破晕圈的包围并与熔体相接触，此时晕圈是不完整的，称为非封闭晕圈。实际上两相仍具有共同的生长界面而以共生方式进行耦合结晶。灰铸铁片状石墨与奥氏体共晶团的生长属于此类，如图 5.17 所示。

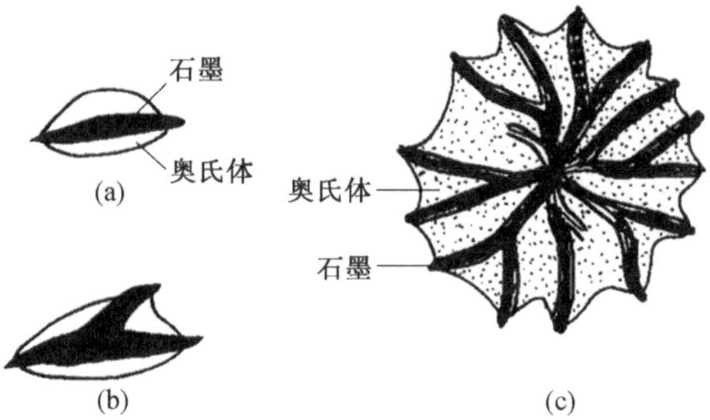

图 5.17　灰铸铁石墨奥氏体共晶团生长示意图

5.1.4　非小平面－小平面非规则共晶的结晶

由于小平面相强烈的各向异性，这类共晶随条件改变其形貌差异很大，比前述规则共晶要复杂得多。这类共晶结晶方式的主要特征概述如下。

(1) 共晶生长的液固界面不再为等温面，界面形态成为参差不齐的非平面(如：灰铸铁共晶团)。

(2) 共晶体中小平面相不规则分布，呈现出共晶间距的不均匀性，而且平均间距远大于规则共晶中极值准则所对应的间距 λ_e。

(3) 生长界面过冷度比规则共晶的大。

(4) 由于生长过冷度大，在生长界面前的液相中可能形成新的共晶晶核。

(5) 共晶生长方式及最终形态会随着生长动力学条件而发生显著改变，如：冷却条件、微量第三组元的存在等因素。微量元素对生长方式的显著影响，恰恰是这类共晶合金可通过变质处理借以改变其组织形态的基础。

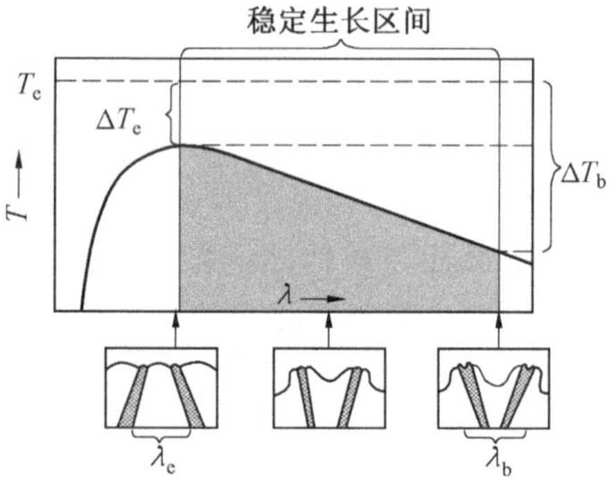

图 5.18　不规则共晶中小平面相间距的调整

图 5.18 表明：不规则共晶在稳定生长过程中，体积分数小的小平面相的两个相邻片层以偏离和汇聚的方式交替进行，从而造成共晶两相的生长界面以凸起(正曲率)和凹陷(负曲率)形态而动态变化，所形成的片层间距在极值间距 λ_e 与分枝间距之间波动。该类共晶中的小平面相以高度各向异性的方式生长，由于小平面相按侧向生长机制以特定晶体学取向生长，其中一些相邻片层在生长中将会相互偏离(λ 渐增)，如图 5.18 和图 5.19 所示。当两相邻片层“偏离”生长时，由于其间较大体积分数相(α 相)的界面中间部位溶质越来越多的聚集，从而出现凹陷。由图 5.18 所示的 $T-\lambda$ 曲线可知，界面过冷度 ΔT 随 λ 的增大而提高。当 ΔT 增大到一定程度，曲率不再能抵偿 ΔT 的变化时，界面将成为非等温面。最终，在 ΔT 对应的 ΔT_b 处，即正在偏离的小平面相的间距增大到分枝间距 λ_b 时，在小体积分数相的固－液界面处也出现凹陷(图 5.18)，单个片层将分叉为两个。当形成新的片层时，其中一个片层通常会

与另一相邻分叉片层之间以相互靠拢的“汇聚”方式向前推进，从而由偏离生长转为汇聚生长。

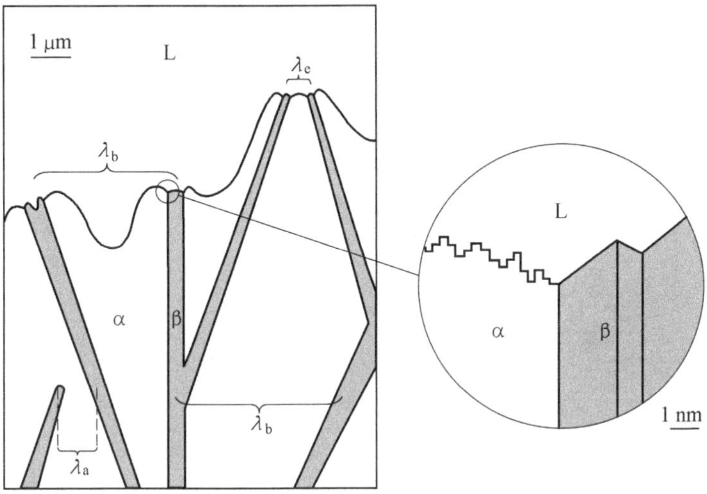

图 5.19 不规则共晶的生长机制

随着两相邻片层的汇聚生长（λ 渐小），溶质聚集程度逐渐降低，其间大体积相的界面凹陷的程度也渐次减小，直至曲率由负值转为正值且逐渐增大。在这一过程中，因不断减弱的溶质聚集，随着 λ 的减小而界面过冷度降低，当 λ 降至 λ_e 时，过冷度最终达到最小值 ΔT_e（温度的最大值）。由于小平面相不能轻易地改变其生长方向，假如两片层继续变小，将会使局部间距降低到比 λ_e 更小的数值。然而，在低于 λ_e 区域的 $T-\lambda$ 曲线斜率很大时，λ 的稍许降低即会引起温度大幅度降低，结果是任何小于极值 λ_e 的间距将会因其中一个片层生长的停止而增加。图 5.20 所示为三种非规则共晶类合金在定向凝固条件下小平面相的形貌，与上述生长机制均有较好的吻合。上述小平面相的相邻片层相互偏离及汇聚交替生长的次序，在整个共晶生长界面各处是不一致的。因此，生长界面总体上形成凹凸不同、高低不平的形态，界面温度在各处也不相同（非等温面）。

若定量考虑非小平面－小平面非规则共晶的平均片层间距 λ_e，设 $\phi=\lambda_a/\lambda_e$，则有：

$$\lambda_a=\frac{\lambda_e+\lambda_b}{2}=\phi\cdot\lambda_e \tag{5.8}$$

λ_a 与 R、G_{SL} 的关系为：

$$\lambda_a=K_C\cdot R^{-a}\Delta G_{SL}^{-b} \tag{5.9}$$

式中，a 及 b 分别为速度常数及梯度常数，且均为正值。因此，随着 R、ΔT_e 和 G_{SL} 增大，片层间距均会随之变小，系数为远大于 1 的数。例如，实验研究表明，对于 Al－Si 共晶系而言，通常 ϕ 在 2～3之间，即平均片层间距为 λ_e 的两倍以上。该实例也直观地表明，由于非小平面－小平面非规则共晶的偏离及汇聚交替生长机制，所形成的平均片层间距比规则共晶的（理论上 $\phi=1$）要大得多。

必须指出，由于不同的小平面相本身的生长机制存在差异，特别是对生长条件的变化高度敏感，这类共晶合金的组织形态变化往往比上述一般机制更为复杂。一种合金即使

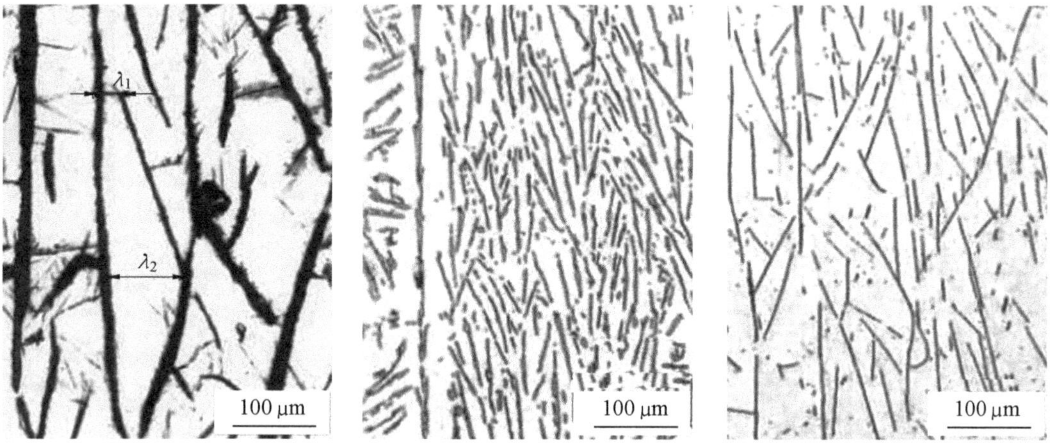

(a) 灰铸铁的共晶石墨 (R=0.138 μm/s)　(b) Al-Si 合金中的共晶 Si(R=0.278 μm/s)　(c) Al-Fe 合金中的共晶 Al_3Fe(R=0.278 μm/s)

图 5.20　定向凝固条件下共晶生长过程中小平面相的实际形貌

主要成分不变，微量元素及冷却等条件的改变也可导致形态各异的共晶组织。在工业中，通过向金属液中加入某些微量物质以影响晶体的生长机制，从而达到改变组织形态、提高性能的目的，这种处理工艺称为变质。

5.2　偏晶合金的凝固

图 5.21 所示为具有偏晶反应 $L_1 \rightarrow \alpha + L_2$ 的相图。具有偏晶成分的合金 m，冷却到偏晶反应温度 T_m 以下时，即发生上述偏晶反应。反应的结果是从 L_1 中分解出固相 α 及另一成分的液相 L_2。L_2 在 α 相四周形成并将 α 相包围起来。其反应过程取决于 L_2 与 α 相的润湿程度及 L_1 和 L_2 的密度差。如果 L_2 是阻碍 α 相长大的，则 α 相要在 L_1 中重新形核；然后 L_2 再包围它，如此进行，直至反应终了。如果 α 与 L_2 不润湿或 L_1 与 L_2 密度差别较大时，会发生分层现象。如 Cu－Pb 合金，偏晶反应产物 L_2 中 Pb 较多，以致 L_2 分布在下层，α 与 L_1 分布在上层，因此容易产生大的偏析。

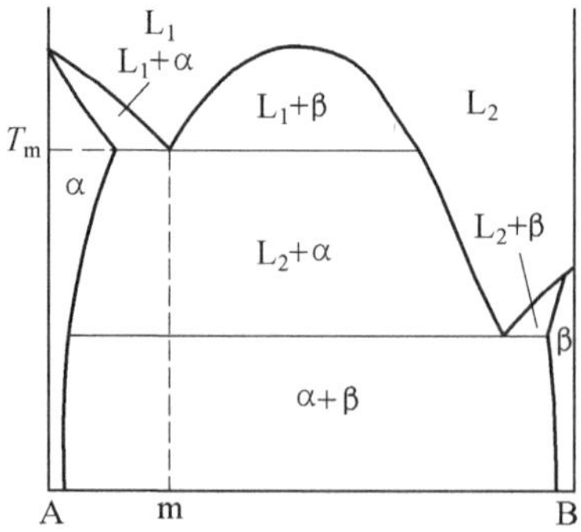

图 5.21　偏晶平衡相图

在偏晶相图中，反应产生的固相 α 的量往往都是大于反应产生液相 L_2 的量，这意味着偏晶中的固相要连成一个整体，而液相 L_2 则是不连续地分布在 α 相基体之中，这样，其最终组织实则和亚共晶没有什么区别。

偏晶反应与共晶反应相似，在一定的条件下，当其以稳定态定向凝固时，分解产物呈有规则的分布。当其以一定的凝固速度进行对，在底部由于液相温度低于偏晶反应温度 T_m，所以 α 相首先在这里形成，而靠近固－液界面的液相，由于溶质排出而使组元B富集，这样就会使 L_2 形核出来。L_2 是在固－液界面上形核还是在原来母液 L_1 中形核，这要取决于界面能 $\gamma_{\alpha L_1}$、$\gamma_{\alpha L_2}$、$\gamma_{L_1L_2}$ 三者之间的关系。而偏晶合金的最终显微形貌将要取决于以上三个界面能、L_1 与 L_2 的密度差以及固－液界面的推移速度。

图 5.22 所示为液相 L_2 的形核与界面张力平衡的关系图。下面讨论界面张力之间三种不同的情况。

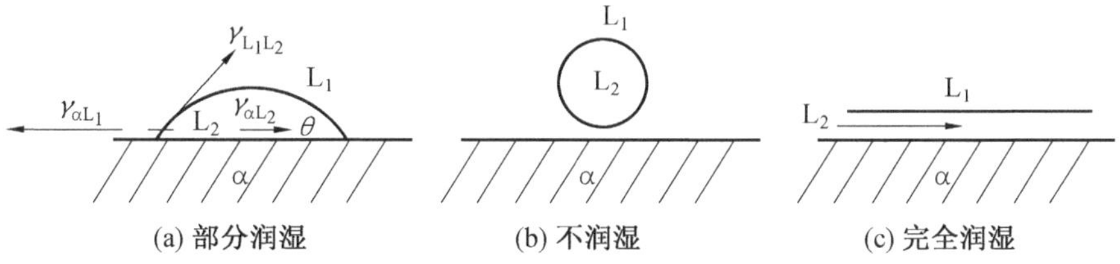

图 5.22　L_2 的形核与界面张力的关系

(1) 当 $\gamma_{\alpha L_1}=\gamma_{\alpha L_2}+\cos\theta\cdot\gamma_{L_1L_2}$ 时。

如图 5.22(a) 所示，随着由下向上单向凝固的进行，α 相和 L_2 并排地长大，α 相生长时将 B 原子排出，L_2 生长时将 B 原子吸收。当达到共晶温度时，L_2 转变为共晶组织，只是共晶组织中的 α 相与偏晶反应产生的相合并在一起。凝固后的最终组织为在 α 相的基底上分布着棒状或纤维的 β 相。

(2) 当 $\gamma_{\alpha L_2}>\gamma_{\alpha L_1}+\gamma_{L_1L_2}$ 时。

如图 5.22(b) 所示，液相 L_2 不能在 α 固相上形核，只能孤立地在液相 L_1 中形核。在这种情况下，L_2 是上浮还是下沉，将由斯托克斯公式来决定：

① 如果液滴 L_2 的上浮速度大于固－液界面的推进速度，则它将上浮至液相 L_1 的顶部。在这种情况下，α 相将依温度梯度的推移，沿铸型的垂直方向向上推进；而 L_2 将全部集中到试样的顶端，其结果是试样的下部全部为 α 相，上部全部为 β 相。利用这种办法可以制取 α 相的单晶，其优点是不发生偏析和成分过冷。

② 如果固－液界面的推进速度大于液滴的上升速度时，则液滴 L_2 将被 α 相包围，而排出的 B 原子继续供给 L_2，从而使 L_2 在长大方向拉长，使生长进入稳定态，如图 5.23 所示。在低于偏晶反应温度之后的冷却过程中，从 L_2 液相中将析出一些 α 相，新生的 α 相是从圆柱形 L_2 的四周沉积到原有的 α 相上，这样 L_2 将会变细。温度继续降低，L_2 将按共晶或包晶反应转变。最后的组织将是在 α 相的基体中分布棒状或纤维状的 β 相晶体。β 相纤维之间的距离正如共晶组织中层片间距一样，取决于长大速度，即：

$$\lambda \propto R^{-n},\quad n=0.5 \tag{5.10}$$

图 5.24 所示为 Cu－Pb 偏晶合金单向凝固的显微组织。这种组织和棒状共晶几乎没有差别。以 Cu－Pb 合金为例，其中偏晶反应 $L_1 \rightarrow Cu+L_2$，Pb 的密度比 Cu 大，所以，L_2

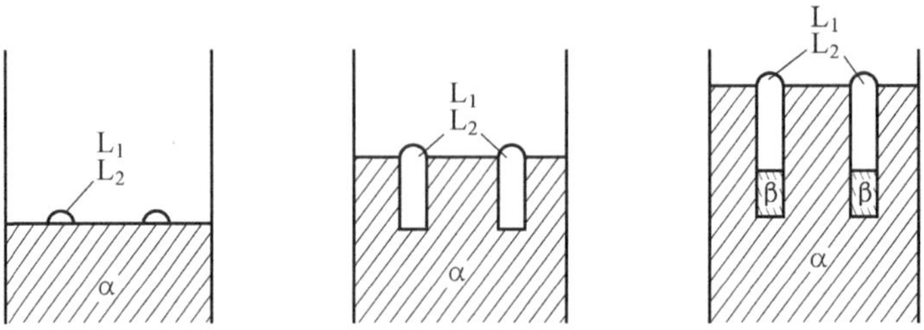

图 5.23 偏晶合金的单向凝固

液体是下沉的，由于 Cu 和 L_2 之间完全不润湿，因此，L_2 以液滴形式沉在 Cu 的表面，在界面向前推进的过程中，L_2 也继续长大，最终组织取决于 Cu 向前推进的速度及 L_2 液滴的长大速度。凝固速度比较大时，L_2 液滴没有聚集成大滴就被 Cu 包围，两者并排前进而获得细小的纤维组织。若凝固速度比较慢时，则获得比较粗大的液滴，最后形成粗大的棒状组织。

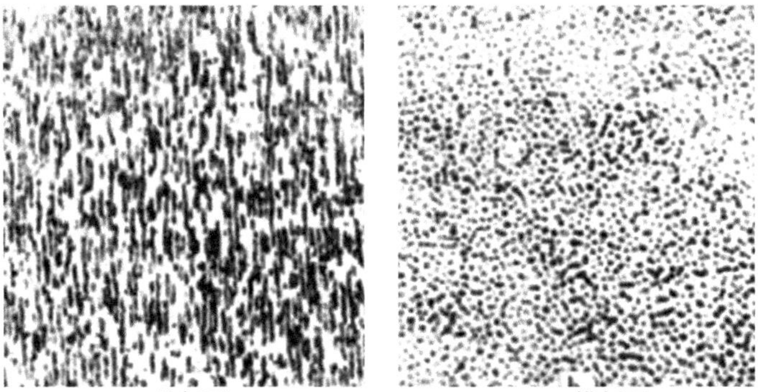

(a) 纵剖面　　(b) 横剖面

图 5.24 Cu－Pb 偏晶合金单向凝固的显微组织

(3) 当 $\gamma_{\alpha L_1} > \gamma_{\alpha L_2} + \gamma_{L_1 L_2}$ 时。

此时 $\theta = 0°$，α 相和 L_2 完全润湿，如图 5.22 (c) 所示。这时，在 α 相上完全覆盖一层 L_2，不可能进行稳态的长大，α 相只能断续地在 $L_1 - L_2$ 界面上形成，其最终组织将是 α 相和 β 相的交替分层组织。

5.3 包晶合金的凝固

5.3.1 平衡凝固

典型的包晶平衡相图如图 5.25 所示。其特点是：液相中完全互溶，固相中部分互溶或完全不互溶；有一对固、液相线的分配系数小于 1，另一对固、液相线的分配系数大于 1。如图 5.25 中 w_0 成分合金，在冷到 T_1 时析出 α 相，冷到 T_p 时发生包晶反应：

$$\alpha_p + L_p \rightarrow \beta_p \tag{5.11}$$

在包晶反应过程中，α 相不断分解，直至完全消失；与此同时，β 相形核长大。β 相的形核可以 α 相为基底，也可从液相中直接形成。平衡凝固要求溶质组元在两个固相及一个液相中进行充分的扩散，但往往原子扩散穿过固、液两相区时实际冷却速度很快，由此造成了非平衡凝固。

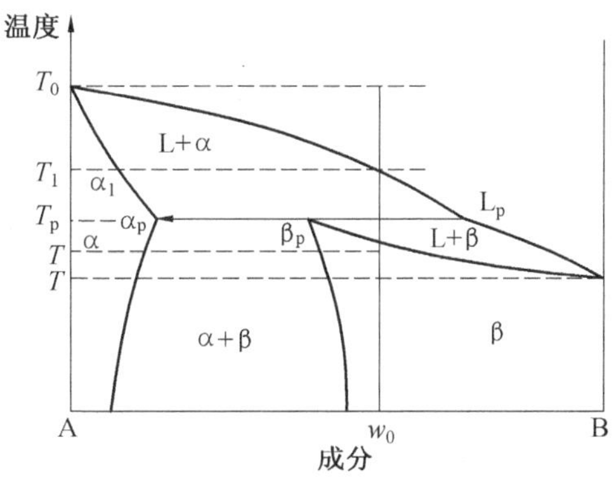

图 5.25　包晶平衡相图

5.3.2　非平衡凝固

在非平衡凝固时，由于溶质在固相中的扩散不能充分进行，包晶反应之前凝固出来的 α 相内部的成分是不均匀的。当温度达到 T_p 时，在 α 相的表面发生包晶反应。从生核功的角度看，β 相在 α 相表面上非均质生核要比在液相内部均质生核更为有利。因此，在包晶反应过程中，α 相很快被 β 相包围，此时，液相与 α 相脱离接触，包晶反应只能依靠溶质组元从液相一侧穿过 β 相向 α 相一侧进行扩散才能继续下去，因此扩散将受到很大抑制。当温度低于 T_p 后，β 相继续从液相中凝固。图 5.26 所示为非平衡凝固条件下，包晶反应的示意图。图 5.27 所示为 Sn－Cu(x(Cu)＝35%) 合金非平衡凝固后包晶反应的显微组织，图 5.27 中 ε 相的初晶被 η 相包围(白色)，基底为共晶组织。

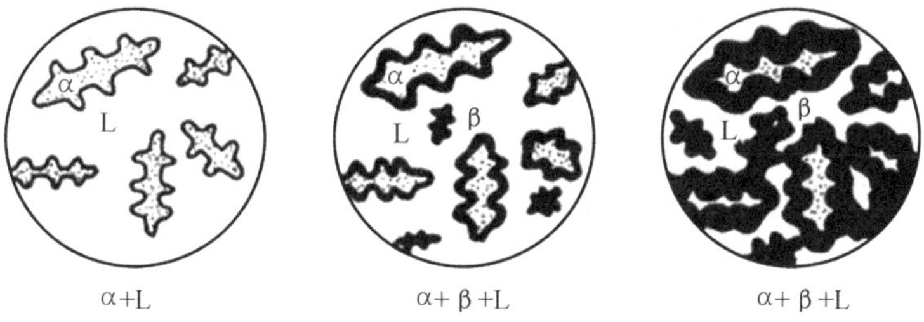

图 5.26　非平衡凝固条件下包晶反应示意图

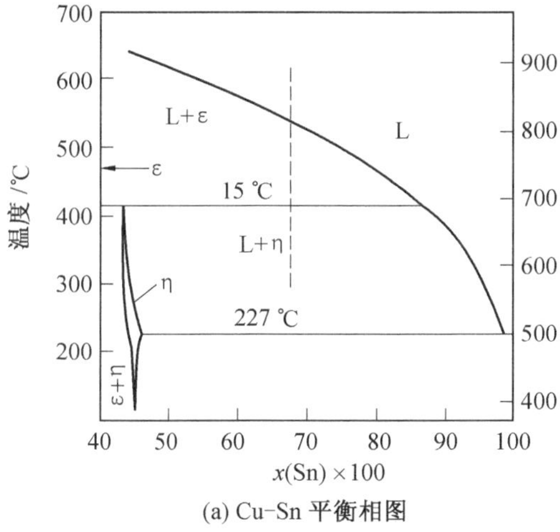

(a) Cu-Sn 平衡相图

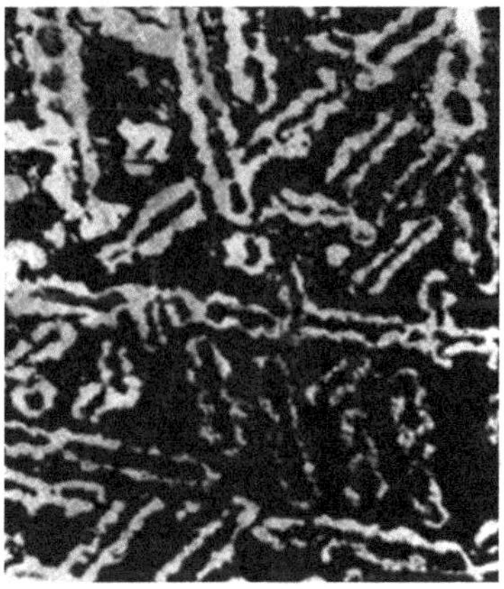

(b) Sn-Cu(x (Cu) = 35%) 合金显微组织

图 5.27　Cu-Sn 平衡相图和 Sn-Cu(x(Cu) ＝ 35%) 合金显微组织

多数具有包晶反应的合金，其溶质组元在固相中的扩散系数很小，因此，在非平衡凝固条件下，包晶反应进行得是不完全的，图 5.28 所示为 Pb－Bi（w(Bi)＝20％）合金在非平衡凝固条件下溶质分布及形成组织的示意图。不难看出，由于溶质组元在固相中扩散的不充分，本来是单相的组织却变成了多相组织。一些固相扩散系数大的溶质组元，如钢中的 C，包晶反应可以充分地进行，具有包晶反应的碳钢，初生 δ 相可以在冷却到奥氏体区后完全消失。

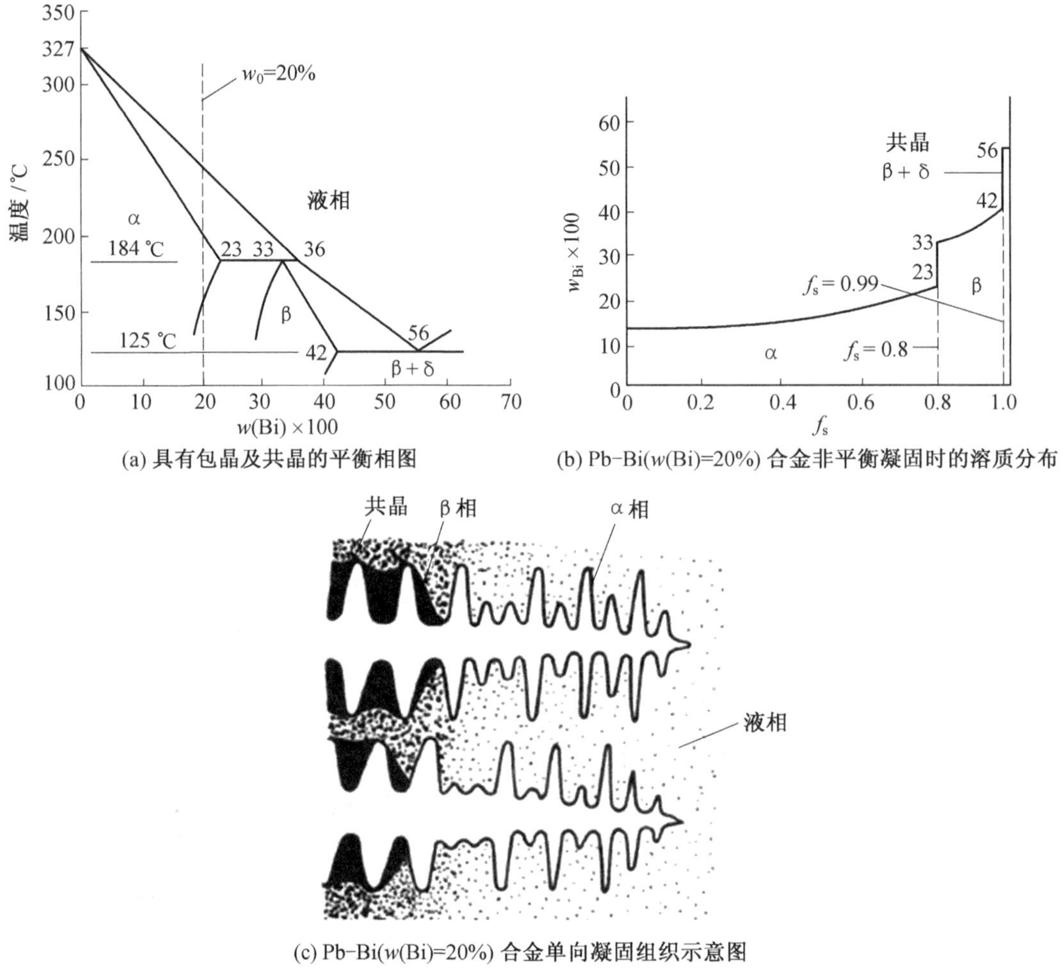

(a) 具有包晶及共晶的平衡相图

(b) Pb-Bi(w(Bi)=20%) 合金非平衡凝固时的溶质分布

(c) Pb-Bi(w(Bi)=20%) 合金单向凝固组织示意图

图 5.28　Pb－Bi（w(Bi)＝20％）合金在非平衡凝固条件下溶质分布及形成组织示意图

图 5.28 (a) 中 w(Bi)＝23％～33％ 的 Pb－Bi 合金在单向凝固条件下，如果 G/R 值足够高，可以获得 α＋β 复合材料，说明包晶 β 相可从液相中直接沉积而增厚。这是由于随着凝固的进行，液相中溶质 Bi 逐渐富集，为 β 相的长大提供条件，平直等温面的温度低于 T_p 时，剩余的液相将全部转变为 β 相。图 5.29 所示为具有包晶反应的合金单向凝固中固、液界面示意图。

利用包晶反应促使晶粒细化是非常有效的。如：向 Al 合金液中加入少量 Ti，当 Ti 的原子数分数超过 0.079％ 时将发生包晶反应，如图 5.30 所示。

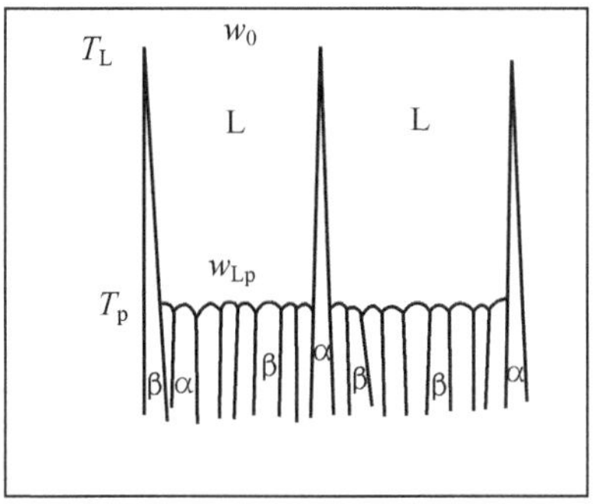

图 5.29　具有包晶反应的合金单向凝固中固、液界面示意图

$$TiAl_3 + L \rightarrow \alpha \tag{5.12}$$

包晶反应产物 α 相为以 Al 为溶剂的固溶体，它作为一个包层包围着非均质核心 $TiAl_3$，由于包层对于溶质组元扩散的屏障作用，包晶反应不易继续进行下去，也就是包晶反应产物 α 相不易继续长大，因而获得细小的 α 晶粒组织。这种利用包晶反应而起到非均质生核的孕育作用之所以特别有效，其原因在于包晶反应提供了无污染的非均质晶核的界面。

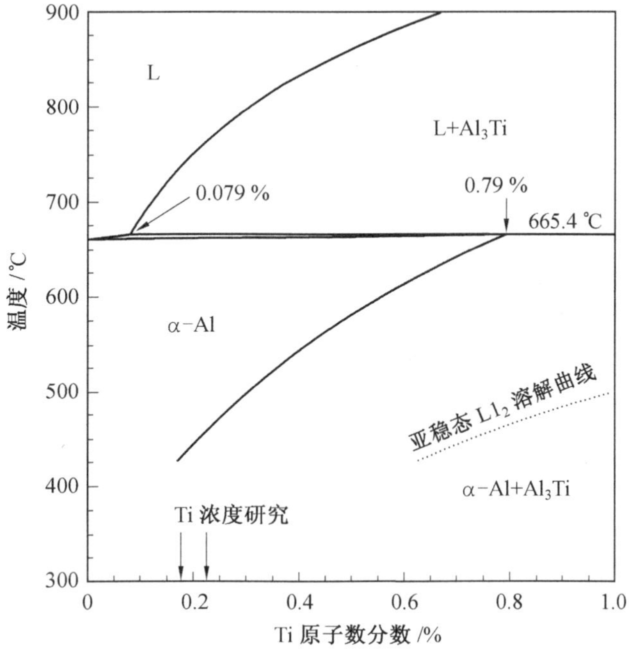

图 5.30　Al－Ti 平衡相图

第6章 结晶组织的形成和控制

铸件的宏观组织指的是铸态晶粒的形态、大小、取向和分布等。而铸件微观结构的概念包括晶粒内部的结构形态，如树枝晶、胞状晶等亚结构形态，共晶团内部的两相结构形态，以及这些结构形态的细化程度等。两者表现形式不同，但其形成过程却密切相关，并对铸件的各性能，特别是机械性能产生强烈的影响，本章侧重于分析凝固宏观组织的成因以及各种因素的影响，在此基础上总结出控制结晶组织的各种有效方法。

6.1 铸件宏观结晶组织的形成及影响因素

如图 6.1(a) 所示，铸件的宏观结晶组织可能包含三个不同的晶区。第一个为表面细晶粒区。它是紧靠型壁的一个外壳，由紊乱排列的细小等轴晶所组成，只有几个晶粒厚。第二个是柱状晶区。它由自外向内沿着热流方向彼此平行排列的柱状晶所组成。第三个是内部等轴晶区。该区域由紊乱排列的粗大等轴晶所组成。事实上并不是所有铸件都具有三个晶区的组织。铸件宏观组织中的晶区数目以及柱状晶区和等轴晶区的相对宽度都与合金的性质和凝固条件密切相关。通过合理的控制，在一定的条件下，可以获得完全由柱状晶或等轴晶所组成的宏观结晶组织，如图 6.1(b) 和(c) 所示。

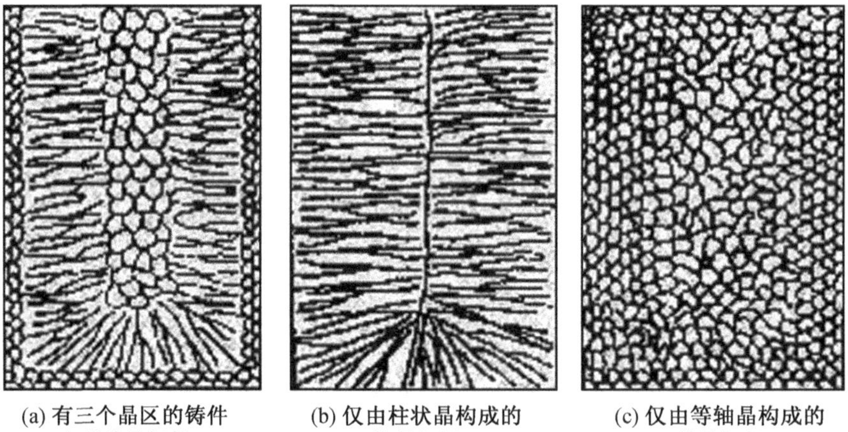

(a) 有三个晶区的铸件宏观结晶组织　(b) 仅由柱状晶构成的结晶组织　(c) 仅由等轴晶构成的结晶组织

图 6.1　结晶组织示意图

人们曾认为宏观组织中每一个晶粒都是独立生核即该晶核就地生长形成的。然而这种静止的观点并没有反映出铸件结晶的全部真实过程。实际上，在铸件结晶过程中，由于各种因素特别是液态金属流动作用的影响，除直接借助独立生核以外，还会通过其他方式在熔体内部形成大量处于游离状态的自由小晶体（游离晶）。而游离晶的形成过程及其在液流中的漂移和堆积，影响到了等轴晶的数量、大小和分布状态，从而决定宏观结晶组织的特征。

6.1.1　铸件结晶中的晶粒游离

1. 液态金属流动的作用

在铸件形成过程中，存在着多种形式的液态金属流动。其中与晶粒游离过程有关的是液态金属在浇注过程中的流动和在凝固期间的对流。后者分为自然对流和强迫对流。自然对流主要指热对流。造成热对流的主要原因是铸型和液面的散热作用，它使其附近温度降低，密度变大而下沉，中心部分液体则由于温度较高，密度较小而上浮所形成的一种对流。此外，由于结晶过程中的溶质再分配而引起界面前沿液体成分和密度的变化，以及由于游离晶体和液态金属之间密度差异而引起的运动，也将导致自然对流的产生，但其程度远比前者小。强迫对流一般是由于浇注过程中的注入动量在低黏度系数的液态金属中长时间作用的结果，或是由外加的电磁搅拌或机械搅拌作用所形成。

除流动本身对凝固层的机械冲刷作用外，液态金属流动对铸件结晶中晶粒游离过程的作用主要是通过影响其传热和传质过程而实现的。

在传热方面，液态金属流动的宏观作用在于加速其过热热量的散失，从而使全部液态金属几乎在浇注后的瞬间(小于 30 s)很快地从浇注温度下降到凝固温度，由此使得游离晶在液态金属内部漂移过程中得以残存而不致被熔化掉。在微观作用方面，由于液态金属的流动基本上是以紊流的形式出现的，伴随着流动的进行，在液态金属内部还会引起强烈的温度波动。当改变工艺条件而使液态金属内部的对流加强时，相应的温度波动也随之加大(图 6.2)。这种温度波动对已凝固层晶体的脱落、分枝的熔断以及晶体的增殖等晶粒游离现象具有极大的影响。

在传质方面，液态金属流动的最大作用就在于导致游离晶粒的漂移和堆积，并使各种晶粒游离现象得以不断进行。同时，流动也能改变界面前沿的溶质分布，加速流动宏观成分的均匀化，但却导致流体内部微观成分的波动。

2. 铸件结晶中的晶粒游离

在铸件结晶过程中可能存在下列三种形式的晶粒游离。

(1) 游离晶直接来自过冷熔体中的非均匀生核。

在浇注和凝固过程中，特别是液态金属内部存在有大量有效生核质点的情况下，由于浇道、型壁及液面等处的激冷作用而使其附近的熔体过冷，并通过非均匀生核作用在其内部形成大量处于游离状态的小晶体。当先形成的游离晶随着液流向深处漂移时，新过冷的溶体中又会在上述条件下不断地形成新的游离晶。因此，只要存在满足非均匀生核条件的过冷熔体和相应的有效生核质点，这种晶粒游离现象总是存在的。

(2) 由型壁晶粒脱落、枝晶熔断和增殖所引起的晶粒游离。

依附型壁生核的合金晶粒在其生长过程中将引起界面前方熔体中溶质浓度的重新分布。这将导致界面前沿液态金属凝固点的降低，从而使其实际过冷度减小。溶质偏析程度越大，实际过冷度就越小，其生长速率就越缓慢。由于晶粒根部紧靠型壁，溶质在液体中扩散均化的条件最差，故其偏析程度最为严重，该处生长受到强烈抑制。与此同时，远离根部的其他部位则由于界面前方的溶质易于通过扩散和对流均匀化，因此面临较大的

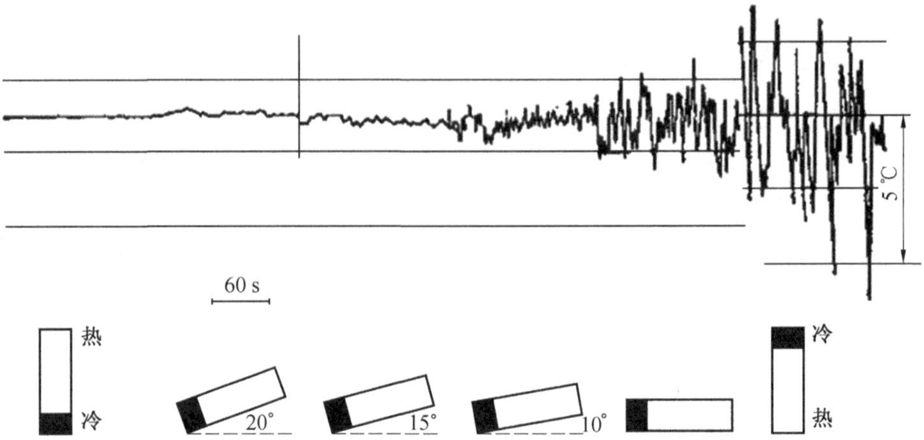

(a) 金属液温度波动与凝固方向的关系

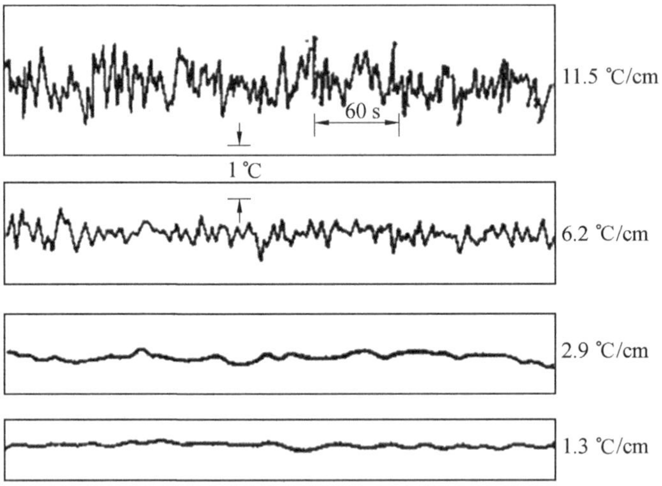

(b) 金属液温度波动与温度梯度的关系

图 6.2 金属液温度波动相关关系图

过冷，其生长速率要快得多。这样晶体根部将产生“缩颈”现象，形成了头大根小的晶粒。在流体的机械冲刷和温度反复波动形成的热冲击作用下，最脆弱的“缩颈”处极易断开，造成晶粒自型壁脱落而形成游离晶(图 6.3)。

缩颈现象不仅存在于型壁晶粒的根部，也存在于树枝晶各次分枝的根部。因为枝干生长过程中在其侧面形成的溶质偏析层阻碍了侧面的生长，当偶然产生的凸出部分突破此层后，便进入较大的成分过冷区，长出较粗大的分枝，从而在分枝根部留下“缩颈”。已凝固层生长着的树枝晶的各次分枝在液流的作用下，其根部“缩颈”处最易熔断，并被液流卷入液体内部而形成游离晶(图 6.4)。

处于自由状态下的游离晶一般都具有树枝晶结构。当它们在液流中漂移时，要不断

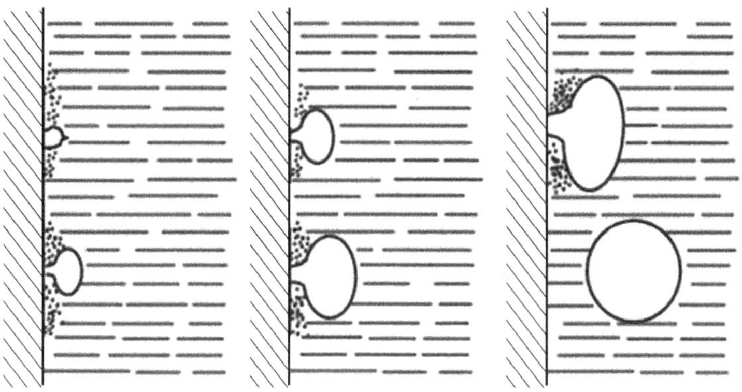

图 6.3　型壁晶粒脱落示意图

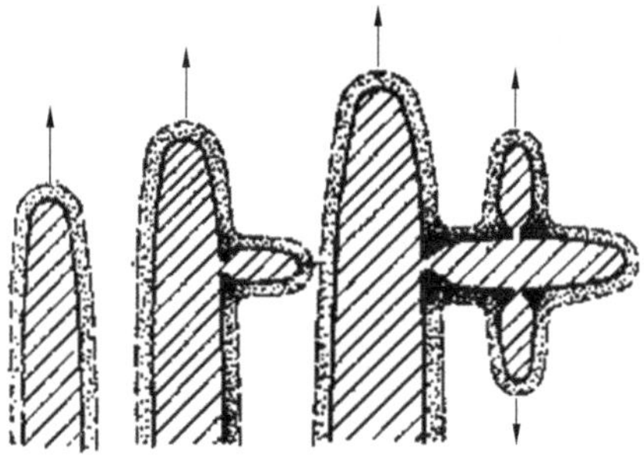

(a) 二、三次分枝缩颈形成的示意图
（虚线表示溶质富集层）

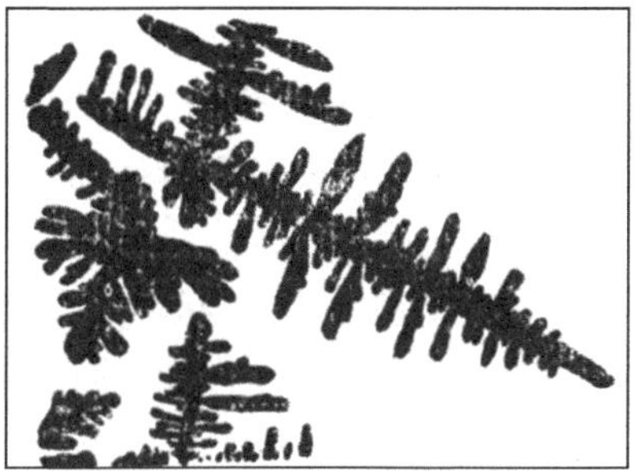

(b) 环己烷的枝晶

图 6.4　枝晶分枝“缩颈”的形成

通过不同的温度区域和浓度区域，不断受到温度波动和浓度波动的冲击，从而使其表面处于反复局部熔化和反复生长的状态之中。这样，分枝根部“缩颈”就可能断开从而使一个晶粒破碎成几部分，然后在低温下各自生长为新的游离晶（图 6.5），该过程称为晶粒增殖，是一种非常重要的晶粒游离现象。

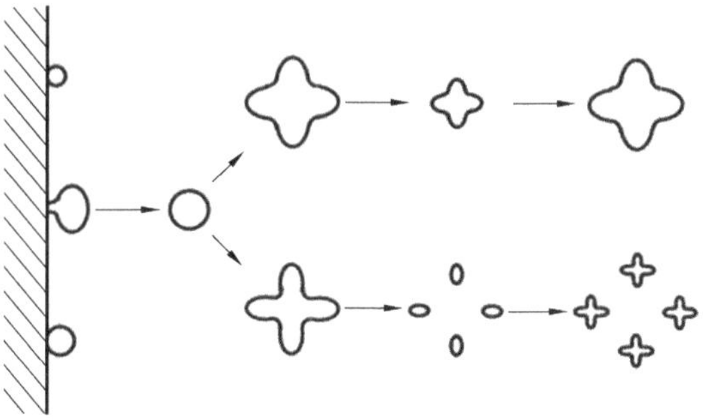

图 6.5　从铸型游离的晶粒增殖作用

(3) 液面晶粒沉积所引起的晶粒游离。

凝固初期在液面处形成的晶粒或顶部凝固层脱落的分枝由于密度比液体大而下沉也可导致晶粒游离的产生。如果在铸型中安置一个用不锈钢丝制成的隔网，注入铝合金后，立即把隔网中间的孔盖上，把液面处下落的游离晶挡住，则在所得的铸锭的宏观组织中，隔网下方基本上是柱状晶和少量的内部等轴晶，而隔网上方则集中了大部分等轴晶，从而证实了这种晶粒游离现象的存在。这种晶粒游离现象多发生在大型铸锭的凝固过程中，而在一般铸件结晶过程中是较少发生的。

6.1.2 表面细晶粒区的形成

表面细晶粒区中的晶粒通常为无方向的细小等轴晶。传统的理论认为，当液体金属浇入温度较低的铸型时，与铸型接触的液体受到强烈激冷，产生很大过冷，因而在型壁上及液体中大量生核，形成细晶粒区，故也称为“激冷区”。表面细晶粒区的形成与型壁附近熔体内是否存在有大量的非均匀生核条件有关。因此，表面细晶粒区的大小和等轴晶的细化程度主要取决于型壁散热条件所决定的过冷度和凝固区域的宽度，同时也与型壁和熔体中杂质微粒的生核能力有关。

型壁附近熔体内部的大量生核只是表面细晶粒区形成的必要条件，而抑制铸件形成稳定的凝固壳层则为其充分条件。因为稳定的凝固壳层造成了界面处晶粒单向散热的条件，从而促使晶粒逆着热流方向择优生长而形成柱状晶。因此稳定的凝固壳层形成越早，表面细晶粒区向柱状晶区转变得也就越快，表面细晶粒区也就越窄；一旦型壁晶粒互相联结而构成稳定的凝固壳层柱状晶区就直接由凝固层向内发展，表面细晶粒区将不复存在。而对铸件形成稳定凝固壳层的抑制是通过型壁晶粒游离实现的。为了通过型壁晶粒游离抑制稳定凝固壳层的产生以确保表面细晶粒区的形成，凝固过程中必然存在有不同程度的溶质偏析现象和液态金属的对流。表面细晶粒区中的等轴晶粒不仅直接来源于过冷熔体中的非均匀生核，而且还来自包括型壁晶粒脱落、枝晶熔断和晶粒增殖等各种形式的晶粒游离过程。

型壁激冷虽然能增大其附近熔体的非均匀生核能力，但也使型壁上的晶核数目大大增加，从而促使型壁晶粒很快连接而形成稳定的凝固壳并最终阻止表面细晶粒区的形成。如果在凝固开始阶段不存在强的型壁晶粒游离条件（如高的溶质含量和强烈的液态金属流动等），那么过强的型壁激冷能力反而不利于表面细晶粒区的形成。

6.1.3 柱状晶区的形成

如前所述，柱状晶区开始于稳定凝固壳层的产生。但内部等轴晶区形成后，柱状晶即结束生长。因此，柱状晶区的宽窄程度及存在与否取决于上述两个因素综合作用的结果。在一般情况下柱状晶区是由表面细晶粒区发展而形成的，但也可能直接从型壁处长出甚至在内部等轴晶处形成。稳定的凝固壳层一旦形成，处在凝固界面前沿的晶粒在垂直于型壁的单向热流的作用下，便转而以枝晶状单向延伸生长。由于各枝晶主干方向互不相同，那些主干与热流方向相平行的枝晶，较之取向不利的相邻枝晶生长得更为迅速。它们优先向内伸展并抑制相邻枝晶的生长。而取向不利的晶体将被淘汰掉，最终形成柱状晶组织（图 6.6）。这个互相竞争淘汰的晶体生长过程称为晶体的择优生长。这样，在柱状晶向前发展的过程中，离开型壁的距离越远，取向不利的晶体被淘汰得就越多，柱状晶的方向就越集中，同时晶粒的平均尺寸也就越大。对于纯金属的凝固过程，其根部没有缩颈现象，晶粒沿着过冷度最大的型壁方向迅速生长而形成稳定的凝固壳。然后凝固前沿以平面生长的方式逆着热流方向向内伸展而成为柱状晶组织。当金属中铸件掺入溶质元素时，柱状晶区的亚组织能呈现出从平面生长、胞状生长直到枝晶生长等各个阶段的结构形态。此外，当液态金属中有少数游离晶粒偶尔被界面前沿"捕获"时，则柱状晶区中将有一些孤立的等轴晶存在。

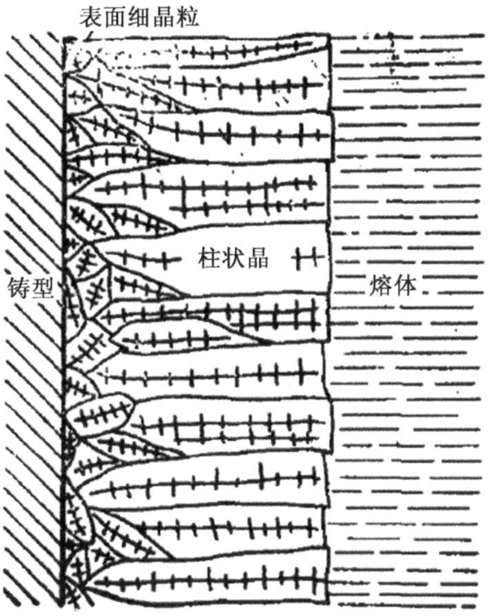

图 6.6　柱状晶择优生长示意图

控制柱状晶区继续发展的关键因素是内部等轴晶区的出现。如果界面前方始终不利于等轴晶的形成与生长，则柱状晶区可以一直延伸到铸件中心，直到与对面型壁长出的柱状晶相遇从而形成穿晶组织。但当界面前方有利于等轴晶的产生和发展时，柱状晶区的进一步扩展将被阻止从而在内部形成等轴晶。

6.1.4　内部等轴晶区的形成

内部等轴晶区的形成是熔体内部晶核自由生长的结果。本节介绍关于等轴晶晶核的来源及这些晶核如何发展并最终形成等轴晶区的理论。

1. 等轴晶晶核的来源

存在着多种等轴晶晶核来源的理论，大致可分为以下三类。

(1) 过冷熔体直接生核理论。

该理论认为，随着凝固层向内推移，固相散热能力被削弱，液相中的溶质原子富集程度上升，从而使界面前方成分过冷逐渐增大。当成分过冷大到足以发生非均质生核时，便导致内部等轴晶的形成。单向结晶的液态金属中加入生核剂而引起等轴晶形成的事实说明，当存在大量有效生核质点的情况下，成分过冷所导致的非均质生核过程是内部等轴晶晶核的有效来源之一。

(2) 界面前方晶粒游离理论。

生长着的柱状枝晶在凝固界面前方的熔断、游离和增殖造成了内部等轴晶区晶核的形成。奥氏体枝晶前端在单向结晶条件下的熔断和游离是一个很好的例证。

(3) 激冷晶游离理论。

根据这一理论，无论是表面的细等轴晶，还是内部等轴晶，其晶核均来源于浇注期间和凝固初期的激冷晶游离(图 6.7(a) 和(b))。这些游离晶一部分留在型壁附近形成表面细晶粒区，另一部分则随着液流漂移到铸件心部，通过增殖，长大而形成内部等轴晶区。

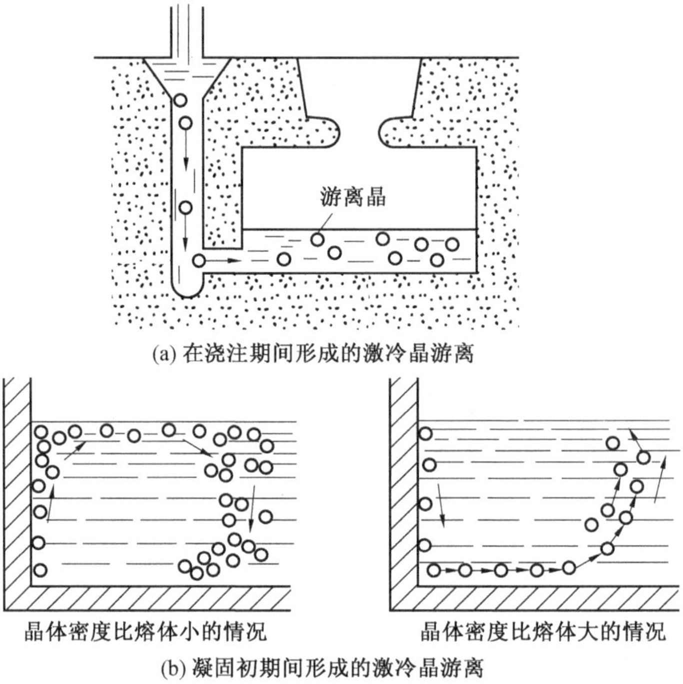

图 6.7　激冷晶游离理论示意图

2. 等轴晶区的形成过程

在承认存在等轴晶晶核的前提下，对于这些晶核到底是通过什么途径形成内部等轴晶区这一具体问题，存在以下不同的看法。

(1) 内部等轴晶区的形成不仅要求界面前方存在有等轴晶的晶核，而且还要求这些晶核长到一定的大小，并形成网络以阻止柱状晶区的生长。

(2) 内部等轴晶区的产生并不要求游离晶形成网络阻止柱状晶区的生长，而是由一部分游离晶的沉淀和一部分游离晶被生长着的柱状晶前沿捕获后而形成的。

(3) 内部等轴晶区的形成是凝固界面的生长速率 R 与游离晶垂直于界面的运动速度 v 之间互相作用的结果。当两者之差远大于界面捕获游离晶所必需的临界速度 $v_{临}$，即 $R-v \gg v_{临}$ 时，即可形成内部等轴晶区。

无论是关于等轴晶晶核的来源问题，还是等轴晶区形成的具体过程问题，上述理论与看法均有自己的实验根据，然而也受到各自实验条件的限制。目前比较统一的看法是，中心等轴晶区的形成很可能是多种途径的。

6.1.5 影响铸件宏观结晶组织形成的因素

铸件中三个晶区的形成是相互联系、彼此制约的。稳定凝固壳层的产生决定着表面细晶粒区向柱状晶区的过渡，而阻止柱状晶区进一步发展的关键则是中心等轴晶区的形成。从本质上说，晶区的形成和转变是过冷熔体独立生核的能力和各种形式晶粒游离、漂移与沉积的程度这两个基本条件综合作用的结果。

凡能强化熔体独立生核，促进晶粒游离及有助于游离晶的残存与堆积的各种因素都将抑制柱状晶区的形成和发展，从而扩大等轴晶区的范围，并细化等轴晶组织。这些因素包括以下几个方面。

1. 金属性质方面

(1) 过冷熔体中存在强生核剂。

(2) 宽结晶温度范围的合金和小的温度梯度 G_L。这既能保证熔体有较宽的生核区域也能促使较长的脆弱枝晶的形成。

(3) 合金中溶质元素含量较高、平衡分配系数 k_0 值偏离 1 较远。凝固过程中树枝晶比较发达，缩颈现象比较严重。

(4) 熔体在凝固过程中存在着长时间、激烈的对流。

2. 浇注条件方面

(1) 低的浇注温度。

浇注温度较低时熔体的过热度较小，与浇道内壁接触时能产生大量的游离晶粒。此外，低过热度的熔体也有助于游离晶粒的残存，这对等轴晶的形成和细化有利。图 6.8 表明随着浇注温度的提升，等轴晶含量将降低而晶粒大小趋于增加。

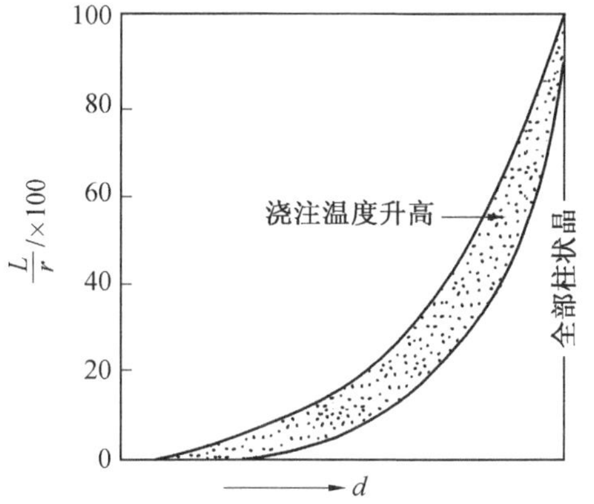

图 6.8　等轴晶大小 d 与柱状晶长度 L 的关系（r 为试样半径）

(2) 合适的浇注工艺。

凡能强化液流对型壁冲刷作用的浇注工艺均能扩大等轴晶区和细化等轴晶（图 6.9）。

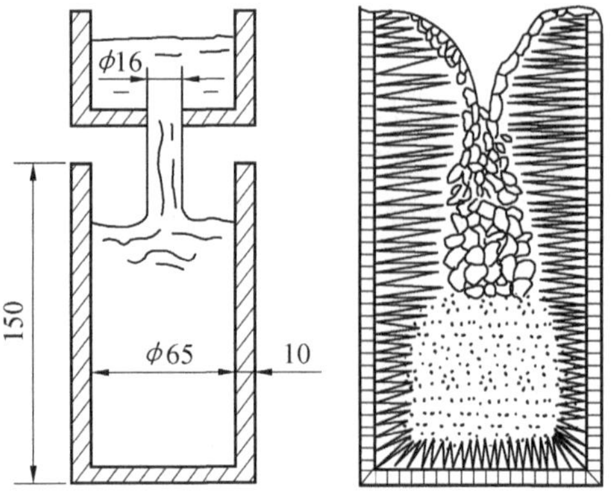

(a) 中心上注法

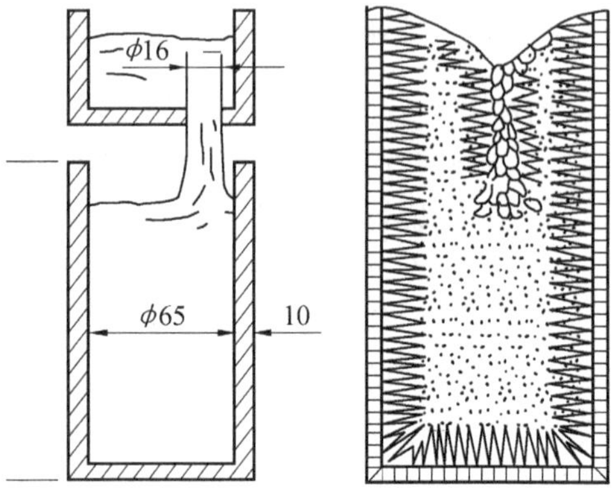

(b) 靠近型壁上注法

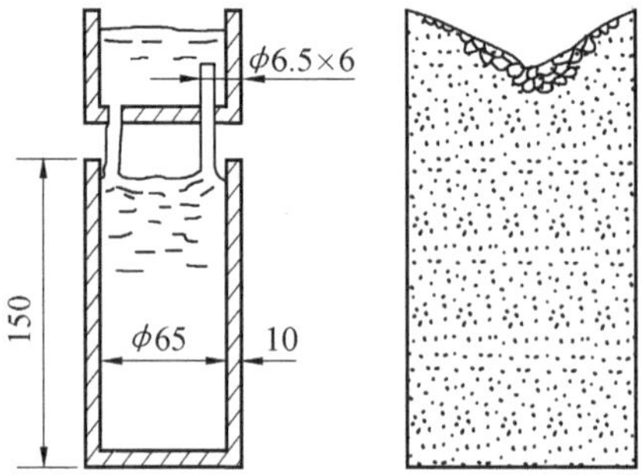

(c) 通过六个孔靠近型壁上注法

图 6.9　不同浇注工艺 Al－Cu0.2% 合金的宏观结构组织(石墨型)

3. 铸型性质和铸件结构方面

这方面的因素均与散热情况有关,其影响却是十分复杂的。

对于薄壁铸件而言,激冷可以使整个断面同时产生较大的过冷。铸型蓄热系数越大,整个熔体的生核能力越强。这时采用金属型铸造比采用砂型铸造更易获得细等轴晶的断面组织。

对于型壁较厚或导热性较差的铸件而言,铸型的激冷作用只产生于铸件的表面。其等轴晶区的形成主要依靠各种形式的晶粒游离。此时,铸型冷却能力的影响有两个:一方面,低蓄热系数的铸型能延缓稳定凝固壳层的形成,有助于凝固初期激冷晶的游离,同时也使内部温度梯度 G_L 变小,凝固区域加宽,从而对增加等轴晶有利;另一方面,它减慢了熔体过热热量的散失,不利于已游离晶粒的残存,从而减少了等轴晶的数量。由此可见,这两个方面是矛盾的。前者往往是矛盾的主导因素,因而一般生产中,除薄壁铸件外,采用金属型铸造比砂型铸造更易获得柱状晶,特别是高温下浇注更是如此。但砂型铸造所形成的等轴晶粒比较粗大。如果促使非均质生核与晶粒游离的其他因素,如强生核剂的存在、低的浇注温度、严重的晶粒缩颈以及强烈的熔体对流和搅拌等足以抵消其不利影响,则无论是金属型铸造还是砂型铸造,皆可获得细的等轴晶。当然,在相同的情况下,金属型铸造获得的等轴晶粒更为细小。

6.2　铸件结晶组织的控制

6.2.1　铸件结晶组织对铸件质量和性能的影响

铸件的质量和性能与其结晶组织密切相关。就宏观组织而言，表面细晶粒区一般比较薄，对铸件的质量和性能影响不大。铸件的质量与性能主要取决于柱状晶区与等轴晶区的比例以及晶粒的大小。

柱状晶在生长过程中凝固区域较窄，其横向生长受到相邻晶体的阻碍，树枝晶得不到充分的发展，分枝较少。结晶后相邻晶体间显微缩松等杂质较少，组织比较致密。但柱状晶比较粗大，晶界面积小，并且位向一致。因而其性能具有明显的方向性，其纵向性能好，而横向差。此外，其凝固界面前方常汇集有较多的第二相杂质，特别是当不同方位的柱状晶区相遇而构成晶界时，大量夹杂与气体等在该处聚集，从而导致铸件热裂倾向较大，或者使铸锭在塑性加工中产生裂纹。通过改进铸件结构可以减轻这种影响(图 6.10)，但其不利作用是难以避免的。

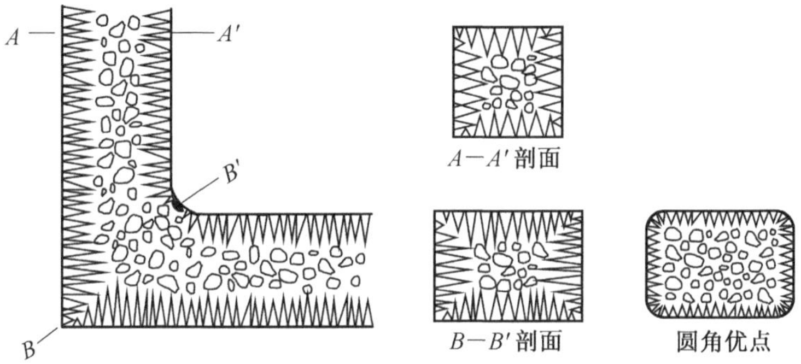

图 6.10　铸件结构对柱状晶不利作用的影响

等轴晶区的晶界面积大，晶间杂质和缺陷分布比较分散，且各晶粒之间位向也各不相同，故其性能均匀而稳定，各向异性较差。其缺点是组织中枝晶发达，显微缩松较多，凝固后组织不够致密。等轴晶细化能使杂质和缺陷分布更加分散，从而在一定程度上提高了各项性能。一般说来，晶粒越细，其综合力学性能就越好，抗疲劳性能也越高。

基于上述原因，针对生产中对一些本身塑性较好的有色金属及其合金和奥氏体不锈钢铸锭，在控制易熔杂质和进行除气处理的前提下，希望得到较多的柱状晶，从而提高合金的致密度。对一般钢铁材料和塑性较差的有色金属及其合金铸锭，特别是一般的异形铸件，为避免柱状晶区的不利作用，则希望获得较多的甚至是全部细小的等轴晶组织。而对于高温下工作的零件，晶界的蠕变抗力差，特别是垂直于拉应力方向的横向晶界是工件的最薄弱环节。通过单向结晶可获得没有横向晶界，全部由平行于拉应力方向的柱状晶所构成的零件，其性能和寿命大幅度地提高(图 6.11)。

除宏观状态外，微观组织结构对铸件的质量和性能也有强烈的影响。其他条件相同时，平面生长柱状晶的质量和性能优于胞状结构的柱状晶，更胜过树枝状结构的柱状晶组

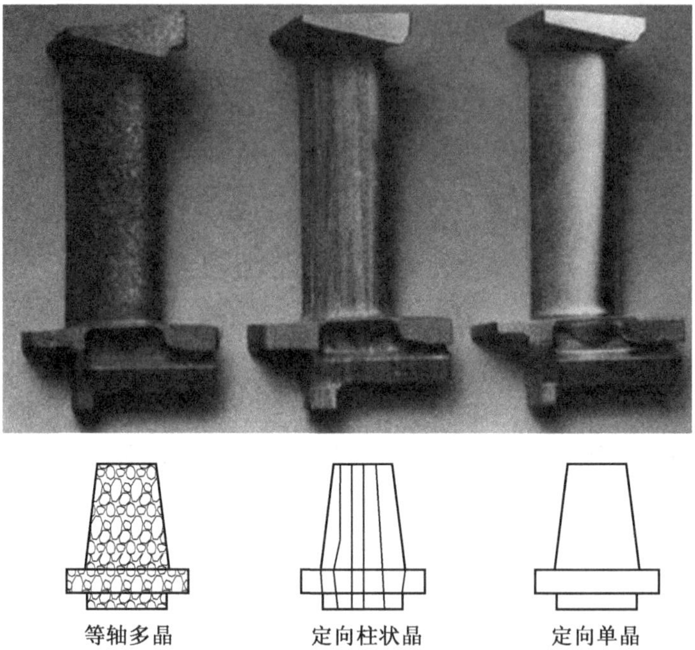

(a) 航空发动机叶片组织结构

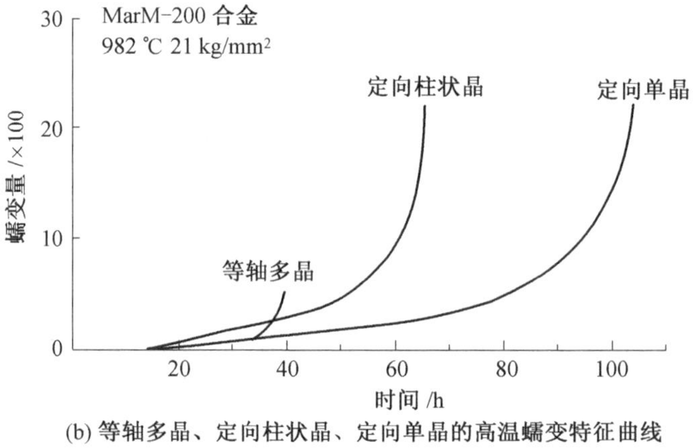

(b) 等轴多晶、定向柱状晶、定向单晶的高温蠕变特征曲线

图 6.11 等轴多晶、定向柱状晶、定向单晶叶片及三种组织材料的蠕变特征曲线

织；而没有树枝状结构的球状晶组织的质量与性能则比树枝状结构的等轴晶组织强；树枝晶的枝晶间距越小，夹杂和缺陷越分散，其致密程度就越高，其机械性能也就越高。共晶合金之类的多相合金，铸件的质量与性能则更多地与其组成相间的结构和分布状态有关。因此，在合理控制宏观组织的前提下，进一步改进微观组织结构，将更有利于铸件质量和性能的提高。

6.2.2 等轴晶组织的获得和细化

通过强化非均质生核和促进晶粒游离以抑制凝固过程中柱状晶区的形成和发展，就能获得等轴晶组织。非均质晶核数量越多,晶粒游离的作用越强,熔体内部越有利于游离晶的残存,则形成的等轴晶粒就越细。具体措施如图 6.12 所示。

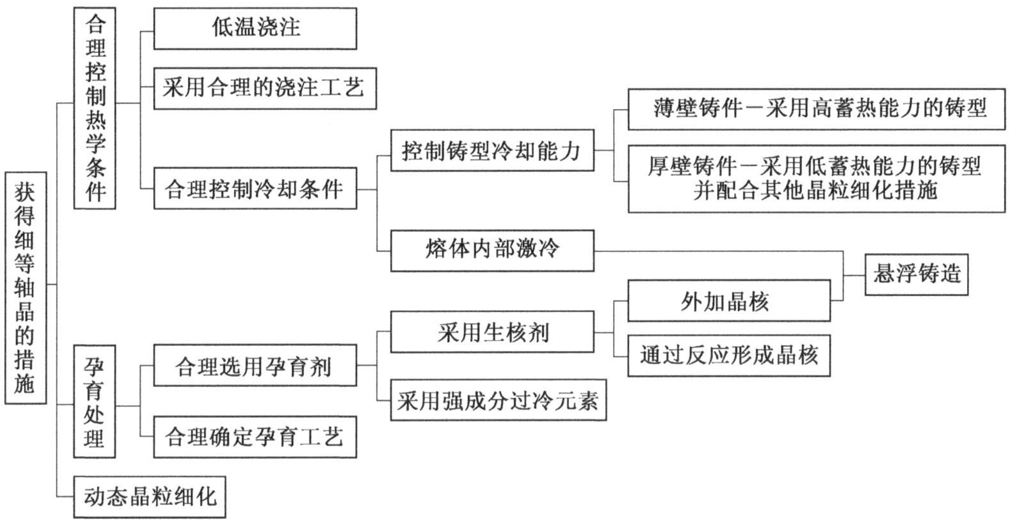

图 6.12　细化晶粒措施

1. 合理控制热学条件

铸件形成中的热学条件不仅影响到等轴晶的获得和细化,还与多种工艺性能密切相关。而满足各项要求的热学条件往往是互相矛盾的,因此必须进行合理的控制。在兼顾到一定的工艺性能以确保获得健全铸件的前提下,尽量使热学条件满足等轴晶的形成和晶粒细化的需要。除此以外,一般还需要辅以其他措施,才能获得满意的细等轴晶组织。

(1) 低温浇注和采用合理的浇注工艺。

降低浇注温度是可减少柱状晶而获得细等轴晶的有效措施之一。甚至在减少液体流动的情况下也能得到细等轴晶组织。图 6.13 展示了一种低温浇注方案的示意图。但过低的浇注温度将降低液态金属的流动性,导致浇不足和夹杂等缺陷的产生。因此,降低浇注温度的措施是有一定限度的。同样,强化液流对型壁冲刷作用的浇注工艺虽然能有效地促进细等轴晶的形成,但必须注意不要引起大量气体和夹杂的卷入,而导致铸件产生相应的缺陷。

(2) 合理控制冷却条件。

小温度梯度 G_L 和高冷却速度 v 的条件下,可形成宽的凝固区域和获得大的过冷从而促进熔体生核和晶粒游离,由此可获得细的等轴晶组织。但就铸型的冷却能力而言,除薄壁铸件外,这两个条件难以兼得。高的散热速度不仅使凝固过程中 G_L 变大,在凝固开始时还促使稳定凝固壳层的过早形成。因此对厚壁铸件,一般总是采用冷却能力小的铸型减小温度梯度 G_L,以确保等轴晶的形成,再辅以其他晶粒细化措施得到满意的效果。如果是采用冷却能力大的金属型则需配合更强有力的晶粒游离措施才能得到预期效果。在合理控制冷却条件方面,一个比较理想的方案是既不使铸型有较大的冷却作用(以便降低 G_L 的数值),又要使熔体能够整体的快速冷却。悬浮铸造法可实现这一要求。所谓悬浮

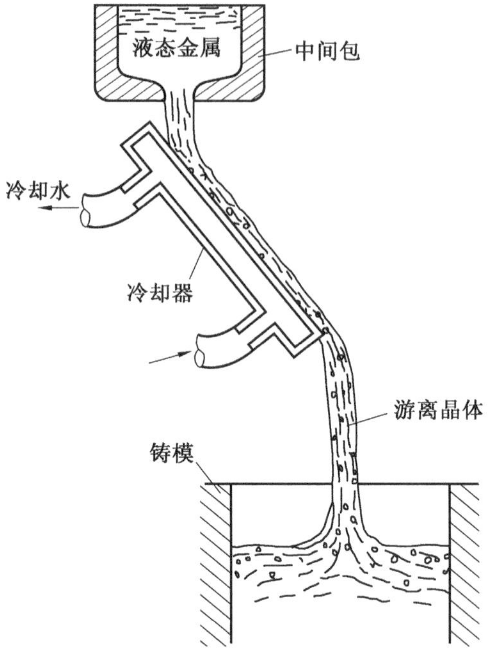

图 6.13　用以浇注 Al－Cu0.2% 合金的低温浇注装置示意图

铸造法就是在浇注过程中向液态金属中加入一定数量的金属粉末，金属粉末像极多的小冷铁均匀地分布于液态金属中，起着显微激冷作用，加速液态金属的冷却，促进等轴晶的细化。它与通常的孕育处理最大的区别就在于金属粉末的加入量较大，一般为 2%～4%，约相当于通常孕育剂用量的 10 倍，而其主要作用是显微激冷。金属粉末的选择也需要遵循界面共格原则，在液态金属凝固过程中，即将熔化掉的粉末微粒也能起着非均质核心的作用，所以也可以把悬浮铸造法看成是一种特殊的孕育处理方法。

2. 孕育处理

孕育处理是向液态金属中添加少量物质以达到细化晶粒、改善组织之目的的一种方法。从本质上说，孕育主要是影响生核过程和促进晶粒游离以细化晶粒，这不同于变质处理的改变晶体生长机理。虽然它们之间存在着密切的联系和影响，然而作用各不相同。变质在改变共晶合金的非金属相的结晶形貌上有着重要的应用，而在等轴晶组织的获得和细化中采用的则是孕育方法。孕育剂的种类很多，其作用也各不相同。根据目前对孕育剂作用原理的认识，可将孕育剂归纳为如下两类。

(1) 生核剂。

① 直接作为外加晶核的生核剂。添加的孕育剂为一些与欲细化相具有界面共格对应的高熔点物质或同类金属碎粒。它们在液态金属中可直接作为欲细化相的有效衬底而促进非均质生核。前述的悬浮铸造也可归入此类。已经证明，在高锰钢中加入锰铁，在高铬钢中加入铬铁均都可以直接作为欲细化相的非均质晶核而细化晶粒并消除柱状晶组织。

② 通过与液态金属的相互作用而产生非均质晶核的生核剂。有以下两种情况。

情况一:生核剂能与液相中某些元素(最好是欲细化相的原子)形成较稳定的化合物。该化合物与欲细化相具有界面共格对应关系而能促进非均质生核。如,钢中的 V、Ti 通过形成能促进非均质生核的碳化物和氮化物,从而达到细化等轴晶的目的。在这种情况下,构成包晶反应的生核剂具有特别大的优越性。它先析出化合物 B_nMe_m,弥散分布在液相中,当 α 相结晶时则可作为 α 相结晶的晶核。

情况二:加入的生核剂通过在液相中造成很大的微区富集而迫使结晶相提前弥散析出。如,硅加入铁水中可形成很多富硅区,造成局部为过共晶成分,从而迫使石墨相提前析出。而且硅的脱氧产物 SiO_2 及硅中的某些微量元素形成的化合物可作为石墨析出的有效衬底而促进非均匀生核。

(2) 强成分过冷元素孕育剂。

这类孕育剂的主要作用是通过在生长界面前沿的富集而使晶粒根部和树枝晶分枝根部产生细弱缩颈,从而促进晶粒的游离。此外,富集形成的强成分过冷也能强化熔体内部的非均质生核,而孕育剂的富集也抑制了晶体的生长,从而促使组织细化。溶质元素的成分过冷作用是随$\frac{-mw_0(1-k_0)}{k_0}$或(T_1-T_2)的增大而增大的。因此,其孕育效果也随上述参量的增大而加强,如图 6.14 所示。

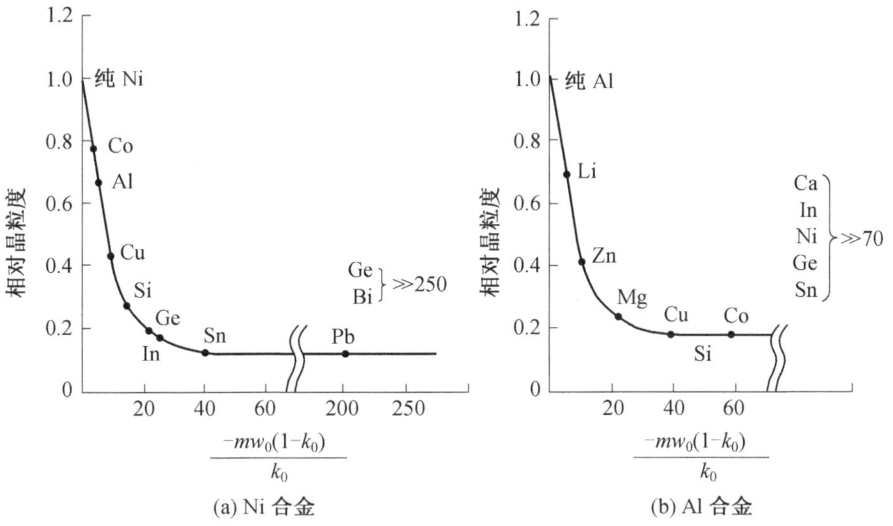

图 6.14　相对晶粒度$\left(\frac{\text{合金晶粒尺寸}}{\text{纯金属晶粒尺寸}}\right)$与$\frac{-mw_0(1-k_0)}{k_0}$的关系

强成分过冷元素生核剂的联合使用,可得到更强的孕育效果,故复合孕育剂的优点更多。

3. 动态晶粒细化

在铸件凝固过程中,采用振动(机械振动、电磁振动、音频或超声波振动)搅拌(机械、电磁搅拌或利用气泡搅拌)或旋转等各种方法,均能有效地缩小或消除柱状晶区,从而得到细化等轴晶组织。所有这些方法都涉及某种程度的物理扰动,它们的区别仅在于产生这种扰动的方法不同,故将此过程统称为动态晶粒细化。其作用机理可能存在有动力生核的影响，但其引起的外界机械冲击特别是由此而引起的内部流体激烈运动的冲击也发挥了重要作用。

6.2.3 单向凝固和柱状晶及单晶组织的获得

1. 单向凝固原理

单向凝固的目的是使铸件或铸锭获得按一定方向生长的柱状晶或单晶组织。满足上述目的的条件是：首先，要在开始凝固的部位形成稳定的凝固壳，这可阻止该部位的型壁晶粒游离并为柱状晶形成提供了生长基础，该条件可通过各种激冷措施达到；其次，要确保凝固壳中的晶粒按既定方向通过择优生长而发展成平行排列的柱状晶组织。同时，为使柱状晶纵向生长不受限制并且在其组织中不夹杂有异向晶粒（单向凝固组织中的“斑点”缺陷），固－液界面前方不应存在生核和晶粒游离现象。该条件可通过以下三个措施来满足。

(1) 严格的单向散热。要使凝固系统始终处于正温度梯度作用之下，并且要绝对阻止侧向散热以避免界面前方型壁及其附近的生核和长大。

(2) 要有足够大的 G_L 以便使成分过冷限制在允许的范围以内，同时减小熔体的非均质生核能力可避免界面前方的生核现象。提高熔体的纯净度，减少因氧化和吸氧而形成的杂质污染，对已有的有效衬底则通过高温加热或加入其他元素来改变其组成和结构等方法均有助于降低熔体的非均质生核能力。

(3) 避免液态金属的对流、搅拌和振动，阻止界面前方的晶粒游离。对晶粒密度大于液态金属的合金，避免自然对流最好的方法就是自下而上地进行单向结晶。

以上述条件的基本原理，发展了单向凝固技术。单向凝固又称单向结晶，是使金属或合金由熔体中定向生长晶体的一种工艺方法，用于制备单晶、柱状晶和自生复合材料。该技术已成功地应用于航空叶片和磁钢的生产。

单向凝固技术的重要工艺参数：凝固过程中固－液界面前沿液相中的温度梯度 G_L 和固－液界面向前推进速度 R（晶体生长速率）。G_L/R 值是控制晶体长大形态的重要判据。在提高 G_L 的条件下，增加 R，才能获得所要求的晶体形态，细化组织，改善质量，并且提高单向凝固铸件的生产率。单向凝固技术和装置不断改进，其中技术的关键之一是提高固－液界面前沿的温度梯度 G_L。

2. 单向凝固工艺参数

(1) 温度梯度 G_L。

对一定成分的合金来说，从熔体中定向地生长晶体时，必须在固－液界面前沿建立必要的温度梯度，以获得某种晶体形态的单向凝固组织。温度梯度的大小直接影响着晶体的生长速率和晶体的质量。

现以坩埚下降单向凝固法为例讨论温度梯度的简化模型。其生长装置如图 6.15(a) 所示，温度分布如图 6.15(b) 所示。坩埚以恒定速度 v 下降，其下降速度与坩埚内熔体自下而上的凝固速度相同。

若将凝固速度视为热量在一维空间的传热问题，则可用热传导连续方程表示。在热平衡的条件下：

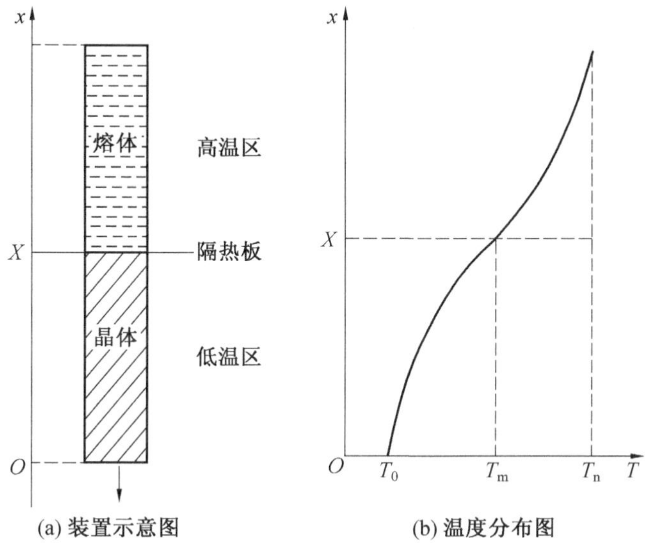

图 6.15　生长装置和温度分布

$$\lambda_S \cdot \left(\frac{dT_S}{dx}\right)_{x=X} - \lambda_L \cdot \left(\frac{dT_L}{dx}\right)_{x=X} = \rho_m \cdot L \cdot \frac{dx}{dt} \tag{6.1}$$

$$\lambda_S G_S - \lambda_L G_L = \rho_m \cdot L \cdot R \tag{6.2}$$

设坩埚在 x 方向是等截面，凝固速度 $R=\frac{dx}{dt}$，生长单位质量的晶体所放出的结晶潜热为 L，在熔点附近熔体的密度为 ρ_m；λ_S、λ_L 分别为晶体和熔体的导热率；G_S 为固相温度梯度。

$$G_L = \frac{\lambda_S G_S}{\lambda_L} - \frac{L \cdot R \cdot \rho_m}{\lambda_L} \tag{6.3}$$

设 λ_S、λ_L 是常数，那么在凝固速度一定时，G_S 和 G_L 成正比；通过增大 G_S 可增强固相的散热能力，这是实际应用中获得大 G_L 的重要途径。但是，固相散热强度增大，在有利于提高 G_L 的同时，也会使凝固速度 R 增大。因此，为了提高 G_L，常常用提高固－液界面前沿熔体的温度来达到。单向凝固装置在凝固界面附近加上辐射板正是为此目的。

较大的 G_L 有利于抑制成分过冷，从而提高晶体的质量。但是并不是温度梯度 G_L 越大越好，特别是制备单晶时，熔体温度过高，会导致液相剧烈地挥发、分解和受到污染，从而影响晶体的质量。固相温度梯度 G_S 过大，会使生长着的晶体产生大的内应力，从而导致晶体开裂。

(2) 凝固速度 R。

采用功率降低法时，单向凝固的铸件在凝固时释放热量，该热量只靠水冷结晶器导出；随着凝固界面的推移，结晶器的冷却效果越来越小，温度梯度也逐渐减小，因而凝固速度不断减小。快速凝固法中凝固速度实际上取决于铸型或炉体的移动速度。通常将固－液界面稳定在辐射板附近，使之达到一定的 G_L/R 值，保证晶体稳定生长。利用这种方法，可使铸件在拉出初期，热量主要靠热传导通过结晶器导出。随着铸件不断拉出，铸件向周围辐射传热逐渐增加。当半径为 r 的圆柱铸件拉出 dx 距离时，通过横截面的热流应

与 dx 微元体侧面的辐射热损失 q_R 相等，其热量平衡方程为：

$$q_{-x} - q_{-(x+dx)} = q_R \tag{6.4}$$

或

$$\pi \cdot r^2 \cdot \lambda_S \cdot \left(\frac{dT_S}{dx}\right)_{-x} - \pi \cdot r^2 \cdot \lambda_S \cdot \left(\frac{dT_S}{dx}\right)_{-(x+dx)} = 2\pi r\sigma\varepsilon(T^4 - T_0^4)dx \tag{6.5}$$

简化得：

$$\frac{d^2T_S}{dx^2} = \frac{2\sigma\varepsilon}{\lambda_S r} \cdot (T^4 - T_0^4) \tag{6.6}$$

式中，σ 为斯忒藩－玻尔兹曼常量；ε 为辐射系数。

在稳定态生长时，$\frac{dT}{dt} = 0$。

$$a\frac{d^2T_S}{dx^2} - v\frac{dT_S}{dx} = 0 \tag{6.7}$$

式中，a 为热扩散率，$a = \frac{\lambda_S}{\rho_S c_p}$；$v$ 为铸件拉出速度。因此：

$$\left(\frac{dT_S}{dx}\right)_{x=X} = \frac{2\sigma a\varepsilon}{v\lambda_S r} \cdot (T_m^4 - T_c^4) = G_S \tag{6.8}$$

$$G_L = \frac{1}{\lambda_L} \cdot \left[\lambda_S\left(\frac{dT_S}{dx}\right)_{x=X} - L \cdot v \cdot \rho_m\right] \tag{6.9}$$

采用快速凝固法时，G_L 受到铸件拉出速度、热辐射条件和铸件径向尺寸的影响。在稳定态生长条件下，铸件拉出的临界速度 v_{ct} 主要受到铸件辐射传热的特性的影响，设式(6.9)中 $G_L = 0$ 为临界条件，则：

$$v_{ct} = \left[\frac{2\sigma a\varepsilon}{r\rho_m L} \cdot (T_m^4 - T_c^4)\right]^{0.5} \tag{6.10}$$

在小于临界拉出速度时，凝固速度 R 与拉出速度 v 基本一致，固－液界面稳定在辐射挡板附近。

3. 单向凝固过程中的枝晶间距控制

单向凝固组织一般具有树枝晶结构。枝晶间距 d_1、d_2 越小，柱状晶就越细密，其性能也就越高。对一定成分的单相合金而言，欲使 d_1、d_2 变小，则希望单向凝固过程中 G_LR 增大。但 R 的提高受到 G_L/R 值的制约，因此努力使 G_L 值在凝固过程中维持一个较高的水平，是单向凝固技术不断追求的目标。因为高的 G_L 值不仅可以确保单向凝固的实现，而且可以使 d_1、d_2 进一步减小。可通过下述途径提高温度梯度 G_L。

(1) 加强已凝固部分的散热能力 Q_S，其表达式为：

$$Q_S \approx G_L\lambda_L + R\rho L \tag{6.11}$$

Q_S 的增大将使液体余热和结晶潜热的排出率 $G_L\lambda_L$ 和 $R\rho L$ 增加，从而使 G_L 提高，与此同时也有利于 R 的增大。

(2) 提高浇注温度或加热界面前方液体。

(3) 将凝固界面上方液态金属周围的高温环境与界面下方已凝固部分所处的低温环境隔开，从而迫使更多的热流通过界面传递以提高 G_L。

此外为了适应复杂铸件断面的改变及各种凝固条件的变化，生产中还要求能独立控

制 G_L 和 R 这两个变量，以便得到 d_1、d_2 恒定均匀的细密组织。

4. 单向凝固方法

单向凝固方法很多，一般可分为炉外单向凝固和炉内单向凝固两大类。

(1) 炉外单向凝固法。

将铸型加热到高温后，迅速取出放在激冷板上，并立即浇注。冒口上方加盖发热剂，激冷板下方喷水冷却。由于铸型表面温度升高到熔点以上，能使金属较长时间保持液态，从而形成了自下而上的单向凝固条件(图 6.16)。该方法的缺点是一经浇注，G_L 和 R 就无法控制。由于单向散热能力随界面推进而逐渐减弱，柱状晶组织也逐渐变粗，当其长度超过 50 ～ 100 mm 后，就开始出现等轴晶粒。但其工艺简单和成本较低，适合于简单零件小批单向凝固的生产。

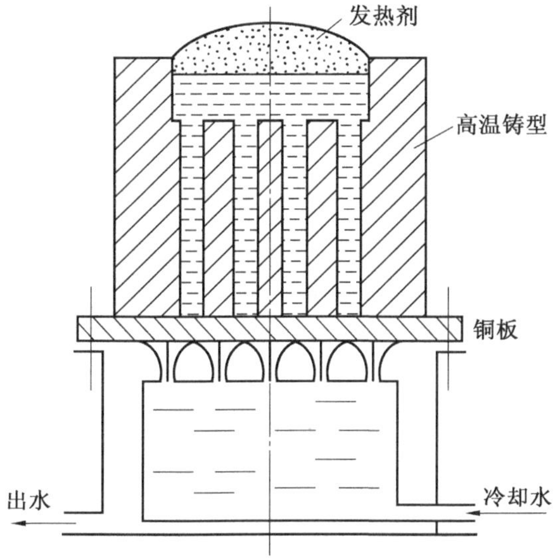

图 6.16　炉外单向凝固法

(2) 炉内单向凝固法。

使铸件在加热器内浇注和冷却。由于可以调节炉内温度梯度及对结晶过程实现程度不同的控制，因此可以获得高质量的复杂铸件。

① 功率下降法。简称 P. D 法，如图 6.17 所示。将加热器中的铸型放在水冷结晶器上，加热器的感应圈由上下两部分组成。先把铸型加热到浇注温度以上 30 ～ 60 ℃，浇注后切断下部感应圈电源。通过合理地调节上部线圈的输入功率，可实现冷却速度相当大的单向凝固。该方法的缺点是散热条件没有得到较好的改善，得到的柱状晶区仍不超过 180 mm。

② 高速凝图法。简称 H. R. S 法，如图 6.17 所示。该法是在 P. D 法的基础上，通过逐步移出铸型(或上移加热器) 加强已凝固部分的散热条件实现了更长单向组织的生产。铸型移出速度应能确保凝固界面处于隔板附近的上方。隔板可将高温区和低温区分隔开，从而有利于 G_L 的进一步提高。与 P. D 法相比，该法优点是具有较高的 G_L(26.30 ℃/cm) 和 R (23 ～ 27 cm/h)，故枝晶间距 d_1、d_2 较小，柱状晶细密挺直，生产

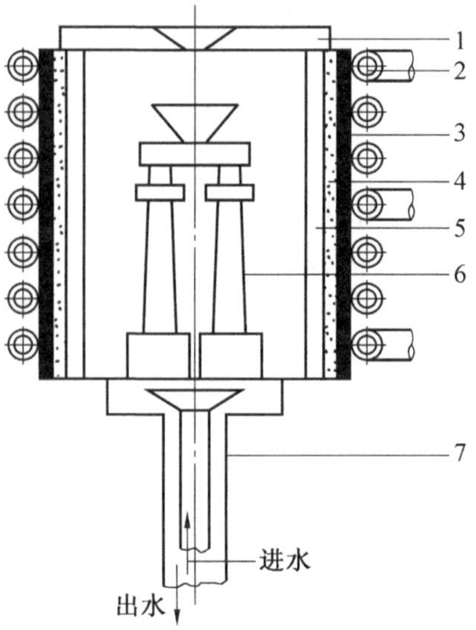

图 6.17　P.D 法示意图

率比 P.D 法高 2～3 倍，凝固区域较窄(仅为 P.D 法的 1/4)，故有利于补缩，铸件缺陷大大减少；并能在较长时间内持续恒定的生长，故组织均匀，柱状晶长度可达 300 mm 以上。

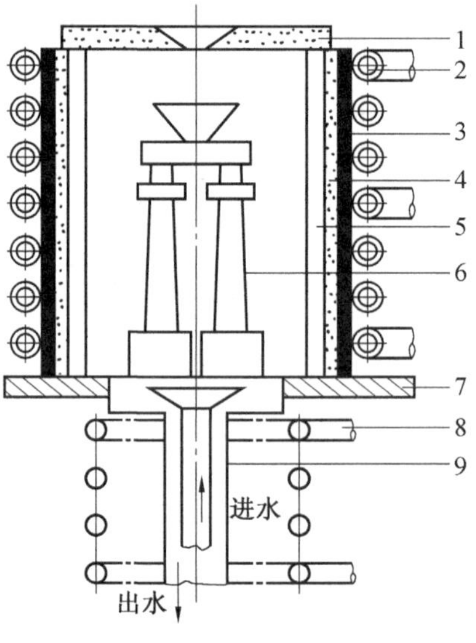

图 6.18　H.R.S 法示意图

1— 保温盖；2— 感应圈；3— 玻璃布；4— 保温层；5— 石墨套；6— 模壳；7— 挡板；8— 冷却圈；9— 结晶器

③ 液态金属冷却法。简称 L.M.C 法。为了进一步加强 H.R.S 法的散热能力，可使结晶器连同铸型在移出隔板后尽快浸入低熔点、高沸点的液态金属(如 Sn 液)中，利用液态金属的高散热能力使凝固区激冷，这便是 L.M.C 法。此法中单向组织生长速率可达 200 ℃/cm 以上，且原则上不受凝固层拉长的影响，可得到极长的单向柱状晶。

5. 单晶体铸件的获得

晶体生长的研究内容之一是制备成分准确，尽可能无杂质、无缺陷的单晶体。单晶是人们认识固体的基础，而且对单晶的研究可促进许多金属新性质的发现。铁、钛、铬都是软金属，但单晶晶须力学强度要比同物质的多晶体高出许多倍。研究晶体结构、各向异性、超导性、核磁共振等都需要完整的单晶体。在工业上，半导体技术的发展，实际上很大程度取决于单晶生长的研究进展。如：大面积、高度完整性的单晶硅是解决大面积集成电路的关键。单向凝固高温合金制造的航空发动机单晶涡轮叶片与定向柱晶相比，在使用温度，抗热疲劳强度、蠕变强度和抗热腐蚀性等方面都具有更好的性能。

单向凝固是制备单晶体的最有效的方法。为了得到高质量的单晶体，首先要在金属熔体中形成一个单晶晶核，随后在晶核和熔体界面上不断生长而形成单晶体。单晶在生长过程中要绝对避免固－液界面不稳定而长出胞晶或柱晶，因此固－液界面前沿不允许有过冷条件。固－液界面前沿的熔体应处于过热状态，结晶过程释放的潜热只能通过生长着的晶体导出。单向凝固满足上述热传输的要求，只要恰当地控制固－液界面前沿熔体的温度和晶体生长速率，是可以得到高质量的单晶体的。

按其成分和晶体特征，可将单晶体生长分为以下三种。

(1) 晶体和熔体成分相同。

纯元素和化合物属于这一种，由于是单元系，在生长过程中晶体和熔体的成分均保持恒定，熔点恒定。如：硅、锗、三氧化二铝等容易得到高质量的单晶体。

(2) 晶体和熔体成分不同。

为了改善半导体器件单晶材料的电学性质：如导电类型、电阻率、少数载流子寿命等，通常要在单晶体中掺入一定浓度的杂质。掺杂元素或化合物使这类材料实际上变为二元或多元系。这类材料要得到均匀成分的单晶就困难得多。由于在固－液界面上会出现溶质再分配，熔体中溶质扩散和对流传输过程将对晶体中杂质的分布有重要的影响。此外，蒸发也将使熔体或晶体杂质含量偏离预定成分。

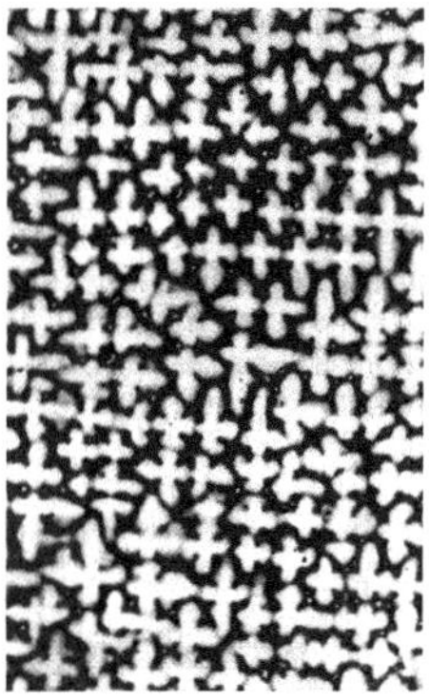
图 6.19　高温合金铸造单晶组织的横截面照片

(3) 有第二相或共晶组织的晶体。

高温合金的铸造单晶组织不同于纯元素的单晶组织，如 Ni 基高温合金单晶铸态组织不仅含有大量基体 γ 相和沉淀析出的 γ' 强化相，还有共晶析出于枝晶干间，如图 6.19 所示。整个铸件由一个晶粒组成，其内部有若干呈“十”字形花瓣状的柱状枝晶，其二次枝晶干互相平行，并具有相同的取向。严格地说，这是一种“准单晶”组织，与晶体学上的单晶是不同的。由于是柱状单晶，在凝固过程中会产生成分偏析、显微疏松及柱晶间小角度取向差(2° ～ 3°) 等，这些都会不同程度地损害晶体的完整性。尽管如此，该单晶体内的缺陷比多晶粒柱状晶界对力学性能的影响小得多。单晶材料经恰当的热处理后，可以得到优良的力学性能。

第 7 章　铸造缺陷

合金在凝固过程中，非平衡凝固和流动特性等将造成铸件及铸锭中产生化学成分的不均匀性；液态合金在降温、凝固和冷却过程中的收缩特性还将促进孔洞、内应力及裂纹的产生；而某些杂元素的吸入还将促进铸件中可能形成气孔和夹杂物等缺陷。这些铸造缺陷将降低铸件或铸锭的使用性能和加工性能。因此，本章将对常见铸造缺陷的相关问题进行介绍。

7.1　偏　析

7.1.1　概述

合金铸造时，要获得化学成分完全均匀的铸件或铸锭是非常困难的。铸件（特别是厚壁铸件）凝固以后，截面上不同部位，以至晶粒内部，可能产生化学成分的不均匀现象，将其称之为偏析。这主要是合金在结晶过程中溶质再分配的结果。由于结晶速度大于溶质的扩散速度，析出的固相与液相的浓度不同，先析出的晶体与后析出的晶体的化学成分也不同，甚至同一个晶粒内先结晶出来的部分和后结晶出来的部分也有差异，由此形成了铸件或铸锭各部分化学成分的不均匀现象。

按区域的大小可将偏析分为微观偏析和宏观偏析。微观偏析是指微小范围内的化学成分不均匀现象，一般在一个晶粒尺寸范围左右。宏观偏析也称为区域偏析，其成分不均匀现象表现在较大的尺寸范围。表 7.1 给出了不同类型偏析的分类。另外，溶质浓度 w_S 大于合金原始平均浓度 w_0 称为正偏析，反之称为负偏析。

表 7.1　偏析的分类

微观偏析	宏观偏析
晶内偏析（枝晶偏析）	正偏析
晶界偏析	逆偏析
—	V 形偏析和逆 V 形偏析
—	带状偏析
—	重力偏析

微观偏析使晶粒范围内的物理和化学性能产生差异，影响铸件的机械性能。晶界偏析往往有更大的危害性，偏析使得低熔点共晶容易集中在晶粒边界，既增加铸件在凝固过程中产生热裂的倾向性，又降低了铸件的塑性。而宏观偏析使铸件或铸锭在机械性能和物理性能方面产生很大的差异，从而影响了零件的使用寿命和工作效果。如：铅青铜铸件

容易产生重力偏析，使铅的分布不均匀，其耐磨性能变差；锡青铜铸件容易产生逆偏析，铸件表面锡含量提高，降低了切削加工的工艺性能。

7.1.2　微观偏析

1. 晶内偏析(枝晶偏析)

晶内偏析多产生于具有结晶温度范围的固溶体中。该类合金冷却较快时，将形成不平衡结晶。如图 7.1 所示，在实际铸造条件下，w_0 成分要过冷到液相线温度以下才开始结晶，结晶出的固溶体成分应为 α_1。当冷却到 t_2 时，其平衡成分应为 α_2。平衡结晶条件下，先结晶出的 α_1 通过原子扩散使其成分变为 α_2。但冷却速度快，扩散过程来不及充分进行，因而晶体的中心与其外缘成分产生差异，其平均成分介于 α_2 和 α_1 之间(α_2')。同理，当温度降至固相线温度 t_3 时，平衡凝固条件下固溶体的成分应达到 α_3(即原始成分)，结晶本应结束。但在非平衡凝固条件下，温度降至 t_3 时晶体的平均成分(α_3') 小于 α_3。即：该合金的结晶过程尚未结束。只有温度降至 t_3 以下某温度(t_4) 时，固溶体的平均成分才能与原合金成分相同，此时结晶结束。如果忽略固体内的扩散过程，那么晶体的中心成分 α_1 和表面成分 α_4 将保持到室温。不平衡结晶过程中，固相的平均成分低于平衡固相成分，而液相的平均成分高于平衡液相成分，由此产生了化学成分的不均匀性。

图 7.1 中 $\alpha_1-\alpha_2'-\alpha_3'-\alpha_4'$ 连成的线是快冷时固溶体的平均成分线。显然，这是一条偏离平衡相成分的固相线。这条线与平衡成分线偏离的幅度，是随着冷却速度的增大而加大。这种偏离平衡条件的结晶，就是不平衡结晶。不平衡结晶所得到的组织，称为不平衡组织。

在实际铸造条件下，由于冷却速度较快，溶质来不及充分扩散，凝固后所得的固溶体中，每一个晶粒内的成分都是不均匀的，晶粒内先结晶的部分和后结晶部分的成分是不同的，这就是晶内偏析。

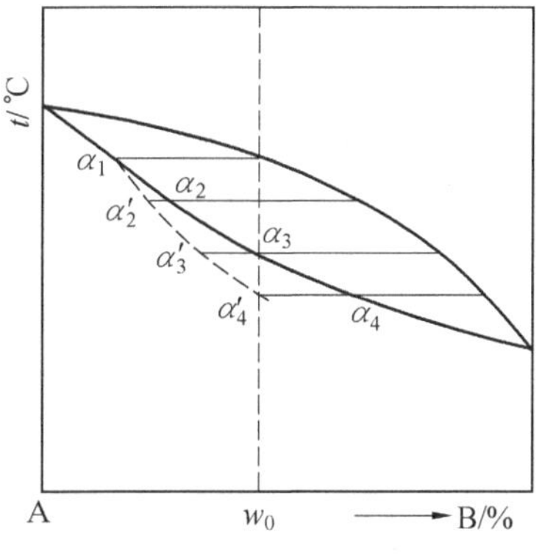

图 7.1　固溶体不平衡结晶示意图

固溶体合金的结晶也具有方向性，通常按着树枝状晶形式长大，先结晶的枝干和后结晶的分枝的成分也存在差异。

图 7.2(a) 显示了 Cu－Ni 合金的铸态组织，其中 α 固溶体呈树枝状，组织侵蚀后呈现出深浅不同的颜色。枝干与枝间的颜色差别说明它们的成分有很大的差异，先结晶的枝干富 Ni，不易侵蚀，故呈亮色；而后结晶的枝晶间富 Cu，易侵蚀而呈暗色。图 7.2(b) 表示枝间 Ni 和 Cu 的成分变化，图中贫 Ni 富 Cu 区域是枝间部分，而贫 Cu 富 Ni 的区域则对应于枝干部分。铸钢组织也呈树枝状，其中先结晶的枝干中心含碳量较低，后结晶出的分枝含碳量较高，枝晶间含碳量更高。树枝晶中这种化学成分不均匀的现象，称为枝晶偏析，因为它属于一个晶粒范围内的成分不均匀，所以又称晶内偏析。

非平衡结晶过程中，固相中溶质原子的均匀化过程对晶内偏析程度有着显著的影响。研究表明，金属以枝晶方式生长时，虽然分枝的伸展和继续分枝进行得很快，但在整

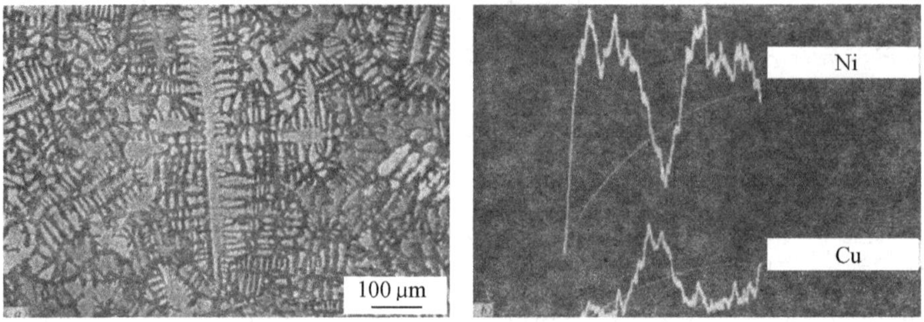

(a) Cu-Ni 合金的树枝状组织　　(b) 用电子探针测得 Cu-Ni 合金枝晶偏析中两枝晶间的 Cu 和 Ni 成分变化的 X 线强度

图 7.2　Cu－Ni 合金的铸态组织

个晶体中 90% 以上的金属是以充填分枝间的方式凝固(即分枝的侧面生长)。分枝的侧面生长往往采取平面生长方式。因此,铸件凝固后,各组元在枝干中心与其边缘之间的成分分布可近似地用 Scheil 方程式描述。

图 7.3 表示 Cu－Sn8% 合金单相凝固时铸态组织中 Sn 在枝晶横截面分布的等浓度线。分枝中 Sn 的分布不均匀,枝干中心 Sn 的质量分数最低,仅有 6%,而分枝间 Sn 质量分数高达 23%。已知 Cu－Sn 合金的平衡分配系数 $k \approx 2.9\% < 6\%$,这说明溶质在固相中的扩散是不可忽视的。

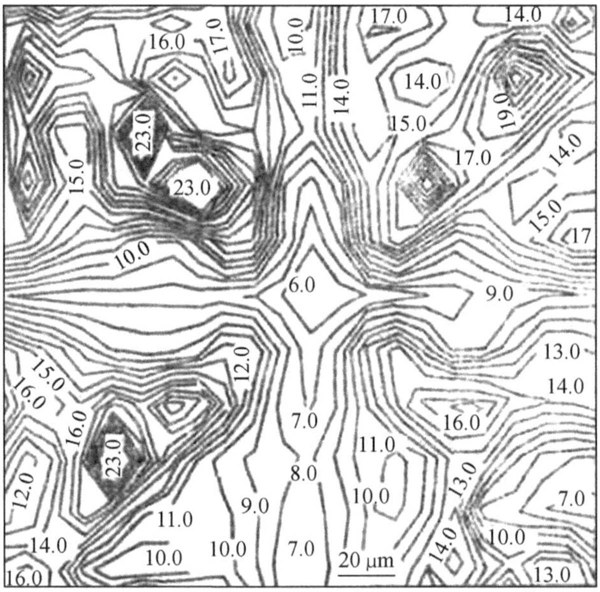

图 7.3　Cu－Sn8% 合金单相凝固铸态组织 Sn 在枝晶横截面的分布等浓度线

当考虑固相中有扩散,液相均匀混合时,固液界面上固相的溶质浓度 w_S^* 与固相分数 f_S 的关系可用下式描述:

$$w_S^* = k_0 w_0 \left(1 - \frac{f_S}{1 + \alpha k_0}\right) \tag{7.1}$$

式中，f_S 为固相分数；w_0 为原始浓度；k_0 为平衡分配系数。

$$\alpha = \frac{D_S \cdot \tau}{s^2} \tag{7.2}$$

式中，D_S 为溶质在固相中的扩散系数；τ 为局部凝固时间；s 为枝晶间距的一半。

式(7.1)和式(7.2)表明，枝晶偏析的产生主要决定于溶质元素的分配系数 k_0 和扩散系数 D_S，以及冷却条件 τ 和枝晶间距 $2s$。

当 $k_0 < 1$ 时，相图中液相线和固相线的间隔越大，溶质平衡分配系数越小。在其他条件相同时，k_0 值越小，固液界面的溶质富集越明显，固相和液相中的溶质浓度差越大。因此，可用 $|1-k_0|$ 来衡量溶质的偏析程度。$|1-k_0|$ 值越大，枝晶偏析情况越严重，故 $|1-k_0|$ 称为偏析系数。

图 7.4 表明，铸锭中的枝晶偏析随冷却速度 v_0 的增大而增大，当冷却速度增大到某一值后，再继续增加冷却速度，枝晶偏析程度减轻，此时偏析来不及发生，反而得到成分均匀的非晶态组织。

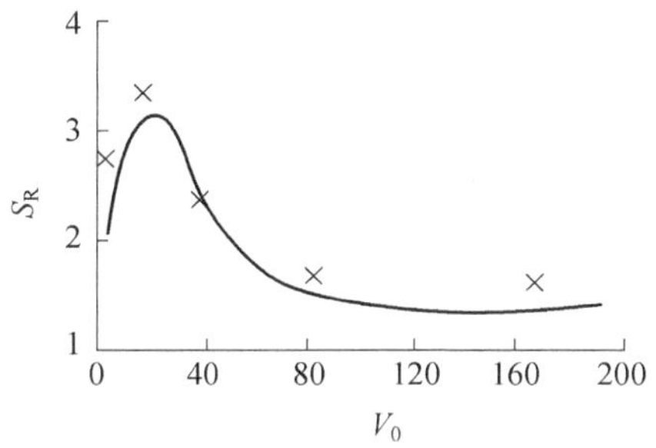

(a) Mg-Ca 合金 (w(Ca)=0.2%)

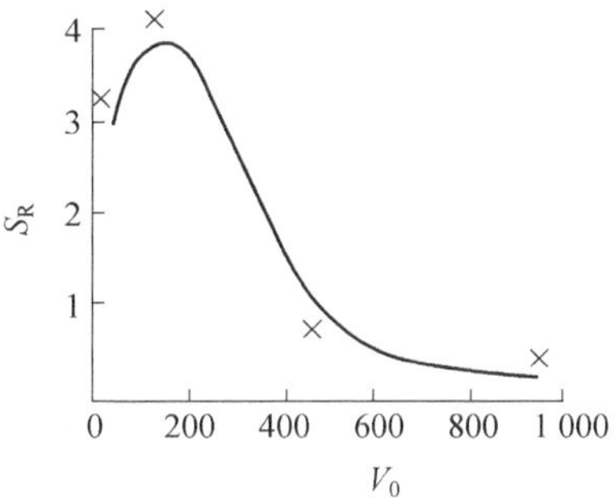

(b) Mg-Mn-Al-Ca 合金 (w(Ca)=0.13%)

图 7.4　冷却速度 v_0 对铸锭中 Ca 偏析的影响

枝晶偏析是不平衡结晶的结果，在热力学上是不稳定的，把铸件加热到低于固相线 100～200 ℃，长期保温，使溶质原子充分扩散，则可减轻甚至消除枝晶偏析。图 7.5 所示为图 7.2 所示的 Cu－Ni 合金经均匀化退火的组织及与之相对应的特征 X 射线强度曲线，结果表明，枝晶偏析已基本消除。

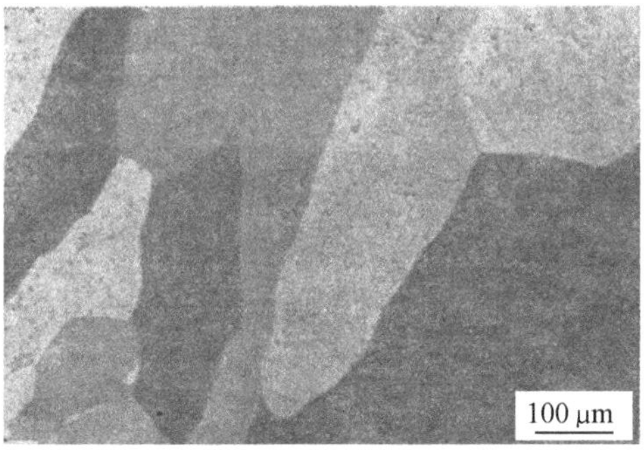

(a) 退火后的显微组织

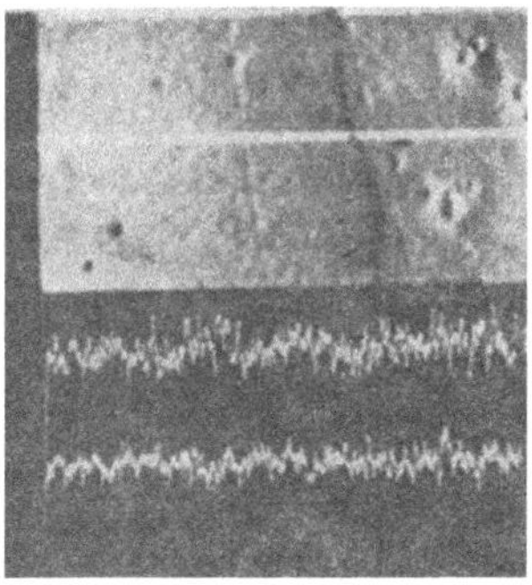
(b) 穿过晶粒边界的电子探针扫描图像（晶界在电了图像中为黑色，扫描图像对应白线）

图 7.5　Cu－Ni 合金扩散退火后的组织

2. 晶界偏析

微观偏析的另一种形式是晶界偏析。两个晶粒相对生长，相互接近，相遇，如图 7.6 所示。在固液界面，溶质被排出($k_0 < 1$)，还可能有其他低熔点的物质也被排出在固液界面。这样在最后凝固的晶界将有较多的溶质成分或其他低熔点的物质。

另一种晶界偏析的情况是晶粒相对生长时形成的。如图 7.7 所示，合金在凝固过程按柱状晶生长时，柱状晶界面之间有着明显的晶界偏析。晶界之间除溶质元素富集外，同样也可能存在其他低熔点和高熔点的杂质。

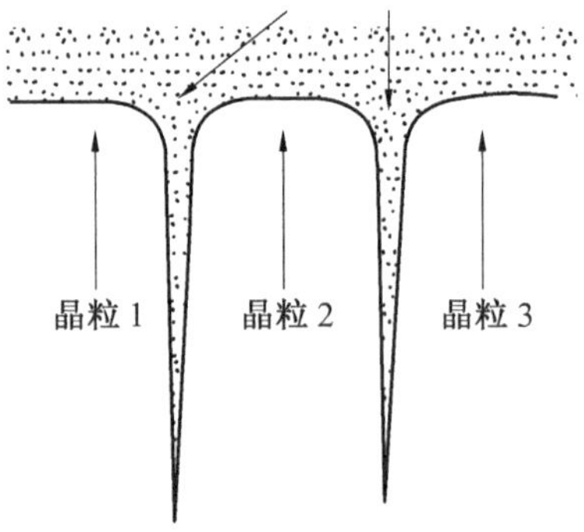

图 7.6　晶粒平行于生长方向形成的晶界偏析

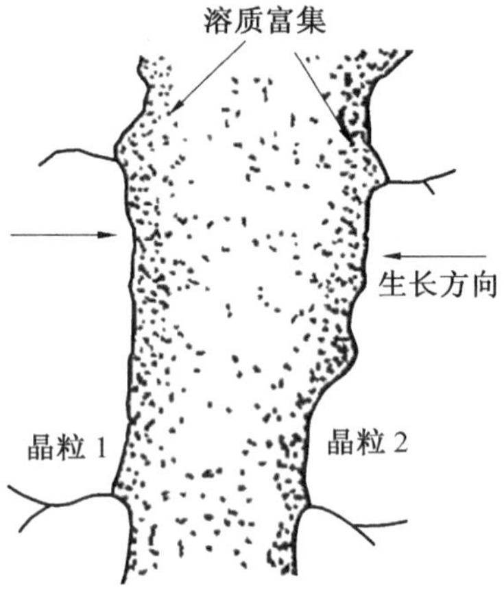

图 7.7　晶粒相碰形成的晶界偏析

在成分过冷不大的情况下，固溶体合金在结晶时会出现一种胞状结构，当液相内过冷度较大时，将呈现树枝状结构。胞状结构由一系列平行的棒状晶体所组成，沿凝固方向长大，呈六方断面。当 $k_0 < 1$ 时六方断面的晶界富集溶质元素，这种偏析也称为胞状偏析，它也属于亚晶界偏析。

7.1.3　宏观偏析

1. 正常偏析

当铸件或铸锭凝固区域很窄时，固溶体初生晶生长成紧密排列的柱状晶，凝固前沿是平滑的或为短锯齿形，枝晶间液体的流动对宏观偏析的影响占次要地位，宏观偏析的产生主要与结晶过程中的溶质再分配有关。

非平衡凝固条件下，随着凝固前沿向前推进，“多余”的溶质原子($k_0 < 1$)被排斥在周围的液相中。这部分液体的溶质浓度逐渐升高，后结晶的固相溶质浓度也不断增加，导致铸件先凝固区域的溶质浓度低于后后凝固区域。$k_0 > 1$ 的合金则与上述情况相反。这种区域上成分的不均匀性称为正常偏析。

图 7.8 所示为原始成分为 w_0 的合金($k_0 < 1$)以平面界面单向凝固后，沿试样凝固方向上的溶质分布，曲线 b、c、d 是液相中传质方式不同时的正常偏析情况。

下面以厚壁铸钢件为例，讨论碳、磷、硫等溶质元素的分布规律。由于钢液来不及在宏观范围内选择结晶，铸件表面细晶粒区内平均溶质浓度为原始平均浓度(w_0)。与细等

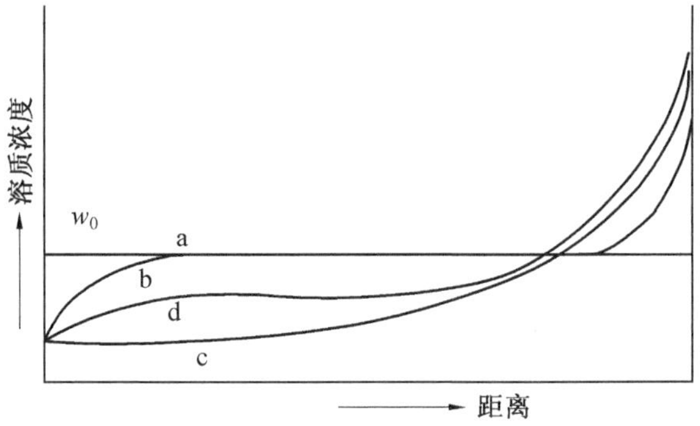

图 7.8　原始成分为 w_0 的合金在单相凝固后的溶质分布

a— 平衡凝固；b— 固相内无扩散，液相有限扩散；

c— 固相无扩散，液相内均匀混合；d— 固相无扩散，液相内部分混合

轴晶区相连的柱状晶区内，凝固由外向内依次进行的，且凝固区域很窄，先凝固的部分溶质浓度较低，“多余”的溶质被排斥在周围的液体中，使未凝固的液体中的溶质浓度逐渐增高，后结晶的固相溶质浓度随之升高，结晶开始温度则相应降低，该阶段形成正常偏析。当铸件中心部位的液体降至结晶温度时，生长出粗大的等轴晶。含溶质浓度较高的液体被阻滞在柱状晶区与等轴晶区之间，该处磷、硫、碳的含量较高，如图 7.9 所示。中心粗大等轴晶区的平均成分也接近 w_0。

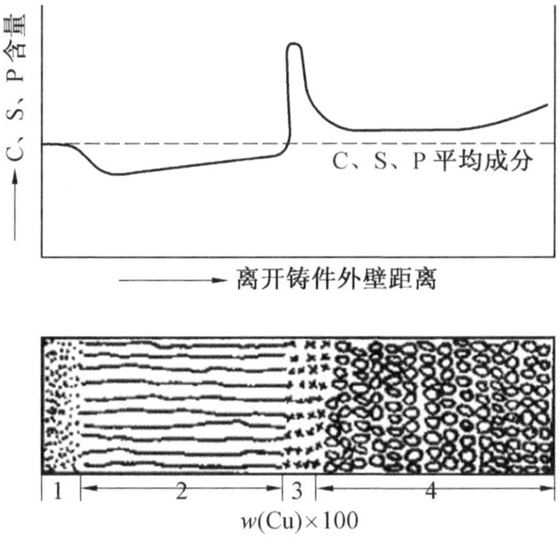

图 7.9　厚壁铸钢件断面 C、S、P 偏析规律与结晶特点的关系

1— 细晶区；2— 柱状晶区；3— 偏析的富集区；4— 粗等轴晶区

2. 逆偏析

铸锭和铸件凝固后，常常可以观察到与正常偏析相反的情况，即铸锭的表面或底部含溶质元素较多，而中心部分或上部含溶质较少（$k_0 < 1$），该成分不均匀现象被称为逆偏析。Cu－Sn 合金和 Al－Cu 合金（图 7.10）就是经常产生逆偏析的两种典型合金。浇注含 10％Sn 的 Cu－Sn 合金时，铸件表面有时会出现含（20％～25％）Sn 的锡汗。

逆偏析的形成有以下几方面的共同特点，即结晶温度范围宽的固溶体型合金易产生

逆偏析，缓慢冷却时逆偏析程度增加，粗大的树枝状晶易形成逆偏析。上述共同特点联系起来，对逆偏析的形成原因可做如下解释：宽结晶温度范围的固溶体在缓慢凝固时易形成粗大的树枝状晶，枝晶相互交错，枝晶间富集低熔点的溶质，当铸件产生体收缩时，低熔点溶质将沿着树枝状晶间向外移动。如果液态合金中溶解有较多的气体，凝固过程中将有利于逆偏析的形成。

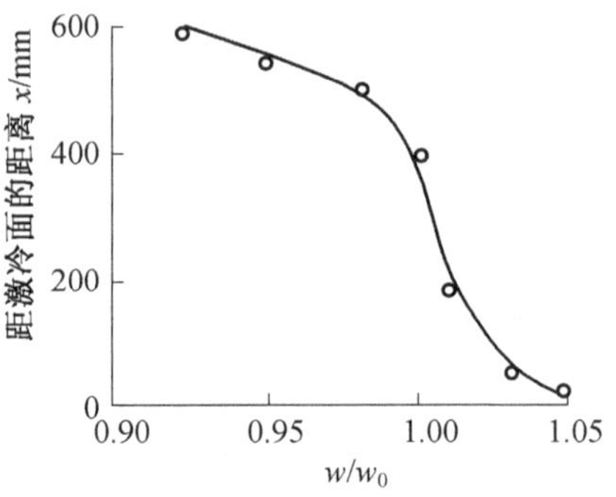

图 7.10　Al－Cu9.1% 合金铸件的逆偏析

3. V **形和逆** V **形偏析**

浇注大型钢锭时，在铸锭的断面时常出现 V 形偏析和逆 V 形偏析。这类偏析在铸锭中多呈现锥形，偏析带中含有较高的碳以及硫和磷的杂质。图 7.11 表示 V 形和逆 V 形偏析产生部位的示意图。

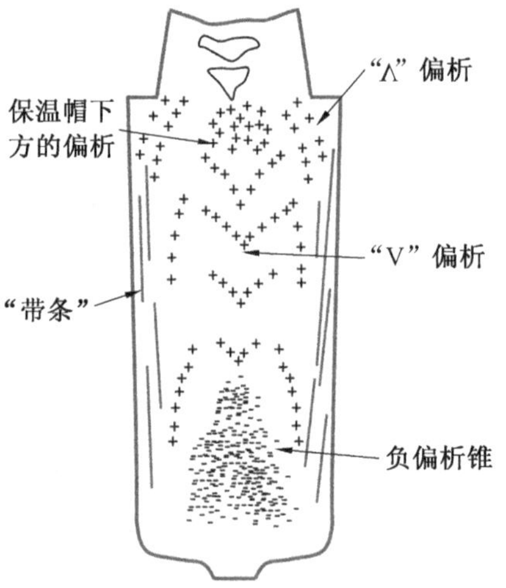

图 7.11　镇静钢的宏观偏析

'＋'—— 正偏析；'－'—— 负偏析

一般认为，凝固初期，晶粒从型壁或固液界面脱落沉积，堆积在下部。凝固后期堆积层的收缩下沉对形成 V 形偏析起着重要作用。由于初晶的沉淀，在铸锭下半部形成负偏析。与此相反，在铸锭的上半部则形成正偏析区。而在铸锭凝固过程中，堆积层中央下部的晶体收缩下沉，而上部的晶体不能同时下沉，在堆积层中则产生 V 形裂缝，其中被富溶质的液体充填，形成 V 形偏析带。

4. 带状偏析

在铸锭中有时会见到一种垂直于等温面推移方向的偏析带，称为带状偏析。

如图 7.12 所示，离心铸造厚壁管时，铸管断面经腐蚀后有时可以看到不同颜色的环形带，这是一种带状偏析。外界机械因素引起铸型振动是这种偏析产生的主要因素。然而在没有机械振动外因时，也会产生带状偏析。如图 7.13 所示，Ni－C2.2%－S (150 μg/mL) 合金单相凝固时也观察到了带状偏析，亮白条区，石墨为点状，在硫的偏析部位，即暗带区石墨为条状。

图 7.12　厚壁离心铸管的带状偏析

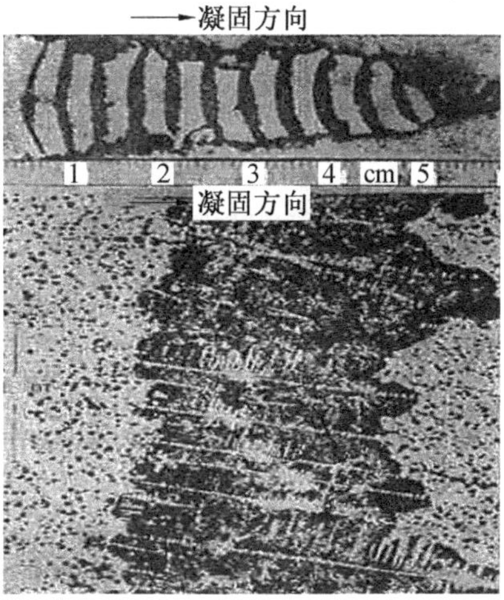

图 7.13　Ni－C－S 合金中的带状偏析

在铸锭中经常观察到两种形式的带状偏析：一种是合金单向凝固时固液界面以平面向前推进时产生的带状偏析；另一种是合金以枝晶方式生长时所观察到的带状偏析。

$k_0 < 1$ 的合金单向凝固，其平面界面进入稳定生长阶段时，生长速率对界面前沿液相中溶质分布的影响如图 7.14 所示。随着晶体生长速率的减小，进入扩散边界层的溶质总量增加；若生长速率发生波动，则要求界面前聚集的溶质量发生变化，使局部区域晶体的生长偏离稳定状态。当晶体生长速率由 R_1 突然减小到 R_2 时，界面前聚集的溶质含量增加，析出固相的溶质含量则局部减少，固相中出现溶质贫乏区。若晶体的生长速率由 R_2 突然增大到 R_1 时，情况则相反，在固相中出现溶质富集区（图 7.15）。由此可见，生长速率的波动将促进带状偏析的产生。

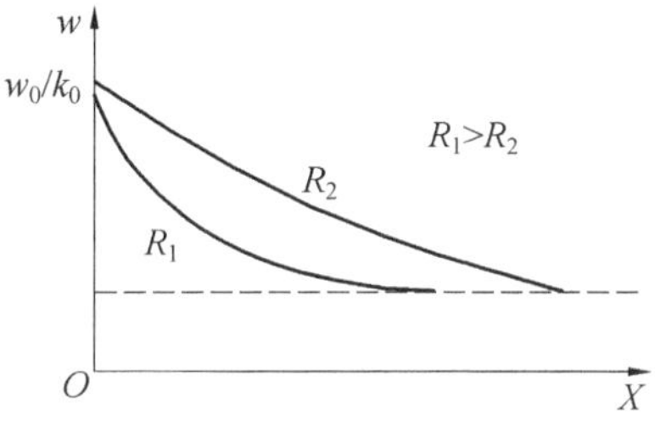

图 7.14　生长速率对界面前溶质分布的影响

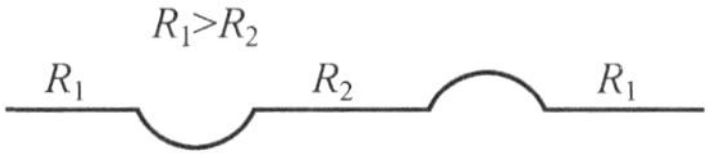

图 7.15　生长速率 R 的改变对固相中溶质分布的影响

当合金以枝晶方式生长时，铸件中存在固液两相区，液体可以沿枝晶间流动。当等温线移动速度变化时，铸件局部区域溶质平均成分被改变，而产生带状偏析。

5. 重力偏析

当液体和固体共存或者是相互不混合的液相之间存在着密度差时，将产生重力偏析。重力偏析产生于金属凝固前或刚刚开始凝固之际。如 Cu－Pb 合金在液态时由于比重不同(Cu的密度为 8.24 g/cm³,Pb为10.04 g/cm³),将产生分层现象,上部为密度小的Cu,下部为Pb,在凝固前即使进行很好的搅拌,凝固后上部也更容易出现富集 Cu 的现象。

此外,铸件在凝固过程中,固液两相区内的液体存在密度差,在重力作用下,发生向上或向下流动,也有助于形成重力偏析。例如,一断面均匀的 Al－Cu4.5% 合金铸件,水平浇注,一端设置冒口,如图 7.16(a) 所示。铸件从另一端沿水平方向(x 轴) 单向凝固,在凝固前沿的固液两相区内液体沿 x 轴方向存在温度、成分和密度差。靠近固相边界的液体含 Cu 量高,密度大,在重力作用下向下流动,导致重力偏析的产生,如图 7.16(c) 所示。

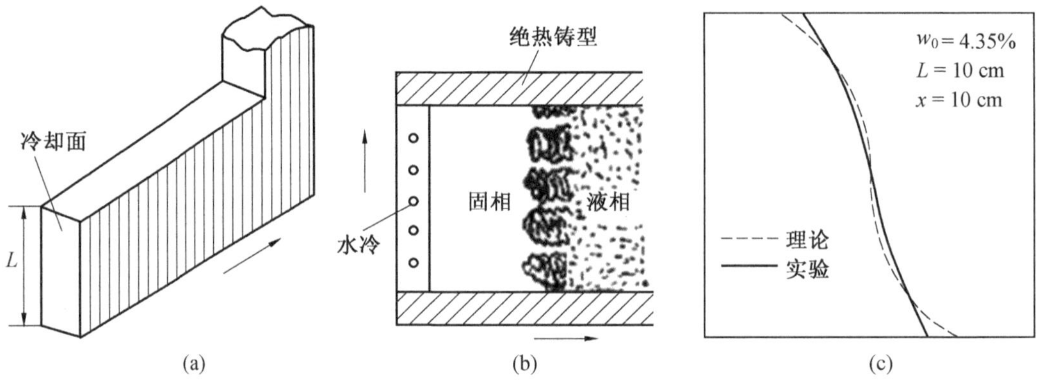

图 7.16　厚 Al－Cu4.5% 合金铸件水平定向凝固的宏观偏析

7.2　气孔和非金属夹杂物

7.2.1　气孔

1. 常见气体在铸件中的存在形态

熔炼、浇注及凝固过程易造成铸件吸收各种气体元素,它们以不同的形式存在着。气体元素在铸件中有三种形态:固溶体、化合物和气态。若气体元素以原子状态溶解于金属中,则以固溶体形态存在;若气体元素与金属中某元素之间的亲和力大于气体本身的亲和力就形成化合物;而当金属中的气体含量超过其溶解度或侵入的气体不被溶解时,气体元素则以分子状态(即气泡形式) 存在于金属液中,若凝固前气泡来不及排除,铸件将产生气孔。

存在于铸造合金中的气体元素主要是氢、氧、氮。氢的原子半径(0.37×10^{-10} m) 很小,几乎能溶解到各种铸造合金中;氧的原子半径(0.66×10^{-10} m) 虽小,但它是一个极活泼的元素,能与许多金属形成化合物,只有氧化性较差的金属及合金才能溶解一定量的氧;氮的原子半径(0.8×10^{-10} m) 较大,在铸钢、铸铁中有一定溶解量,而在铝合金及铜合金中几乎不溶解。

2. 气体来源

(1) 在熔炼过程中，合金液直接与炉气接触，这是金属吸气的主要途径。

(2) 炉料的锈蚀或油污，使用潮湿或含硫量过高的燃料都会导致炉气中水蒸气、氢气和二氧化硫等气体的含量增加，从而可增加合金液的吸气量。

(3) 合金液与铸型的相互作用是合金吸气的另一途径。铸型中的水分、黏土中的结晶水在金属液的热作用下分解、有机物的燃烧都能产生大量气体。

(4) 浇注系统设计不当、铸型透气性差、无足够的排气措施、浇注速度控制不当，都会使合金液在浇入型腔时发生喷射、飞溅和涡流而使空气卷入，增加合金中的气体。

3. 气体对铸件质量的影响

气孔不仅减少了铸件的有效截面积，且能使局部造成应力集中，成为零件破坏的裂纹源，尤其是形状不规则的气孔，如裂纹状气孔和尖角形气孔不仅增加缺口的敏感性，使金属强度下降，还降低了零件的疲劳强度。

以固溶体形式存在的气体，虽然危害较小，但也会降低铸件的韧性。在一定条件下从固溶体中析出的氢气压力使晶粒间形成裂纹。如钢中析出的氢气，造成“白点”，使钢变脆，即所谓“氢脆”。

对要求承受液压和气压的铸件，若含有气孔，能明显地降低它的气密性。

金属含有气体也会影响到它的铸造性能。铸件凝固时析出气体的反压力，阻碍金属液的补缩，造成晶间疏松，即缩气孔。合金液含有气体，也降低其流动性。

7.2.2　非金属夹杂物

1. 非金属夹杂物的分类

铸件或铸锭中的非金属夹杂物种类较多，常见的种类有以下五种。

(1) 简单氧化物，如 FeO、CuO、MnO 或 SiO_2 等。

(2) 复杂氧化物，通常用 $AO \cdot B_2O_3$ 表示，如 $FeO \cdot Al_2O_3$ 等。

(3) 硅酸盐，通常化学式为 $l FeO \cdot m MnO \cdot n Al_2O_3 \cdot p SiO_2$，其中，$l$、$m$、$n$ 和 p 为系数。

(4) 硫化物，如 FeS 等。

(5) 氮化物，如 TiN 等。

2. 非金属夹杂物的来源

铸件或铸锭中的夹杂物包括内在夹杂物和外来夹杂物。

(1) 内在夹杂物。

① 未及时排除的脱氧、脱硫产物。

② 随温度降低，硫、氧、氮等元素的溶解度下降，过饱和后从液态金属中析出，形成低熔点共晶或化合物并残留在金属中。

(2) 外来夹杂物。

① 金属与外界物质相互作用生成的非金属夹杂物，如金属料表面的黏砂、锈蚀、焦炭中的灰分熔化后成为熔渣，炉衬和浇包受金属侵蚀生成的非金属夹杂物。

② 金属液被大气氧化生成的氧化物。

3. 非金属夹杂物对铸件质量的影响

(1) 对机械性能的影响。

宏观夹杂物对机械性能的影响是显而易见的。如:经陶瓷过滤后净化的铝镁合金,强度可提高50%,延伸率可提高近一倍以上。夹杂物对塑性、冲击韧性的影响也很大。图7.17所示为氧化夹杂物对钢冲击韧性的影响。可以看出,不同熔炼气氛下,随氧含量的提高,氧化夹杂数量增多,冲击韧性(α_k 值)明显下降。

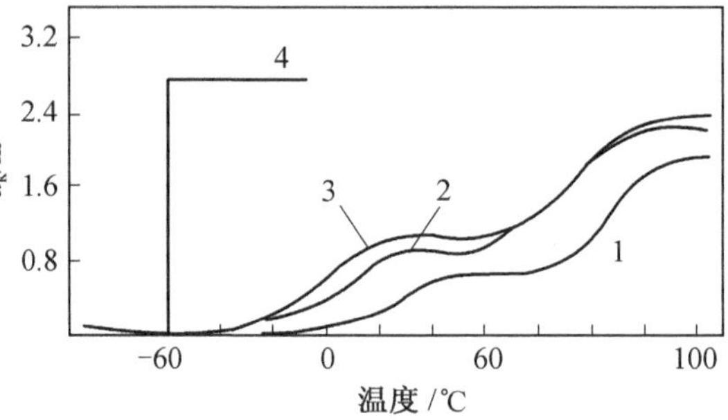

图 7.17 氧化夹杂物对钢冲击韧性的影响

1— 富氧大气条件;2— 大气条件;3— 氩气条件;4— 真空条件

夹杂物还使材料的疲劳极限降低。夹杂物的尺寸对材料疲劳极限的影响尤为显著,夹杂物越粗大,材料的疲劳极限越低。据统计,汽车零件的断裂,90%是由疲劳裂纹造成的,其裂纹源为非金属夹杂物。尖角形的夹杂物引起应力集中,促使微裂纹的产生,加速零件破坏。

(2) 对铸造性能的影响。

金属液内悬浮状难熔固体夹杂物将显著降低流动性。易熔夹杂物分布在晶界(如钢铁中的FeS),往往是引起铸件热裂的主要原因之一。夹杂物还会造成局部残余应力。有些夹杂物也促进气孔的形成,当它比基体收缩大时(如铁中MnS)还将产生缩气孔。

在某些情况下,铸件中夹杂物对铸件质量也能起到良好的作用,如钢中氮化物(如TiN)、碳化物,铸铁中的磷共晶,可提高材料硬度,增加耐磨性;易切钢中若含有微量Ca、S,可形成球形硫化物,其直径在10 μm以下,主要分布在晶内,对钢的机械性能影响不大,但却能大大改善钢的切削性。有些难熔夹杂物还能促进非均质生核,从而达到细化铸件组织的目的。

7.3 缩孔及缩松

7.3.1 概述

1. 收缩的基本概念

液态金属浇入铸型后会出现体积的收缩,包括:由于铸型吸热,金属温度下降,空位数量减少,原子集团中原子间距离变小,液态金属的体积减小;温度继续下降时,液态金属凝固,发生由液态到固态的状态变化,金属体积显著减小;固态金属冷却时,原子间距离也要缩短，固态的金属体积减小。把铸件在液态、凝固态和固态冷却的过程中所发生的体积减小现象，称为收缩。因此，收缩是铸造合金本身的物理性质。任何物体的体积，与其温度和受到的压力有关。但在一般铸造条件下，压力的变化可以忽略不计，则在不考虑物态变化和同素异形变化的条件下，铸件尺寸的变化仅取决于温度的变化。

金属从液态到常温的体积改变量称为体收缩。金属在固态时由高温到常温的线尺寸改变量，称为线收缩。

在只考虑温度对收缩的影响时，当金属从高温 T_0 降到 T_1 时，其体积和线尺寸的变化如下：

$$V_1 = V_0 \cdot [1 - \alpha_V \cdot (T_0 - T_1)] \tag{7.3}$$

$$l_1 = l_0 \cdot [1 - \alpha_l \cdot (T_0 - T_1)] \tag{7.4}$$

式中，V_0、V_1 分别为金属在 T_0 和 T_1 时的体积；l_0、l_1 分别为金属在 T_0 和 T_1 时的长度；α_V、α_l 分别为金属在 $T_0 - T_1$ 温度范围内的体收缩系数和线收缩系数，均是温度的函数。

$$\alpha_V \approx 3\,\alpha_l \tag{7.5}$$

一般情况下，用相对收缩量表示金属的收缩特性，该相对收缩量称为收缩率。当温度由 $T_0 \rightarrow T_1$ 时，金属的体收缩率和线收缩率分别为：

$$\varepsilon_V = \frac{V_0 - V_1}{V_0} \times 100\% = \alpha_V \cdot (T_0 - T_1) \times 100\% \tag{7.6}$$

$$\varepsilon_l = \frac{l_0 - l_1}{l_0} \times 100\% = \alpha_l \cdot (T_0 - T_1) \times 100\% \tag{7.7}$$

$$\varepsilon_V \approx 3\,\varepsilon_l \tag{7.8}$$

ε 是某一温度区间的相对收缩率，为 α 与温度差的乘积。因此，ε 既与金属的性质有关，又与温度区间的大小有关。

如图 7.18 所示，任何一种液态金属注入铸型以后，从浇注温度冷却到常温都要经历三个互相联系的收缩阶段：液态收缩阶段、凝固收缩阶段和固态收缩阶段。

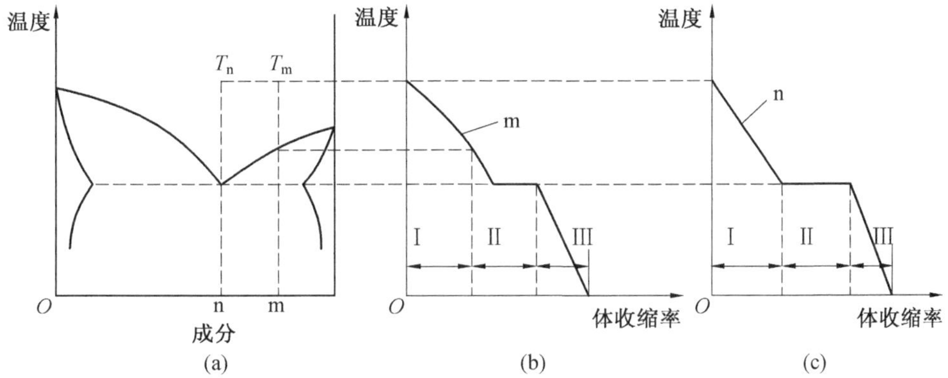

图 7.18　铸造合金的收缩过程示意图

m— 有一定结晶温度范围的合金；n— 在恒定温度下凝固的合金

铸造合金在不同阶段的收缩特性是不同的，而且对铸件质量也有不同的影响。

(1) 液态收缩。

充满铸型瞬间，液态金属由所具有的温度 $T_浇$ 冷却至开始凝固的液相线温度 T_L 的体收缩为液态收缩。因为在此阶段中，金属处于液态，收缩仅为体积的缩小，即表现为型腔内液面的降低。因此，液态收缩率可表示为：

$$\varepsilon_{V液}=\alpha_{V液}(T_{浇}-T_{L})\times 100\% \tag{7.9}$$

式中，$\varepsilon_{V液}$ 为液态收缩率；$\alpha_{V液}$ 为液态收缩系数；$T_{浇}$ 为液态金属的浇注温度；T_{L} 为液相线温度。可以看出，提高浇注温度或因合金成分改变而降低液相线温度都会使液态收缩率增加。液态收缩系数改变时，液态收缩率也相应改变。影响液态收缩系数的因素包括合金成分、温度、气体和夹杂物含量等，计算时收缩率往往取其平均值。

(2) 凝固收缩。

对于纯金属和共晶合金，凝固期间的体收缩只与状态的改变有关，而与温度无关，故具有恒定的数值。由于固态原子按照远程有序紧密的排列，具有一定结晶温度范围的合金由液态转变为固态时伴随着体积收缩。因此，合金的凝固收缩率既与状态改变时的体积变化有关，又与其结晶温度范围有关。

(3) 固态收缩。

金属的固态体收缩率可表示为：

$$\varepsilon_{V固}=\alpha_{V固}(T_{S}-T_{0})\times 100\% \tag{7.10}$$

式中，$\varepsilon_{V固}$ 为固态收缩率；$\alpha_{V固}$ 为固态收缩系数；T_{S} 为固相线温度；T_{0} 为室温。

在固态收缩阶段，铸件各个方向上都表现出线尺寸的减小。因此，这阶段对铸件的形状和尺寸精度影响最大。为方便起见，常用线收缩率表示固态收缩，即：

$$\varepsilon_{l}=\alpha_{l}\cdot(T_{S}-T_{0})\times 100\% \tag{7.11}$$

式中，ε_{l} 为金属的固态线收缩率，$\varepsilon_{V}\approx 3\varepsilon_{l}$；$\alpha_{l}$ 为金属的固态线收缩系数，$\alpha_{V}\approx 3\alpha_{l}$。

(4) 线收缩的开始温度。

当合金表现出固态性质时才能用线收缩描述其收缩情况。对于纯金属和共晶合金的线收缩是在金属完全凝固以后开始的。而对于具有一定结晶温度范围的合金，当液态金属的温度稍低于液相线温度时，便开始结晶。但由于枝晶还比较少，不能形成连续的骨架，仍为液态收缩性质。当温度继续下降，如图 7.19 虚线所示温度时，枝晶数量增多，彼此相连构成连续的骨架，合金则开始表现为固态的性质，此时开始线收缩。图 7.19 中的虚线为该合金的线收缩开始温度的连线，称为线收缩开始温度线。

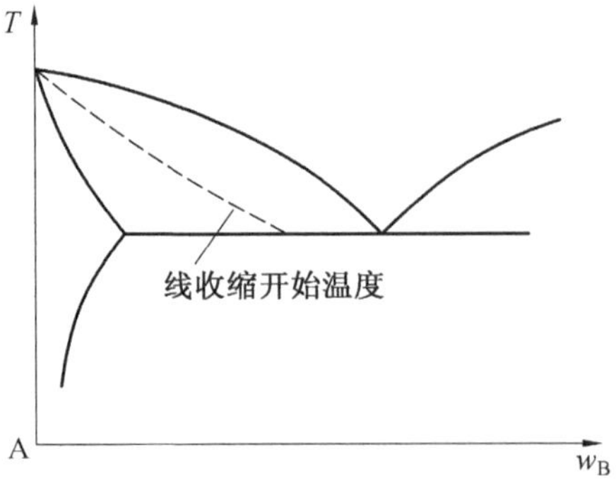

图 7.19　合金的线收缩开始温度与成分的关系

(5) 线收缩与状态图的关系。

一般合金的线收缩和状态图之间有一定的规律。

① 共晶型合金(图 7.20(a))。随着 B 成分的增加和线收缩开始温度降低，ε_l 沿曲线 2 急剧下降；在 m－n 之间的合金线收缩开始温度相同，ε_l 的变化仅与 B 的含量有关，ε_l 比较平缓地沿曲线 3 变化；另一侧 ε_l 的变化情况与曲线 2 类似。

② 固溶体合金(图 7.20(b))。ε_l 向熔点较低 B 方向上，沿曲线 1 平滑地下降。

③ 有限固溶体合金(图 7.20(c))。这类合金 ε_l 的变化规律可根据前两类合金进行分析。

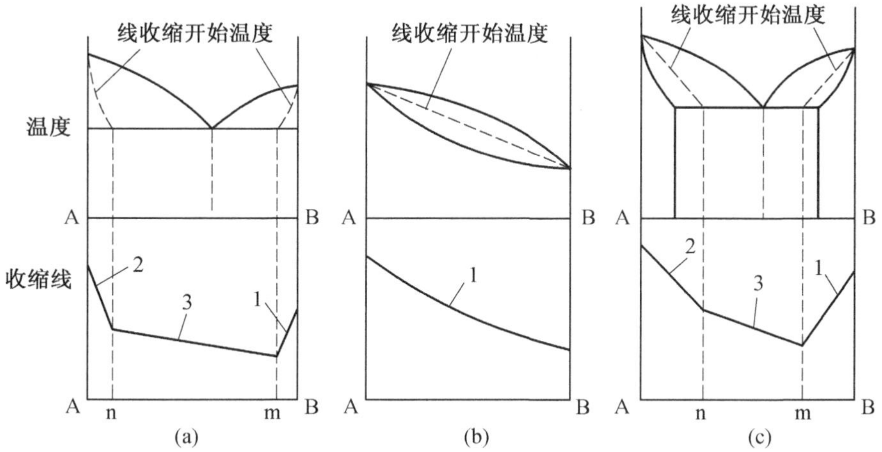

图 7.20　合金的线收缩与成分的关系

2. 铸件的收缩

前面所讨论的收缩条件和收缩量，仅考虑了金属本身的成分、温度和相变的影响。而铸件在进行收缩时，还会受到一些外界阻力的影响。铸件在铸型中的收缩仅受金属表面与铸型表面之间的摩擦阻力(可忽略)的阻碍时，为自由收缩。如果铸件在铸型中的收缩，还受到其他阻碍，则称受阻收缩(图 7.21)。对于同一种合金，受阻收缩率小于自由收缩率。

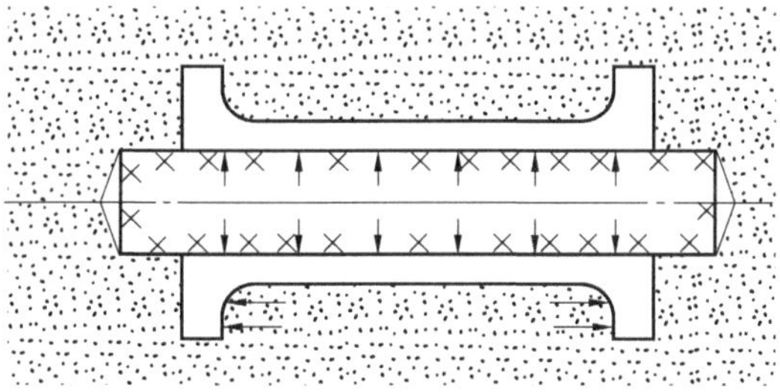

图 7.21　受机械阻碍的铸件

铸件在铸型中收缩时受到的阻力分为以下几种。

(1) 铸型表面的摩擦力。

铸件收缩时，其表面与铸型表面之间的摩擦力与铸件质量、铸型表面的平滑程度有关。

(2) 热阻力。

铸件结构特点或其他因素造成铸件各部分冷却速度不一致，使各部分的收缩彼此制约产生阻力，导致铸件不能自由收缩，这种阻力称为热阻力。

(3) 机械阻力。

铸件由于本身结构的特点，如铸型突出部分或内腔部分有型芯，在收缩时会受到铸型和型芯的阻力，而不能自由收缩，这种阻力称为机械阻力。

7.3.2 铸件中的缩孔和缩松

合金的液态收缩和凝固收缩往往导致在铸件最后凝固的部位出现孔洞，称为缩孔。容积大而集中的孔洞称为集中缩孔，简称缩孔；细小而分散的孔洞称为分散性缩孔，简称缩松。缩孔的形状不规则，表面不光滑，可看到发达的树枝晶末梢，故可以与气孔区别开来。

在铸件中存在任何形态的缩孔和缩松都会减小受力的有效面积，并容易在缩孔和缩松处产生应力集中的现象，从而导致铸件的机械性能显著降低。缩孔和缩松的存在还会降低铸件的气密性和物理化学性能。因此，缩孔和缩松是铸件的重要缺陷之一。

1. 缩孔

缩孔容积较大，多集中在铸件上部和最后凝固的部位。现以圆柱体铸件为例分析缩孔的形成过程，如图 7.22 所示。

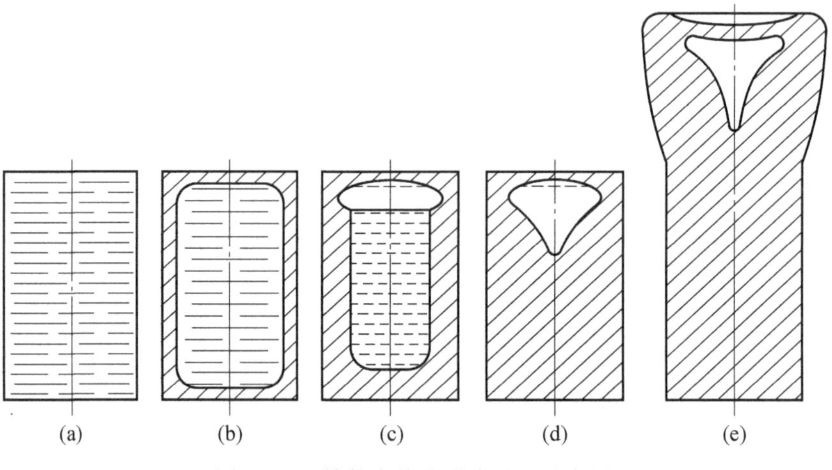

图 7.22 铸件中缩孔形成过程示意图

假定所浇注的金属在固定温度下凝固，或结晶温度范围很窄，铸件由表及里地逐层凝固。首先，液态金属充满了铸型(图 7.22(a))。由于铸型的吸热，液态金属温度降低，发生液态收缩，但持续的浇注过程将对液态收缩部分进行补充。因此，在浇注期间型腔总是充满金属液。当铸件外表的温度下降到凝固温度时，铸件表面凝固出一层固态硬壳，并紧紧包住内部的液态金属，而内浇口此时被冻结，液态金属无法再浇注到铸型内部，如图 7.22(b) 所示。进一步冷却时，同时发生三个变化：一是外壳的固态收缩，二是部分液态金属发生凝固，三是剩余的液体发生液态收缩。后两者会使固体外壳内部的金属发生收缩而导致液面降低，而固体外壳因温度降低会使其内腔体积缩小。如果因液态收缩和凝固收缩造成的体积缩减等于因外壳尺寸缩小所造成的体积缩减，则凝固的外壳仍和内部液态金属紧密接触，不会产生缩孔。但由于合金的液态收缩和凝固收缩超过外壳的固态收缩，液体将与硬壳的顶面脱离，如图 7.22(c) 所示。依此进行下去，硬壳不断加厚，液面将不断下降，待金属全部凝固后，在铸件上部就形成一个倒锥形的缩孔，如图 7.22(d) 所示。整个铸件的体积因温度下降至常温而不断缩小，使缩孔的绝对体积有所减小，但其值变化不大。如果铸件顶部设置冒口，缩孔将移至冒口中，如图 7.22(e) 所示。

综上所述，在铸件中产生集中缩孔的基本原因：合金的液态收缩和凝固收缩值大于固态收缩值；产生集中缩孔的条件：铸件由表及里地逐层凝固（而不是整个体积同时凝固），缩孔就集中在最后凝固的地方。

通过一定的理论计算可用式(7.12) 表示缩孔的体积。

$$V_{缩孔}=[V_{液}\cdot\alpha_{V液}(T_{浇}-T_S)+V_{液}\cdot\varepsilon_{V凝}-\frac{1}{2}V_{液}\cdot\alpha_{V固}(T_S-T_F)]\cdot\left(1-\frac{K\sqrt{\tau}}{2R}\right) \tag{7.12}$$

式中，K 为铸件的凝固系数；τ 为浇注时间；R 为折算厚度；$T_{浇}$ 为浇注温度；T_S 为固相线温度；T_F 为铸型与铸件间界面温度。

通过式(7.12) 可以清楚地了解各种因素对缩孔容积的影响，具体如下。

(1) 合金的液态收缩系数越大，则缩孔容积越大。

(2) 合金的凝固收缩越大，缩孔容积就越大。

(3) 合金的固态收缩系数越大，铸件的缩孔容积就越小。

(4) 铸型的激冷能力越大，缩孔容积就越小。因为铸型的激冷能力大，就越容易造成边浇注边凝固的条件，使金属的收缩在较大程度上被后注入的金属液所补充，使实际参加收缩的液态金属量减少。如果冷却速度使得凝固时间等于浇注时间，铸件就不会出现缩孔，如：连续铸锭中就没有缩孔。

(5) 浇注温度 $T_{浇}$ 越高，合金的液态收缩就越大，则缩孔容积越大。

(6) 浇注速度越缓慢，即浇注时间越长，缩孔容积就越小。

(7) 铸件越厚，当铸件表面形成硬壳以后，内部的金属液温度就越高，液态收缩就越大，则缩孔容积不仅绝对值增加，其相对值也增加。

集中缩孔产生在铸件最后凝固的区域，因此，确定缩孔的位置就是确定铸件中最后凝固的区域。常用等固相线法确定缩孔的位置。

对于在恒温下结晶或结晶温度范围很小的合金，可将凝固前沿视为固液相的分界线，也是一条等温线，称为等固相线。在铸件断面上从冷却表面开始逐层向内绘制等固相线，直到最窄断面上的等固相线相接触为止，等固相线不相接连的地方，就是铸件的最后凝固区域，也就是缩孔的位置，如图 7.23 所示，这就是用于确定集中缩孔位置的等固相线法。

图 7.24 所示为用等固相线法确定工字形截面铸件缩孔位置及控制缩孔位置方法的示意图。图 7.24(a) 是等固相线法确定的缩孔位置。图 7.24(b) 是实际铸件的缩孔位置。如果在铸件的底边放冷铁，由于加大了该处的冷却速度，等固相线上移，缩孔全部集

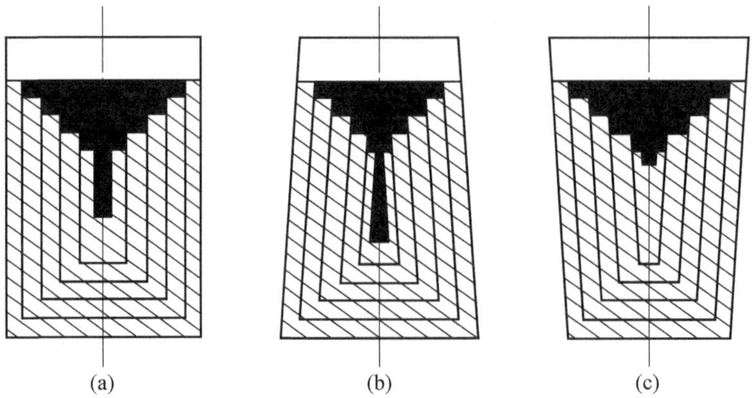

图 7.23　用等固相线法确定铸件缩孔的位置

中在铸件上部，如图 7.24(c) 所示；如果冷铁尺寸适当，并在上部设冒口，可以使铸件内部无缩孔，如图 7.24(d) 所示。

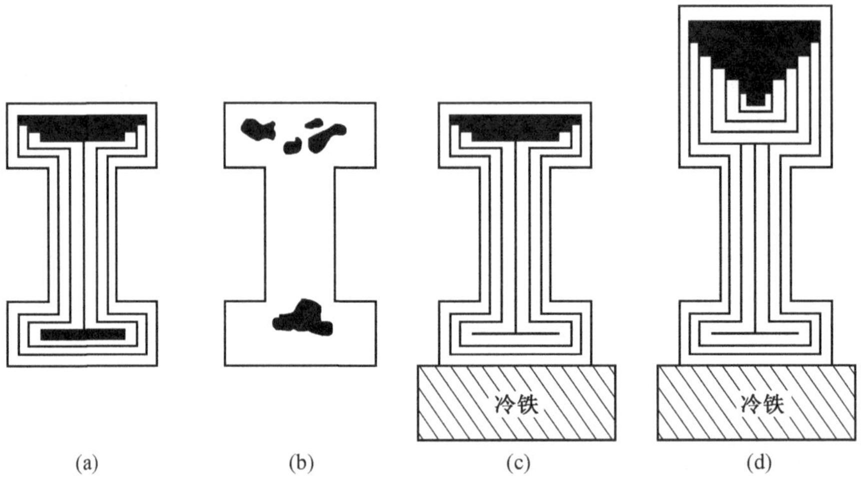

图 7.24　冷铁对缩孔位置的影响

2. 缩松

缩松按其形态分为宏观缩松(简称缩松) 和微观缩松(显微缩松) 两类。

缩松常分布在铸件壁的轴线区域、厚大部位、冒口根部和内浇口附近。铸件切开后可直接观察到密集的孔洞。缩松对铸件的机械性能影响很大，且由于它分布面广，补缩过程难于实现。

形成缩松的基本原因和形成缩孔一样，都是由于合金的液态收缩和凝固收缩大于固态收缩。但形成缩松的条件是合金具有较宽的结晶温度范围，铸件倾向于体积凝固方式，或者是铸件断面的温度梯度小，凝固区域较宽，合金液几乎同时凝固，因液态收缩和凝固收缩所形成的细小孔洞分散且得不到外部合金液的补充而造成的。由此可见，铸件的凝固区域越宽，就越倾向于产生缩松。对于断面厚度均匀的铸件，如板状或棒状铸件，在凝固后期不易得到外部合金液的补充，往往在轴线区域产生缩松，称为轴线缩松。

显微缩松在各种合金铸件中或多或少都存在，一般产生在枝晶间和分枝间，与微观气孔很难区分，且经常是同时产生的，在显微镜下才能观察到。它降低了铸件的力学性能，对铸件的冲击韧性和延伸率影响更大，也降低铸件的气密性和物理化学性能。对于一般铸件往往不作为缺陷。但是，在特殊情况下，如要求铸件有较高的气密性，高的力学性能和物理化学性能时，则必须设法减少和防止显微缩松的产生。

3. 灰铸铁和球铁铸件的缩孔和缩松

灰铸铁和球墨铸铁在凝固过程中因析出石墨而发生体膨胀，使得缩孔和缩松的形成比一般合金更复杂。

亚共晶铸铁的凝固过程可分为两个阶段：从液相线到共晶转变开始温度，析出奥氏体晶体；从共晶转变开始温度到共晶转变终了温度，发生奥氏体＋石墨的共晶转变。在凝固动态曲线上与此二阶段相对应有两组曲线："枝晶始点"和"枝晶终点"；"共晶始点"和"共晶终点"，如图 7.25 所示。

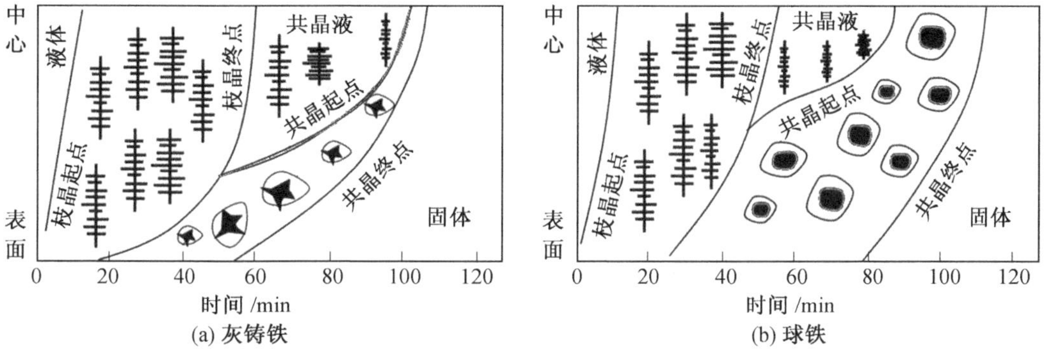

图 7.25　亚共晶灰铸铁和球铁的凝固过程示意图

凝固动态曲线表明，两种铸铁中初生奥氏体枝晶的凝固过程十分相似。浇注后约 12 min，枝晶的凝固始点到达铸件的中心。在此后近 20 min 中，奥氏体枝晶继续长大，铸件整体处于凝固状态。大约在浇注后 30 min，奥氏体枝晶终点从铸件表面向中心移动。在 55 min 后，中心部分的枝晶凝固完毕，在枝晶之间是共晶液体。这是凝固的第一阶段。

随后第二阶段的凝固开始进行。在靠近铸件表面共晶转变的潜热能够很快传出去的地方，当枝晶凝固一完成就立即开始共晶凝固，而使两条曲线在此重合。在铸件内部，由于共晶转变的潜热不容易传出去，枝晶间的液体约到 47 min 之后才开始共晶凝固。随着共晶终点自型壁逐步推至铸件中心，凝固过程全部结束。

两种铸铁凝固时有着相同之处。即：奥氏体枝晶始点都迅速到达中心，使铸件长期处于凝固状态，而且奥氏体枝晶具有很大的连接成骨架的能力，使补缩难于进行。所以，两种铸铁都有产生缩松的可能性。

但是，由于它们的共晶凝固阶段有很大差别，最后得到的结果是不同的，其差异点主要表现在以下两个方面。

(1) 灰铸铁的共晶始点和共晶终点之间的距离较小，共晶凝固近似于中间凝固方式。球铁的共晶转变温度范围大，在动态曲线上，共晶始点和共晶终点的间距比灰铸铁的大得多，共晶凝固更倾向于体积凝固方式。

由于灰铸铁的共晶凝固区域较窄，凝固中期在铸件的断面就可以区别出“共晶固体区”和“共晶的固－液共存区”，亦即铸件表面已经有了完全固态的外壳(图7.25(a))。球铁共晶凝固表现为体积凝固方式，使铸件表面在凝固后期仍有液体存在，而不具备一个完整的固相外壳(图7.25(b))。可见，此时球铁外壳的坚固程度远比不上灰铸铁。

(2) 两种铸铁在共晶凝固阶段都析出石墨而发生体积膨胀。但是，由于它们的石墨形态和长大机理不同，石墨化的膨胀作用对合金的铸造性能有着截然不同的影响。

在灰铸铁共晶团中的片状石墨，与枝晶间的共晶液体直接接触的尖端优先长大(图7.26(a))。片状石墨长大时所产生的体积膨胀大部分作用在所接触的晶间液体上，迫使液体通过枝晶间的通道去充填奥氏体枝晶间的小孔洞，从而大大降低了灰铸铁产生缩松的严重程度。这就是灰铸铁的所谓“自补缩能力”。

被共晶奥氏体晶体包围的片状石墨，通过碳原子的扩散作用在横向上也要长大，但是速度很慢。石墨片在横向上长大而产生的膨胀力作用在共晶奥氏体上，使共晶团膨胀，并传到邻近的共晶团上或奥氏体晶体骨架上，使铸件产生“缩前膨胀”。这种缩前膨胀显然会抵消一部分自补缩效果。但是，由于这种横向的膨胀作用很小而且是逐渐发生的，同时因灰铸铁在共晶凝固中期，在铸件表面已形成硬壳，所以灰铸铁的缩前膨胀较小，一般只有0.1%～0.2%。因此，灰铸铁件产生缩松的倾向性较小。

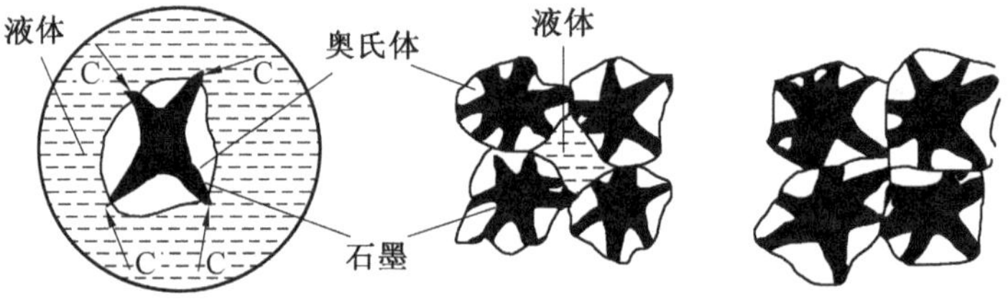

(a) 片状石墨长大

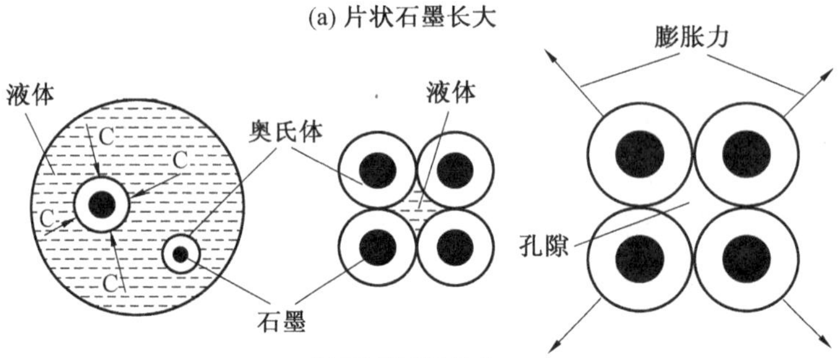

(b) 球状石墨长大

图 7.26　灰铸铁和球铁共晶石墨长大特点示意图

图7.26(b)表明，球铁在凝固中后期，石墨球长大到一定程度后，四周形成奥氏体外壳，碳原子是通过奥氏体外壳扩散到共晶团中使石墨球长大的。当共晶团长大到相互接触后，石墨化膨胀所产生的膨胀力，只有一小部分作用在晶间液体上，而大部分作用在相邻的共晶团上或奥氏体枝晶上，趋向于将它们挤开。因此，球铁的缩前膨胀比灰铸铁大很多(图7.27)，并且球铁铸件表面在凝固后期不具备坚固的固相外壳，如果铸型刚度不够时，膨胀力将迫使型壁外移。随着石墨球的长大，共晶团之间的间隙逐步扩大，并使铸件

普遍膨胀。共晶团之间的间隙就是球铁形成显微缩松的位置，且缩松将布满铸件整个断面。

铸件的缩前膨胀也使铸件产生(宏观)缩松。这种缩松一般是由共晶团之间间隙构成的，在铸件断面上可以直接观察到。所以，球铁件产生缩松的倾向性很大(图 7.27)。如果铸件厚大，球铁的缩前膨胀也导致铸件产生缩孔。所以，球铁件一般要设置冒口进行补缩。

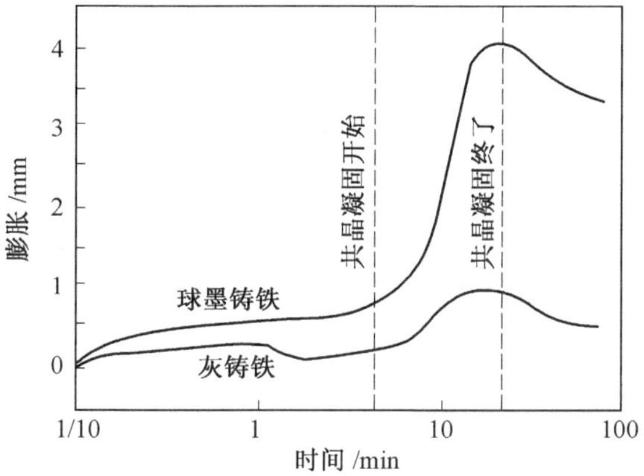

图 7.27　灰铸铁和球铁在湿砂型中浇注的膨胀曲线

4. 防止铸件产生缩孔和缩松的途径

(1) 顺序凝固。

铸件的顺序凝固原则是采用各种措施保证铸件结构上各部分，按照远离冒口的部分最先凝固，然后朝冒口方向凝固，最后才是冒口本身凝固的次序进行，亦即使铸件上远离冒口或浇口的部分到冒口或浇口之间建立一个递增的温度梯度，如图 7.28 所示，该原则又称为定向凝固原则。铸件按照顺序凝固原则进行凝固，能保证缩孔集中在冒口中，获得致密的铸件。逐层凝固是指铸件某一断面上，在铸件表面先形成硬壳，然后逐渐向铸件中心推进，最后完全凝固。因此，顺序凝固和逐层凝固是两个不同的概念。

铸件的结构及由铸造条件所形成的温度场，是决定铸件凝固方向倾向性的主要因素。图 7.29(a) 是带有冒口的板状铸件，其厚度为 δ，金属液从冒口浇入(顶注式)。因为金属液是从冒口浇入的，所以中心线上的温度依次向冒口方向递增。图 7.29(b) 是铸件纵断面上中心线的温度曲线及随时间变化情况。

在向着冒口张开的 ϕ 角范围内，金属都处于液态，此时形成了“楔形”补缩通道，使冒口中的金属液有可能补缩到凝固区域中，ϕ 角越大，则越利于补缩。

由此可见，顺序凝固的实质是采取各种措施，保证铸件在整个凝固过程中始终存在着与冒口连通的“楔形”补缩通道，使冒口能充分发挥补缩的作用。

在铸件中，液固两相区与铸件热中心相交的线段区域为“补缩困难区 μ”。如图 7.30 所示，液固两相区越宽，扩张角 ϕ 越小，补缩困难区就越长。在液固两相区中，尤其在补缩困难区 μ 中，液相与固相之间的附着力往往大于液体本身的质量，而且存在于晶体骨架之间的液体以其附加压力反作用于补缩力，导致合金液在凝固终了前就失去了补缩能力。

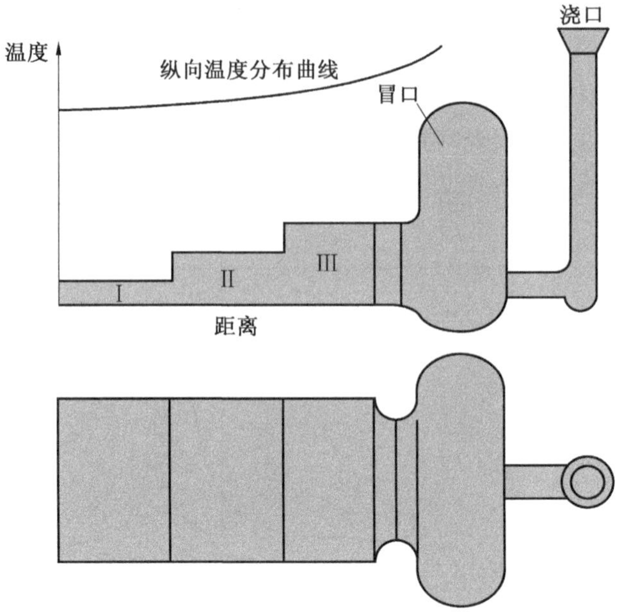

图 7.28 顺序凝固方式的示意图

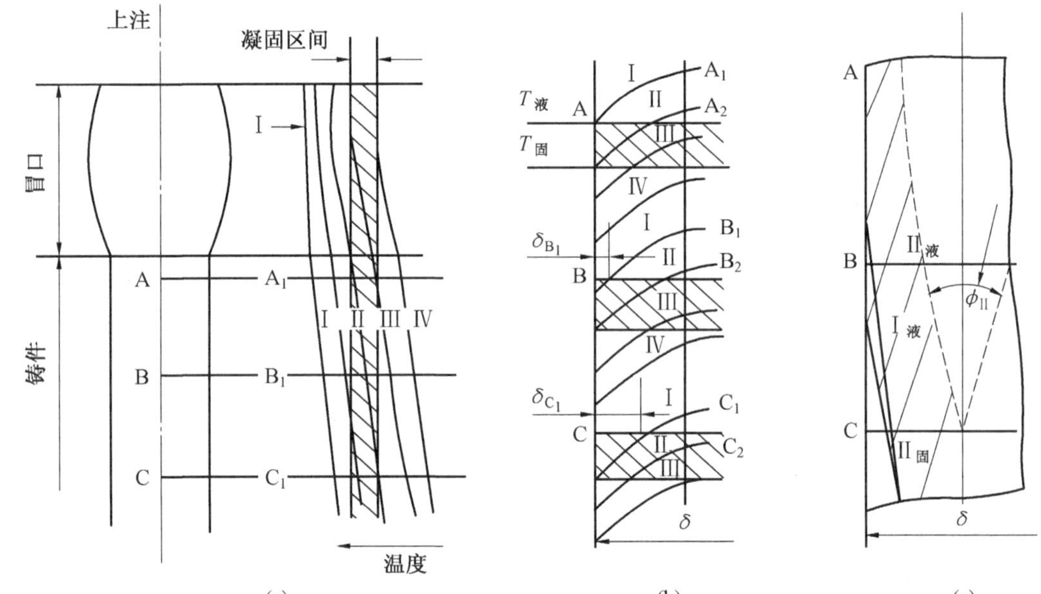

图 7.29 均匀壁厚铸件顺序凝固过程示意图

因此，倾向于逐层凝固的共晶成分合金和结晶温度范围较小的合金，其凝固区域较窄，更容易实现补缩。相反，在相同的补缩角 ϕ 下，结晶温度范围较宽的合金，补缩困难区较大，补缩难于实现，在这种情况下，有时缩松不能完全转化为缩孔而集中到冒口中去。

顺序凝固的优点：冒口补缩作用好，可以防止缩孔和缩松，铸件致密。因此，对凝固收缩大，结晶温度范围较小的合金，常采用这个原则以保证铸件质量。

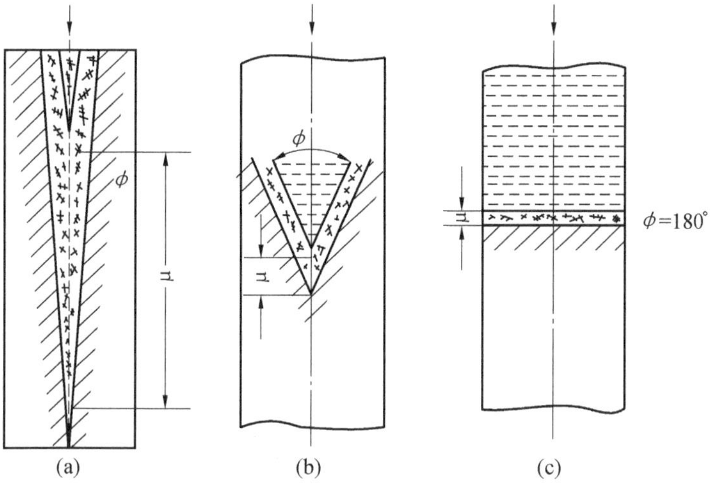

图 7.30　扩张角 ϕ 对补缩困难区的影响

顺序凝固的缺点:由于铸件各部分有温差,在凝固期间容易产生热裂,凝固后也容易使铸件产生应力和变形。顺序凝固原则需加冒口和补贴,工艺出品率较低,且切割冒口费工。

底注式浇注系统使液流更加平稳,但铸件底部金属液流动时间长,金属液的温度最高,上升到冒口中去的金属液温度反而较低。因此,形成的纵向温度分布是远离冒口部分温度最高,冒口温度最低,形成反向温差,为"反顺序凝固",如图 7.31 所示。

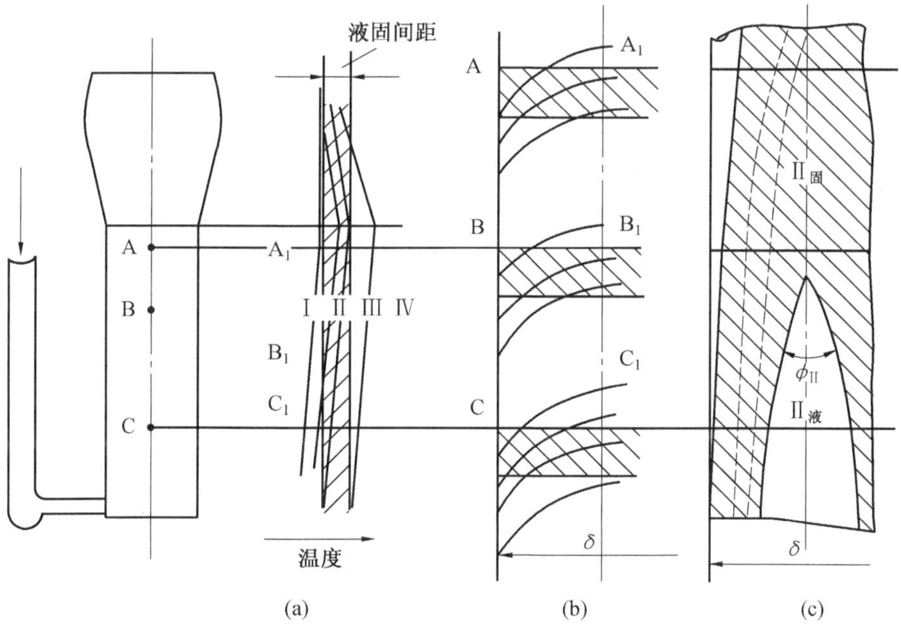

图 7.31　反顺序凝固过程示意图

从图 7.31 中可以看出,"补缩通道扩张角 ϕ" 在底注的情况下,是对着内浇口张开的。所以补缩通道和浇口相通,而冒口和补缩通道之间充塞着凝固区域。在这种情况下,凝固过程中液体可能被分割成两部分或更多部分，在铸件壁的热中心线上产生轴线缩松或区域性缩松。

根据以上分析，决定角 ϕ 方向、大小和变化速度的是铸件的纵向温差，即远离冒口部分到冒口之间的温差，它决定着补缩通道的特征，即凝固方向的倾向性。

由此可见，设法使远离冒口部分凝固得越快，且冒口凝固得越慢，则越倾向于顺序凝固。

(2) 同时凝固。

同时凝固原则是采取工艺措施保证铸件结构上各部分之间没有温差或温差尽量小，使各部分尽量的同时凝固，如图 7.32 所示。在同时凝固条件下，扩张角 ϕ 等于零，即没有补缩通道。

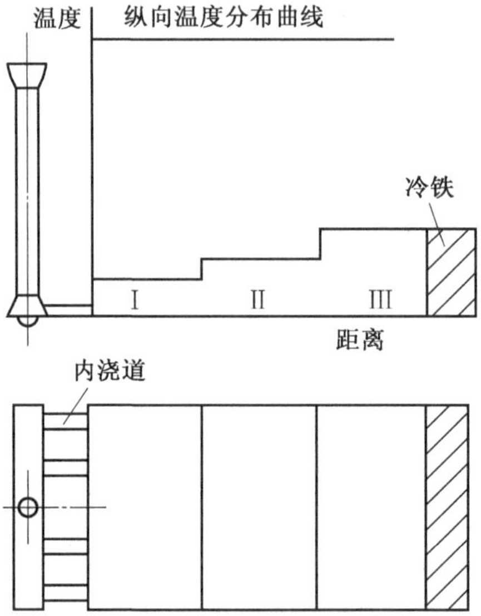

图 7.32　同时凝固过程示意图

同时凝固原则的优点：凝固时期铸件不容易产生热裂，凝固后也不易引起应力、变形；由于不用冒口或冒口很小，而节省金属，简化工艺、减少劳动量。

同时凝固原则的缺点：铸件中心区域往往有缩松，铸件不致密。

同时凝固原则一般用于下列情况。

① 碳硅含量高的灰铸铁，体收缩较小甚至不收缩，合金不易产生缩孔和缩松。

② 对于结晶温度范围大，易产生缩松的合金(如锡青铜)，当对气密性要求不高，可采用同时凝固原则简化工艺。事实上，这种合金即使加冒口也很难消除缩松。

③ 壁厚均匀的铸件，尤其是均匀薄壁铸件，倾向同时凝固，消除缩松有困难，应采用同时凝固原则。

④ 球铁铸件利用石墨化膨胀力实现自身补缩时，则必须采用同时凝固原则。

⑤ 当热裂、变形成为主要矛盾时可采用同时凝固原则。

(3) 浇注系统的引入位置。

浇注系统的不同引入位置与铸件纵向温度分布的关系如图 7.33 所示。可以看出，浇注系统的引入位置对铸件的温度分布有着重要影响。

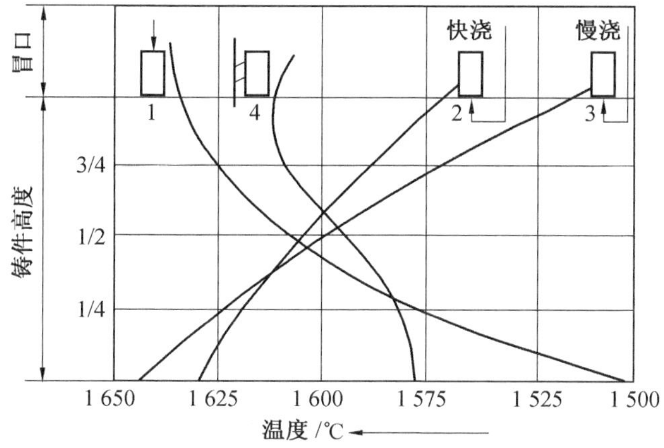

图 7.33　浇注系统的不同引入形式与铸件质量的关系

在生产中，为保证充型平稳和排气顺利，常常采用底注式浇注系统，其冒口设置在顶部。在这种情况下，铸件初期的纵向温度分布为反顺序凝固(图 7.34)。但是，对于凝固时间较长的铸件，当冒口尺寸较大时，这种不利的温度分布有可能会逐步改变过来，如图 7.35 所示。如果这种转换发生在铸件凝固开始以前，仍能得到满意的补缩效果。铸件越厚，这种转换越容易实现。

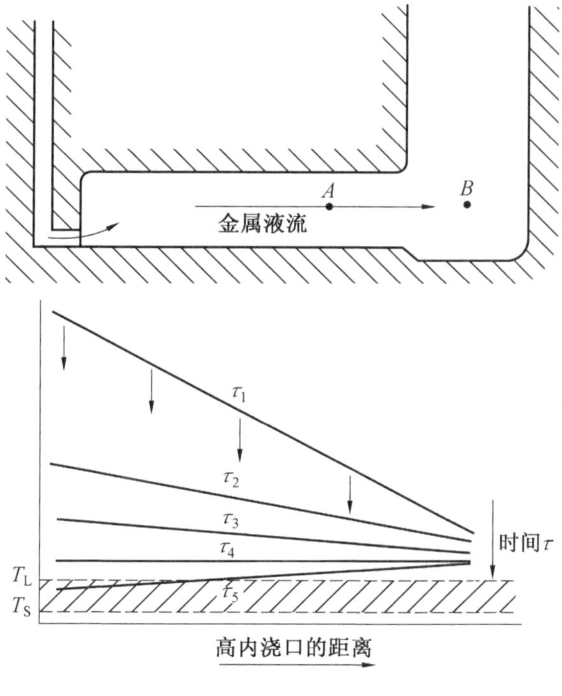

图 7.34　铸件纵向温度分布

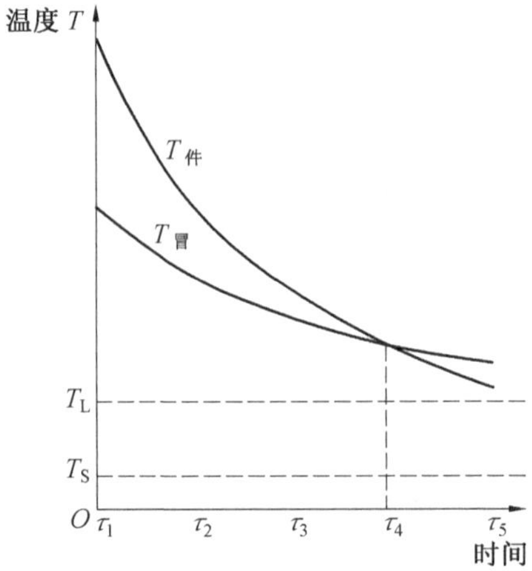

图 7.35　A 点和 B 点温度变化情况

(4) 浇注工艺。

调整液态金属的浇注温度和浇注速度,可加强顺序凝固或同时凝固。用高的浇注温度缓慢地浇注,能增加铸件的纵向温差,而有利于顺序凝固原则。通过多个内浇口低温快浇,则减小纵向温差,而有利于同时凝固原则。

7.4　热　　裂

7.4.1　概述

铸件中热裂的外观形状曲折而不规则,裂口的表面呈氧化色,这说明铸件裂口被空气氧化。根据裂口的形状和颜色的特征,证明裂缝是在高温下形成的,故这种裂缝称为热裂。热裂是在拉伸应力作用下形成的,且一般在最后凝固区域容易出现热裂。热裂又可分为外裂和内裂。在铸件表面可以看到的裂纹为外裂,其表面宽而内部窄,有时贯穿铸件整个断面。内裂的表面很不规则,常有很多分叉,常出现在缩孔附近或缩孔尾部。通常情况下内裂不会延伸到铸件表面,故不易被发现。

对于任何一类铸件来说,是不允许有裂纹存在的。铸件的外裂可以从表面看出,如铸造合金本身的焊接性能好,经焊补后仍可以使用。但内裂隐藏在铸件内部,不易被发现,其危险性更大,在使用中易造成严重事故。

7.4.2　热裂形成的温度范围

热裂形成温度范围相关的研究结果主要包括:① 热裂是在凝固温度范围内近于固相线温度时形成的,或者是在有效结晶温度区间内形成的;② 热裂是在金属凝固以后即稍低于固相线温度下形成的。

所谓有效结晶温度区间,其上限是指枝晶形成晶体骨架,即线收缩开始的温度,其下限为凝固结束的固相线温度(图 7.36)。

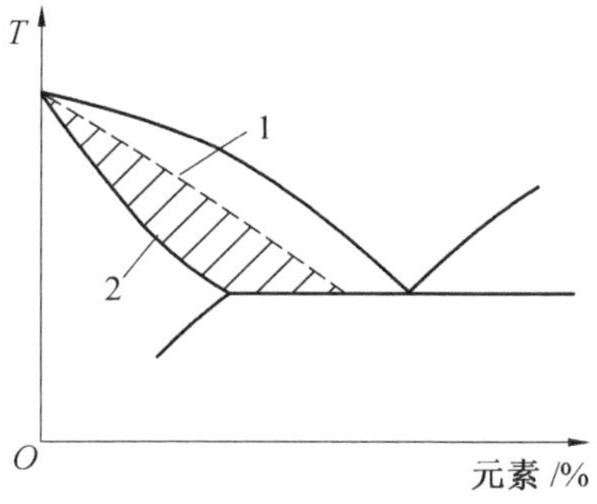

图 7.36　有效结晶温度范围

1— 有效结晶温度区间上限;2— 有效结晶温度区间下限

图 7.37 所示为 X 射线照相法测得的碳钢(含碳量为 0.03% ~ 1.0%) 铸件形成热裂纹的温度范围。当铸件凝固冷却时,一方面测定其温度变化,一方面摄取 X 射线照片,每隔一定时间,记录温度的同时,更换一张 X 射线照相底片。图 7.37 中“○”为产生热裂前所显示的温度,“×”为 X 射线底片上出现裂纹时的温度,即实际热裂产生的温度范围应在○ ~× 之间。结果表明,不论含碳量多少,碳钢产生热裂的温度范围都在固相线附近。硫和磷在碳钢中形成低熔点化合物,并分布于晶界,使实际固相线下移。因此,当钢中硫和磷量增多时,热裂产生温度便逐渐下移,出现在平衡相图固相线以下。从平衡相图上看,产生热裂温度虽在平衡固相线以下,但实际上非平衡凝固导致在晶界还有少量液体存在,故不能认为热裂是在合金完全凝固以后才开始发生。从合金的不平衡结晶过程和微观偏析形成理论得知,当合金在不平衡条件下结晶时,低熔点的溶质或低熔点化合物将被排斥在晶界,形成晶界偏析,使实际固相线温度明显下移,有效结晶温度区间显著增大,实际固相线温度往往低于平衡固相线温度。因此,热裂是在合金有效结晶温度范围内形成的。

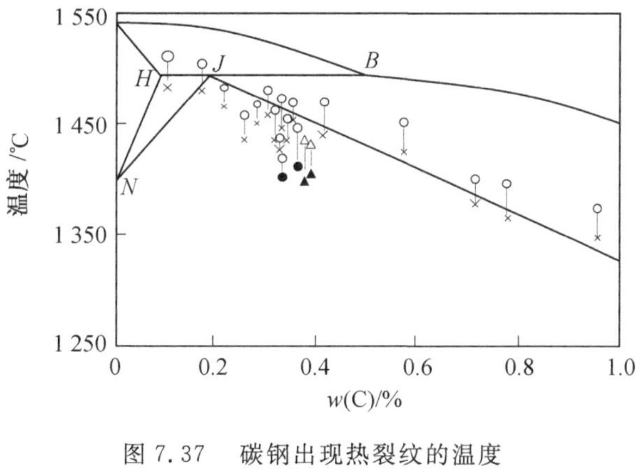

图 7.37　碳钢出现热裂纹的温度

7.4.3　热裂形成机理

关于热裂形成机理主要有三种理论:强度理论、液膜理论及形成功理论。

1. 强度理论

强度理论认为热裂是在脆性区内形成的。脆性区越大，金属处于低塑性区时间越长，热裂越易形成。事实上，有效结晶温度区间和脆性温度区间是从不同角度提出来的，前者从冶金角度出发，着眼于合金的结晶收缩过程；而后者是从力学性能出发，着眼于合金的力学性能，两者所指的温度范围基本上是一致的。

采用不同成分的 Al－Cu 合金做高温拉伸实验，试件是在相同的条件下浇注出来，经加工后装入炉内，在所需的温度下保温 10 min，保证试样内外温度和组织达到均一，然后做拉断实验，图 7.38 展示了实验结果。图 7.39 给出了 Al－Cu 合金相图及其非平衡状态下于液固态范围内能够测出强度时的线收缩开始温度线。Al－Cu 合金在温度高于固相线温度时强度急剧下降，而在线收缩温度以上，强度转为缓慢下降。当收缩受阻引起的拉力超过其抗拉极限时，铸件内部就倾向于出现裂纹。铸件凝固时如能自由收缩，不受外部和内部阻力，即使合金在凝固期呈现较低的强度和塑性，也不致形成热裂。而事实上，由于铸件形状不同，凝固收缩时往往受到铸型、型芯、铸件结构本身以及浇注系统等各种阻力，致使铸件内部产生应力。如果应力超过金属在该温度下的强度，即产生热裂。

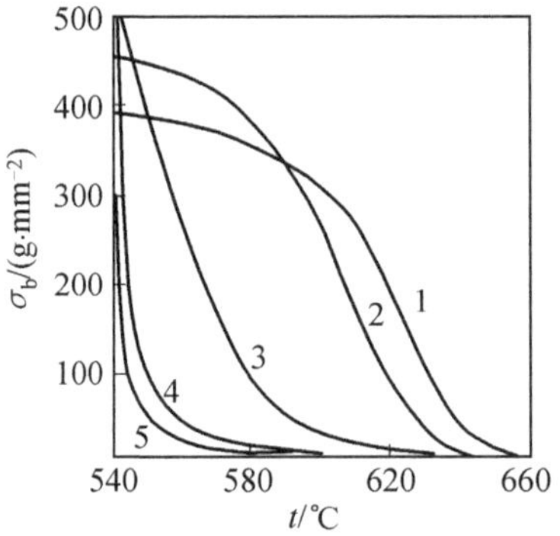

图 7.38　Al－Cu 合金凝固温度范围内的高温强度

1—1%Cu；2—2%Cu；3—4%Cu；4—6%Cu；5—8%Cu

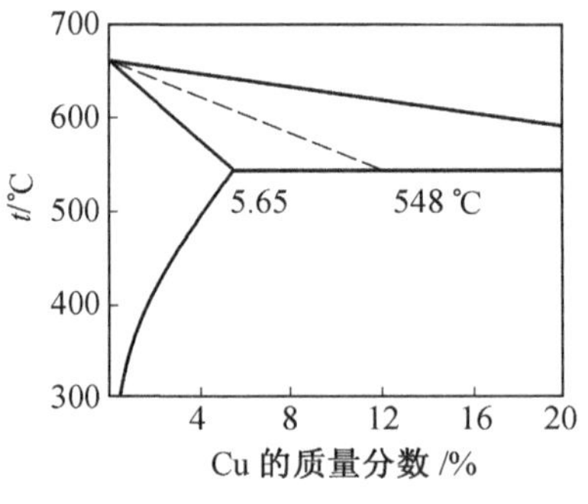

图 7.39　Al－Cu 合金在液固温度范围内能觉察到强度时的线收缩开始温度线

热裂纹的产生主要决定于在热脆区 ΔT_B 内合金的断裂应变与铸件因收缩受阻所产生的应变之间的对比关系。图 7.40 给出了 Al－Cu 合金塑性随温度的变化曲线，曲线形态可近似用图 7.41 描述，由此可分析产生热裂纹的条件。横坐标为温度，纵坐标为铸件产

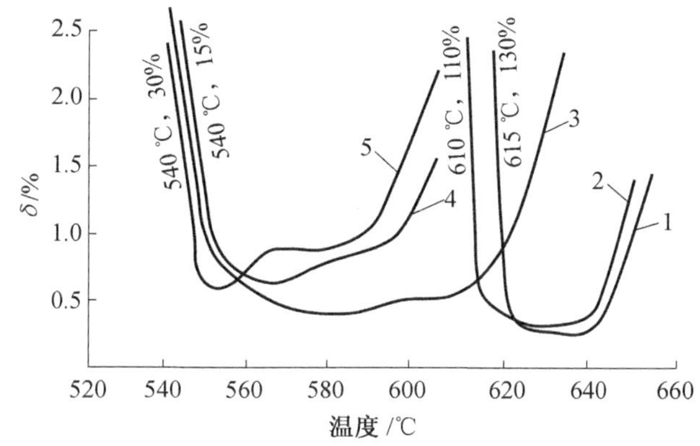

图 7.40　Al－Cu 合金固相线附近的塑性

1—1%Cu；2—2%Cu；3—4%Cu；4—6%Cu；5—8%Cu

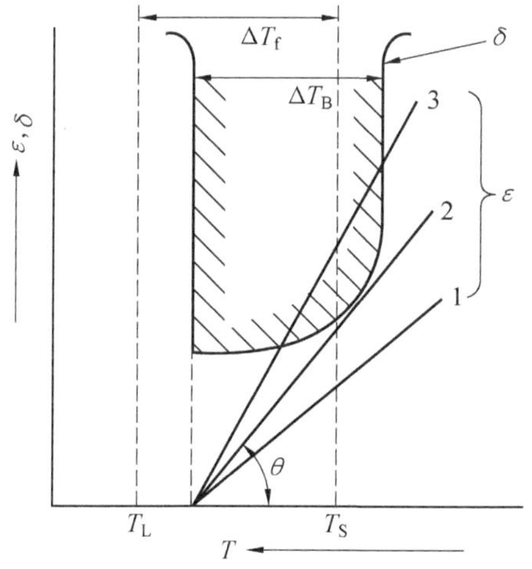

图 7.41　热裂纹形成条件示意图

生的应变(ε)和合金的断裂应变(δ)。热脆区以 ΔT_B 表示。由图 7.41 可知，合金在热脆区内的断裂应变随温度变化，即 $\delta=\varphi(T)$。铸件收缩受阻所产生的应变 ε 为温度的函数，即 $\varepsilon=f(T)$。当 ΔT_B 及 δ 一定时，能否产生热裂纹取决于在 ΔT_B 中 ε 的变化情况。如果应变 ε 按直线 1 变化，$\varepsilon<\delta$，不产生热裂纹；若为直线 2 时，$\varepsilon=\delta$，是产生热裂纹的临界条件；若为直线 3 时，$\varepsilon>\delta$，则必然产生热裂纹。图 7.41 表明，刚好能产生热裂纹的临界应变增长率(即 $\tan\theta$) 与材料的性质有关，它反映了材料的热裂敏感性。$\tan\theta$ 越大，材料的热裂敏感性越大。但是，合金的热裂倾向性最终是由 ΔT_B、ε 和 δ 的综合影响所决定的。热脆性区越大，金属处在低塑性区的时间越长，则越易形成热裂。在热脆区内金属的断裂应变越低，铸件的 ε 越大，则越容易产生热裂。

研究表明，合金在热脆区内的断裂应变远大于合金在该温度的自由线收缩率。这就是说，即使铸件收缩受到刚性阻碍，如果铸件能均匀变形，也不会产生热裂。但在实际生产中，铸件结构特点或其他因素造成铸件各部分的冷却速度不一致，致使铸件在凝固过程中各部分的温度不同，抗变形能力也就不同。铸件收缩受阻时，高温区将产生集中变形。铸件的温度分布越不均匀，集中变形越严重，产生热裂的可能性就越大。

综上所述，强度理论认为，合金存在热脆区和在热脆区内合金的断裂应变低是产生热裂纹的重要原因，而铸件的集中变形是产生热裂纹的必要条件。

2. 液膜理论

合金在凝固期间的热裂倾向性与合金结晶末期晶体周围的液体性质及其厚度密切相关。当铸件凝固到固相线附近时，晶体周围还有少量未凝固的液体，并形成一层液膜，随温度降低，液膜厚度逐渐减小，当铸件全部凝固时，液膜就消失了。合金中若含有较多的低熔点化合物，如钢中的硫、磷形成的化合物，会使实际固相线下移，扩大凝固温度范围，液膜存在时间相应延长，并相应增加凝固期间的收缩量。在结晶末期，铸件收缩因某种原因受阻碍时，晶体和晶间液膜内将产生应力。当晶间液膜拉应力足够大时，液膜就会开裂，形成晶间裂缝（图 7.42）。

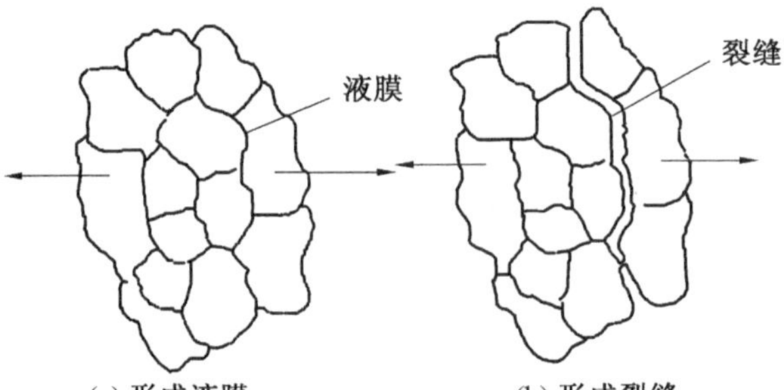

(a) 形成液膜　(b) 形成裂缝

图 7.42　应力作用下的晶体和晶间液膜

上述热裂的形成过程可用图 7.43 所示的模型加以解释。设晶间存在厚度为 M 的液膜。当铸件收缩受阻时，液膜两侧的固相枝晶被拉开。如果晶间液体与外界液体相连通，液膜端部始终呈平面，不会产生裂纹，如图 7.43(a) 所示。若液膜与外界液体隔绝，如图 7.43(b) 所示，液膜表面形成曲率半径为 r 的凹面，在表面张力作用下，始终存在一个与外界应力相平衡的附加应力 p，其表达式为：

$$p=\frac{-\gamma}{r}\quad (\mathrm{N}) \tag{7.13}$$

式中，γ 为液体的表面张力；r 为液膜凹面的曲率半径。

随着外界作用在晶粒上的应力增大，液膜不断被拉长（图 7.43），曲率半径 r 变小，附加应力 p 升高。当 r 等于液膜厚度一半时，r 最小，p 达到最大值。液膜继续变形，r 再度变大，p 值下降，平衡条件遭到破坏，形成热裂纹。

由此可见，把液膜拉断之力与液体的表面张力、固体同液体的接触面积成正比，而与液膜的厚度成反比。凡是能够降低晶体和液膜之间表面张力的表面活性元素，都能够促使合金抗裂性下降。钢中硫，磷、氧都属于表面活性元素，故在一定范围内，随着其含量增加，钢的抗裂性也随之下降。

3. 形成功理论

这一理论认为，热裂的产生通常要经过裂纹的萌生和发展两个阶段。裂纹的萌生容

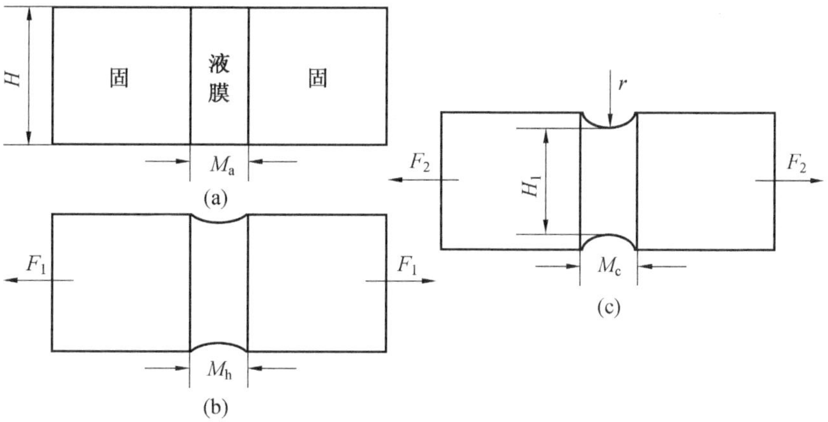

图 7.43　拉伸应力、表面张力与液膜厚度之间的关系

易发生在固相晶粒相交的液相汇集部位。由于受到结晶过程溶质再分配而引起的晶界偏析的影响，液相汇集部位的双边角 θ 会因润湿性不同而在 $0° \sim 180°$ 之间变化。

当 A、B、C 三个晶粒受到外力作用时，液相汇集部位由于应力集中将出现微小裂纹（图 7.44）。晶界被润湿时，晶界裂纹的形成功可表示为：

$$A_1 = 2\gamma_{SL} - \gamma_{SS} \tag{7.14}$$

式中，γ_{SL} 为固相与液相界面的界面张力；γ_{SS} 为固相与固相界面的界面张力。

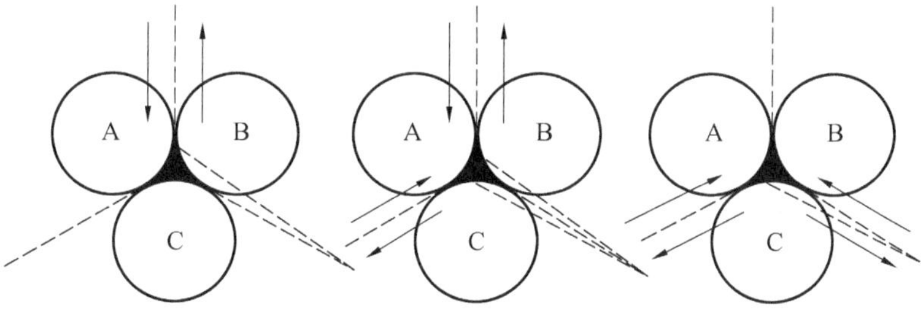

图 7.44　裂纹形成示意图

根据液相双边角与界面张力（图 7.45）可以建立下述关系：

$$\cos\frac{\theta}{2} = \frac{\gamma_{SS}}{2\gamma_{SL}} \tag{7.15}$$

$$\gamma_{SL} = \frac{\gamma_{SS}}{2\cos\frac{\theta}{2}} \tag{7.16}$$

$$A_1 = \gamma_{SS} \cdot \left(\frac{1}{\cos\frac{\theta}{2}} - 1\right) \tag{7.17}$$

铜和铝的 γ_{SS} 分别为 0.6 N/m 和 0.4 N/m，建立裂纹形成功与液体双边角之间的关系如图 7.46 所示。

在外力作用下，液体汇集部位产生应力集中，当该应力大于合金此时的强度时，形成微裂纹。此时，裂纹的扩展应力为：

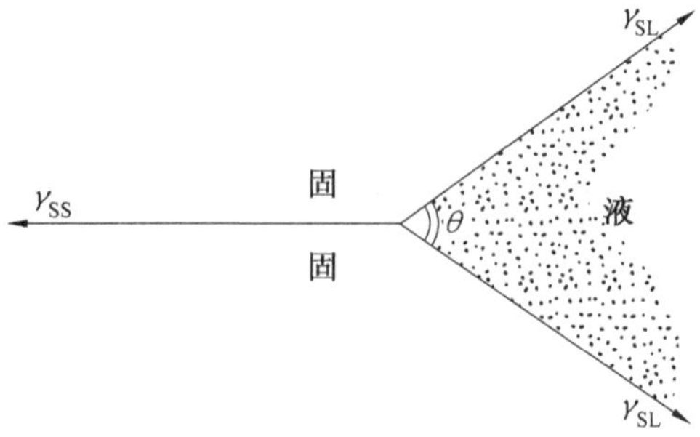

图 7.45　液相双边角与界面张力

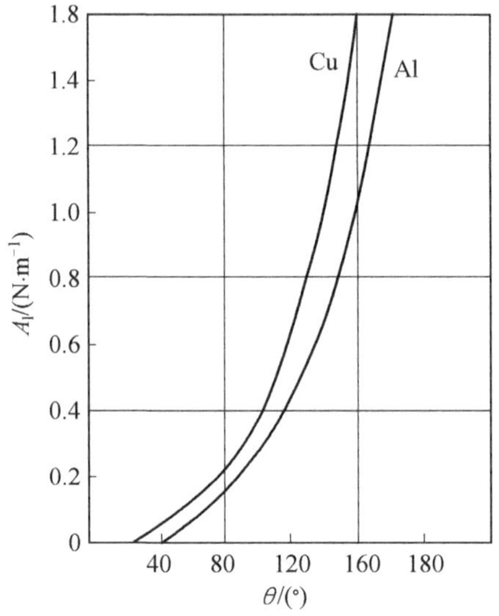

图 7.46　Cu 和 Al 中有液相存在时，裂纹形成功 A_1 与 θ 的关系

$$\sigma = \sqrt{\frac{8\mu A_1}{\pi(1-\nu)l}} \tag{7.18}$$

式中，μ 为切边模量；ν 为泊松比；l 为液珠长度。

由此可见，液体双边角越小，裂纹形成功越小，越容易表现出脆性的作用。

7.4.4　影响热裂形成的因素

1. 铸造合金性质

(1) 化学成分对热脆区的影响。

合金的热脆区越大，热裂倾向性就越大，而热脆区的大小与合金的化学成分有关。以典型的固溶体合金为例，假设合金的固相线 T_S 和液相线 T_L 为直线。如图 7.47 所示，合金的原始成分为 w_0，其结晶温度范围可表示为：

$$\Delta T_f = m w_0 \cdot \frac{1-k_0}{k_0} \tag{7.19}$$

式中，ΔT_f 为成分为 w_0 的合金的结晶温度范围；m 为液相线斜率；k_0 为平衡分配系数。

令：

$$m \cdot \frac{1-k_0}{k_0} = r_f \tag{7.20}$$

则有：

$$\Delta T_f = r_f w_0 \tag{7.21}$$

可见，r_f 值越大，ΔT_f 越大。一般来说，合金的热脆区 ΔT_B 随结晶温度范围 ΔT_f 的增大而增大。所以 r_f 值越大，合金的热脆区也就越大。

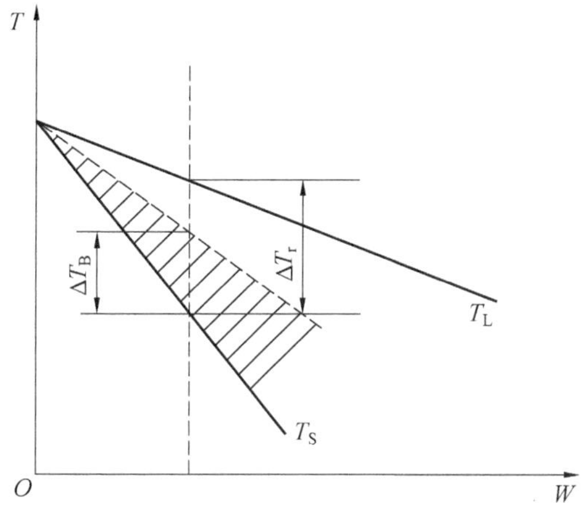

图 7.47　固溶体合金的凝固温度区间 ΔT_f

图 7.48 给出了 Al－Cu 合金结晶温度区间、热脆区与热裂区倾向性的关系，图中阴影部分是合金的热脆区。由图可见，热脆区越大，合金的热裂倾向就越大；其成分越靠近共晶点，热裂倾向也就越小。如：铸造 Al－Si 合金的硅质量分数多在 4.5% ～ 13% 之间，不易产生热裂。ZAlCu4 合金铜质量分数为 4% ～ 6%，热脆区为 80 ℃ 左右，故热裂倾向较大。

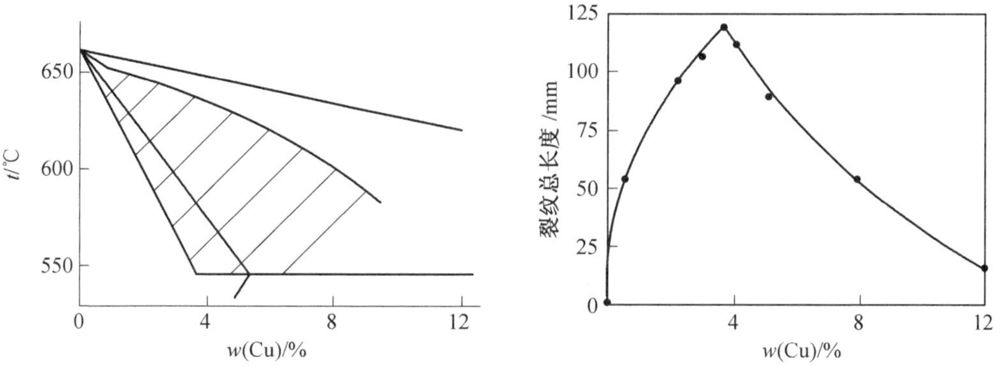

图 7.48　结晶温度区间、热脆区与热裂区倾向性的关系

(2) 化学成分与晶间层形态。

热裂纹的产生与晶间层性质密切相关。晶界上存在易熔第三相且铺展为液膜时，热裂倾向显著增大；若呈球状，热裂倾向性则显著减小。例如，铸钢中，当 S、Mn 含量满足 $[\%Mn]^3/[\%S] > 6.7$ 时硫化物呈球状，热裂倾向明显减轻。

(3) 晶粒形状及尺寸。

晶粒越粗大,柱状晶方向越明显,产生热裂的倾向性就越大。这是由于晶粒粗大,晶间的结合力低,而柱状晶的晶间强度又低于等轴晶。某些合金钢铸件往往具有粗大的柱状晶组织,故容易产生热裂纹。

(4) 合金的收缩量和相变。

合金的收缩量越大,则越容易产生热裂纹。灰铸铁的凝固过程中发生石墨化膨胀,所以灰铸铁不易产生热裂,而可锻铸铁和铸钢热裂倾向性较大。

2. 铸型方面的影响

铸型阻力的大小主要决定于铸型的退让性。湿型的退让性比干型好,采用湿型生产铸件热裂倾向性小。有机黏结剂型砂都有很好的退让性,故可以减轻铸件产生热裂的倾向性。

铸件产生热裂的倾向性还与铸型退让的时刻有关。例如,黏土砂加热到 1 250 ℃ 以上有较好的退让性(图 7.49),如果型砂受热而引起的抗压强度达最大值的时刻恰好与铸件凝固即将结束的时刻相吻合,产生热裂的可能性最大。

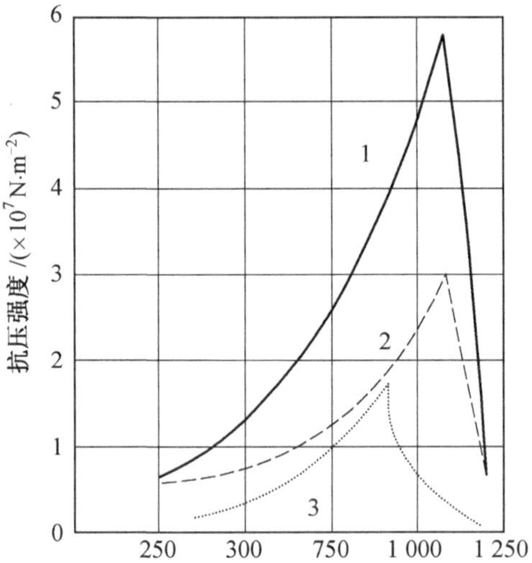

图 7.49 黏土砂的强度与温度的关系

1— 石英砂,15% 耐火黏土,6% 水分;2— 石英砂,10% 黏土,4% 水分;

3— 石英砂,3.5% 膨润土,1.5% 水分

3. 浇注条件方面的影响

(1) 浇冒口系统。

靠近浇冒口部位温度高,冷却速度较慢,易产生集中变形,故易形成热裂。为防止铸件产生缩孔而采用顺序凝固原则时,则要根据合金的特点和可能出现缺陷(热裂纹) 综合考虑。浇冒口的布置也可能造成铸件收缩时的机械阻碍,导致铸件产生热裂(图 7.50)。

(2) 浇注工艺。

提高浇注温度可减轻薄壁铸件的热裂倾向。这是因为:一方面,增大了高温对铸型材

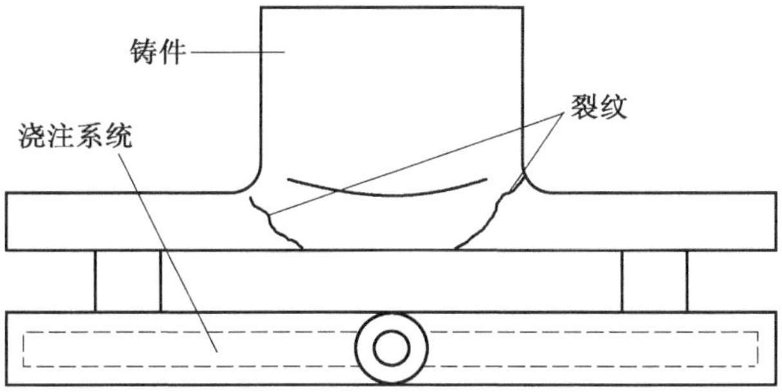

图 7.50　浇注系统造成铸件产生机械阻碍而形成热裂

料的热作用时间，使之失去强度，提高铸型的退让性；另一方面，降低了铸件收缩速度和集中变形程度。但对于厚大铸件，浇注温度过高，会使铸件晶粒粗大，晶间结合力降低，增加热裂的倾向性。

浇注速度是通过改变铸件的温度分布影响热裂的。对于薄壁件，加快填充速度，可防止局部过热；对于厚壁铸件，则要求尽可能减小浇注速度。

4. 铸件结构的影响

铸件结构设计不合理，在尖角处容易产生应力集中，热裂则容易在这些部分产生。例如，铸件两壁直角相交，两壁十字相交或相交处圆角过小，在交接处容易产生热裂（图 7.51(a)），若改用图 7.51 (b) 所示的圆弧形过渡，可消除热裂纹。

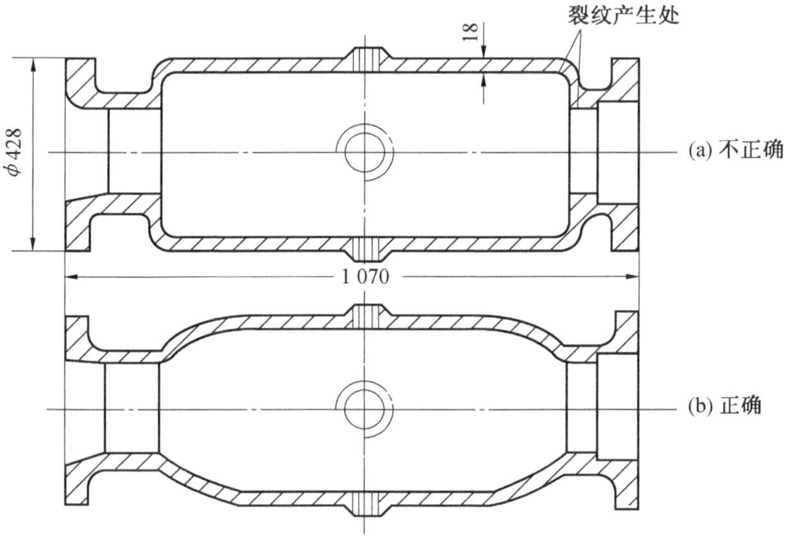

图 7.51　正确与不正确的铸件结构

铸件厚壁不均，各处冷却速度不同，温度分布极不均匀，厚大部分产生较大的集中变形，容易产生热裂纹。

浇冒口开设不当，或由于结构原因，铸件收缩严重受阻碍，则增大铸件收缩应力，在热节处产生过大的集中变形，容易产生热裂。

7.5 变形及冷裂

7.5.1 概述

铸件凝固和冷却过程中，发生收缩，有些合金还会发生固态相变，也会引起体积变化。如果这种变化受到外界约束或铸件各部分之间的相互制约而不能自由进行时，铸件内就会产生应力，称为铸造应力。

在冷却过程中的任一瞬时铸件中所存在的应力称为瞬时应力。当产生铸造应力的原因消除以后，应力即消失，这种应力称为临时应力。如原因消除以后，应力依然存在，这种应力就是残余应力。在铸件冷却过程中，两种应力可能同时起作用，冷却至常温并落砂以后，只有残余应力对铸件质量有影响。

铸造应力按其产生的原因可分为三种：热应力、相变应力和机械阻碍应力。

热应力：铸件在凝固和其随后的冷却过程中，铸件各部分冷却速度不同，便会造成同一时刻各部分收缩量不同。因此，在铸件内彼此相互制约的结果便产生应力。这种由于受阻碍而产生的应力称为热应力。

相变应力：具有固态相变的合金，铸件各部分在冷却过程中由于散热和冷却条件不同，它们到达固态相变温度的时间也不同，某时刻各部分相变程度也不同，由此而引起的应力称为相变应力。

机械阻碍应力：铸件收缩受到铸型、型芯、浇注系统和冒口的机械阻碍而产生的应力称为机械阻碍应力。

机械阻碍应力往往是临时应力。相变应力因发生相变的时间和程度不同，可能是临时应力或残余应力。热应力常常是残余应力。

由于应力的存在将引起铸件的变形和冷裂。当铸件内产生的总应力值超过合金屈服极限时，铸件将发生塑性变形，使铸件尺寸发生改变。当总应力值超过合金的强度极限时，铸件将产生裂纹；若总应力低于合金的弹性极限时，则以残余应力存在于铸件内。

铸造应力对铸件的性能有着较大的影响。对于在交变载荷作用下工作的铸件，当载荷作用方向与铸造应力方向一致时，则内外应力总和可能超过材料的强度极限，严重时使铸件局部或整体断裂。有残余应力的铸件，经机械加工，往往会发生变形或降低零件精度。在腐蚀性介质中工作还会降低其耐腐蚀性能，甚至产生应力腐蚀开裂。

7.5.2 冷却过程中产生的热应力

1. 固态无相变的合金铸件瞬时应力的发展过程

在不考虑机械阻碍时，该合金铸件中的瞬时应力就是热应力。以应力框为例(图7.52(a))讨论瞬时应力的发展过程。

应力框由杆 Ⅰ 和杆 Ⅱ 两部分组成，杆 Ⅰ 较粗，杆 Ⅱ 较细。为了便于讨论，做如下假设。

(1) 合金液充满铸型后，立即停止流动。杆 Ⅰ 和杆 Ⅱ 杆从同一温度 T_L 开始冷却，最

后冷却到室温 T_0。

(2) 合金线收缩开始温度为 T_y,材料的收缩系数 α 不随温度变化。

(3) 铸件不产生挠曲变形。

(4) 铸件收缩不受铸型阻碍。

(5) 横梁 Ⅲ 为刚性体。

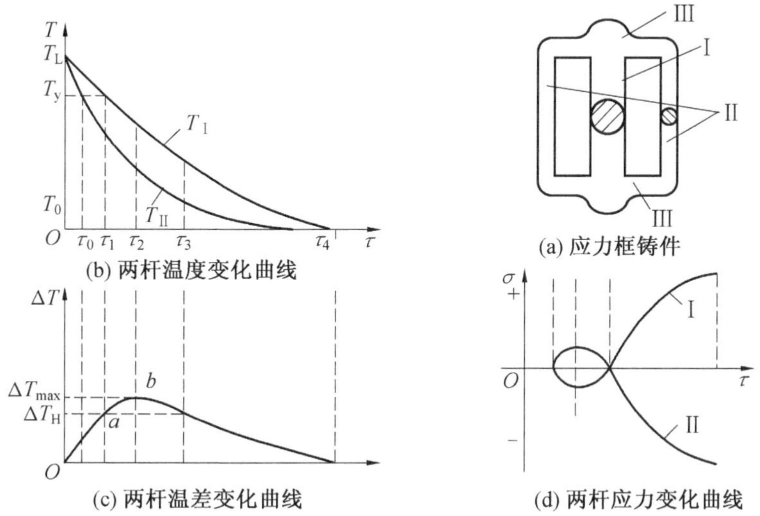

图 7.52 壁厚不同的应力框铸件瞬时应力发展过程示意图

图 7.52(b) 是杆 Ⅰ 和杆 Ⅱ 的冷却曲线。开始冷却时两杆温度相同(T_L),最后冷却到同一温度 T_0。由于杆 Ⅰ 较粗而杆 Ⅱ 较细,所以冷却前期杆 Ⅱ 的冷却速度比杆 Ⅰ 快。但两杆温度最后相同,所以冷却后期必然是杆 Ⅰ 的冷却速度比杆 Ⅱ 快。在整个冷却过程中,两杆的温度差变化如图 7.52(c) 所示。

合金的温度低于液相线以后,其变形由弹性变形、塑性变形和黏弹性变形组成,且以弹性变形为主。这样,铸件在降温过程中,收缩一旦受阻,就产生应力。

瞬时应力的发展过程可分为四个阶段,如图 7.52(d) 所示。

(1) 第一阶段(从 τ_0 到 τ_1):$T_Ⅱ < T_y$; $T_Ⅰ > T_y$。

杆 Ⅱ 开始线收缩,而杆 Ⅰ 仍处于凝固初期,枝晶骨架尚未形成。显然,此时铸件的变形由杆 Ⅱ 确定,杆 Ⅱ 带动杆 Ⅰ 一起收缩。到 τ_1 时,两杆具有同一长度,温差为 ΔT_H,铸件内并不产生应力。

(2) 第二阶段(从 τ_1 到 τ_2):$T_Ⅱ < T_y$; $T_Ⅰ < T_y$。

此时杆 Ⅰ 温度也已降到 T_y 以下,开始线收缩,在 τ_1 时两杆具有相同长度。在随后的冷却过程中,两杆的温差沿图 7.52(c) 中 ab 变化,到 τ_2 时两杆温差最大,为 ΔT_{max}。从 τ_1 到 τ_2,两杆自由线收缩量的差为:

$$\Delta l_1 = \alpha(\Delta T_{max} - \Delta T_H)L \tag{7.22}$$

式中,α 为线收缩系数;L 为杆长。

即杆 Ⅱ 比杆 Ⅰ 多收缩 $\alpha(\Delta T_{max} - \Delta T_H)L$。但两杆彼此相连,始终具有相同的长度,故杆 Ⅱ 被拉长,杆 Ⅰ 则被压缩。这样,在杆 Ⅱ 内产生拉应力,在杆 Ⅰ 内则产生压应力。

到 τ_2 时，应力达到极大值，该阶段为应力增长阶段。

(3) 第三阶段(从 τ_2 到 τ_3)。

两杆的温差逐渐减小，到 τ_3 时，温差又减小到 ΔT_H。在此阶段，杆 Ⅰ 的冷却速度大于杆 Ⅱ，即杆 Ⅰ 的自由线收缩速度大于杆 Ⅱ。从 τ_2 到 τ_3，两杆自由线收缩量的差值为：

$$\Delta l_2 = \alpha(\Delta T_H - \Delta T_{max})L = -\Delta l_1 \tag{7.23}$$

从 τ_2 到 τ_3，两杆的自由线收缩量相等。因为假定铸件只产生弹性变形，所以到达 τ_3 时，两杆中的应力值均为零。这样，在第三阶段，两杆中的应力铸件减小，到 τ_3 时，铸件处于完全卸载状态。

(4) 第四阶段(从 τ_3 到 τ_4)。

杆 Ⅰ 的冷却速度仍然比杆 Ⅱ 快，即杆 Ⅰ 的自由线收缩速度大于杆 Ⅱ。从 τ_3 到 τ_4，两杆自由线收缩的差值为：

$$\Delta l_3 = \alpha\,\Delta T_H L \tag{7.24}$$

在此阶段，杆 Ⅰ 被拉长，故产生拉应力，杆 Ⅱ 则相反，产生压应力。到 τ_4 时(室温)，铸件内存在残余应力，杆 Ⅱ 内为残余压应力，杆 Ⅰ 内为残余拉应力。

应该指出，合金在高温时，特别是在固相温度以上，屈服极限很低，铸件内产生的应力很容易超出屈服极限，发生塑性变形，使完全卸载时刻早于 τ_3。

对于圆柱形铸件，内外层冷却条件不同，开始时外层冷却较快，后来则相反。因此，外层相当于应力框中的细杆，内部相当于粗杆。根据上述分析可知，冷却到室温时，内部存在残余拉应力，外层存在残余压应力。

2. 固态有相变的合金铸件瞬时应力的发展过程

在不考虑机械阻碍时，这类合金铸件瞬时应力的发展过程与铸件的冷却特点和相变过程有关。下面以灰铸铁应力框为例，讨论瞬时应力的发展过程。

灰铸铁在凝固过程中发生共晶转变和共析转变，在冷却曲线上出现两个等温平台(图 7.53)。粗细杆的温差变化如图 7.53(b) 所示。此外，灰铸铁的线收缩曲线有两个膨胀过程。这种合金的瞬时应力的发展过程也可分为四个阶段，如图 7.53(c) 所示。

(1) 第一阶段。

从 τ_1 到 τ_2，粗杆处在共晶等温转变，细杆已凝固完毕，两杆的温差逐渐增大。粗杆析出一定量固相连成骨架后，石墨析出的膨胀力作用在骨架上，发生膨胀，粗杆的膨胀受细杆的阻碍，粗杆内产生压应力，细杆则产生拉应力。随后，两杆的应力值不断增加，粗杆共晶转变刚刚结束时，两杆温差和收缩量差达到极大值，在粗杆的应力曲线上出现第一压力谷，如图 7.53(c) 中的 a 点所示。

(2) 第二阶段。

从 τ_2 到 τ_3，两杆的温差逐渐减小，即粗杆的冷却速度比细杆快，粗杆的自由线收缩速度大于细杆。细杆进入共析转变后，发生 $\gamma \rightarrow \alpha + C_{石墨}$ 反应，体积膨胀，两杆自由线收缩差进一步加大，粗杆的压应力逐渐减小，并向拉应力转变。粗杆则刚刚进入共析转变时，粗杆所受的拉应力达到最大值(图 7.53(c) 的 b 点)，此时两杆的温差取最小值。

(3) 第三阶段。

从 τ_3 到 τ_4，粗杆进入共析转变后，细杆已共析转变完毕，两杆温差再次加大。与此同

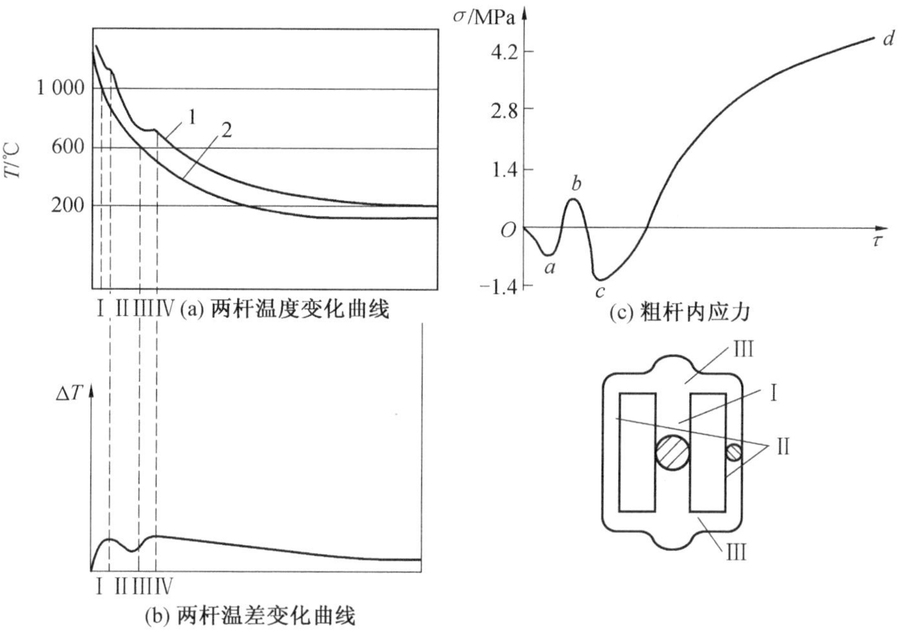

图 7.53　灰铸铁盈利框铸件瞬时应力发展过程

1— 粗杆温度；2— 细杆温度

时，粗杆还发生共析转变而膨胀，因而，粗杆的拉应力逐渐减小，并向压应力转变。

(4) 第四阶段。

从 τ_4 到 τ_5，两杆的温差再度减小，即粗杆冷却速度快，粗杆的收缩速度快于细杆，粗杆内的残余压应力再次减小，并向拉应力转变。冷却到室温，粗杆内残存着拉应力，细杆内残存着压应力。

7.5.3　影响残余应力的因素

机械阻碍应力一般在铸件落砂后即消失，是临时应力。残余应力往往是热应力和相变应力。

假设应力框从最后一次完全卸载起，铸件不产生挠曲变形，且只产生弹性变形，则有：

$$p_{\mathrm{I}} = \sigma_{\mathrm{I}} F_{\mathrm{I}} \tag{7.25}$$

$$p_{\mathrm{II}} = \sigma_{\mathrm{II}} F_{\mathrm{II}} \tag{7.26}$$

式中，σ_{I}、σ_{II} 为杆 I 和杆 II 受的应力；F_{I}、F_{II} 为杆 I 和杆 II 的截面积。

$$\sigma_{\mathrm{I}} F_{\mathrm{I}} = 2\sigma_{\mathrm{II}} F_{\mathrm{II}} \tag{7.27}$$

设铸件材料的弹性模量相等，其值为 E，则根据虎克定律：

$$\sigma_{\mathrm{I}} = E\delta_{\mathrm{I}} \tag{7.28}$$

$$\sigma_{\mathrm{II}} = E\delta_{\mathrm{II}} \tag{7.29}$$

式中，δ_{I}、δ_{II} 为两杆的弹性变形率。则有：

$$\frac{\delta_{\mathrm{I}}}{\delta_{\mathrm{II}}} = \frac{2F_{\mathrm{II}}}{F_{\mathrm{I}}} \tag{7.30}$$

$$\frac{\delta_{\mathrm{I}}}{\delta_{\mathrm{I}}+\delta_{\mathrm{II}}}=\frac{2F_{\mathrm{II}}}{F_{\mathrm{I}}+2F_{\mathrm{II}}} \tag{7.31}$$

设 ε_{I} 和 $\varepsilon_{\mathrm{II}}$ 为两杆最后一次完全卸载后，冷却到室温时两杆的自由线收缩率，则有：

$$\varepsilon_{\mathrm{I}}-\varepsilon_{\mathrm{II}}=\alpha\Delta T_{\mathrm{H}} \tag{7.32}$$

式中，ΔT_{H} 为两杆最后一次完全卸载时的温差。

在室温时两杆长度相等，即两杆总变形率为($\varepsilon_{\mathrm{I}}-\varepsilon_{\mathrm{II}}$)，即：

$$\varepsilon_{\mathrm{I}}-\varepsilon_{\mathrm{II}}=\delta_{\mathrm{I}}+\delta_{\mathrm{II}} \tag{7.33}$$

$$\delta_{\mathrm{I}}+\delta_{\mathrm{II}}=\alpha\Delta T_{\mathrm{H}} \tag{7.34}$$

则有：

$$\delta_{\mathrm{I}}=\frac{2F_{\mathrm{II}}}{F_{\mathrm{I}}+2F_{\mathrm{II}}}\cdot\alpha\,\Delta T_{\mathrm{H}} \tag{7.35}$$

$$\delta_{\mathrm{II}}=\frac{F_{\mathrm{I}}}{F_{\mathrm{I}}+2F_{\mathrm{II}}}\cdot\alpha\,\Delta T_{\mathrm{H}} \tag{7.36}$$

于是有杆 Ⅰ 中的残余应力

$$\sigma_{\mathrm{I}}=E\cdot\frac{2F_{\mathrm{II}}}{F_{\mathrm{I}}+2F_{\mathrm{II}}}\cdot\alpha\,\Delta T_{\mathrm{H}} \tag{7.37}$$

杆 Ⅱ 中的残余应力：

$$\sigma_{\mathrm{II}}=E\cdot\frac{F_{\mathrm{I}}}{F_{\mathrm{I}}+2F_{\mathrm{II}}}\cdot\alpha\,\Delta T_{\mathrm{H}} \tag{7.38}$$

式中，E 为弹性模量；α 为材料线收缩系数。

由此，铸件残余应力与下列因素有关。

1. 金属性质

(1) 金属的弹性模量 E 越大，残余应力越大。

(2) 残余应力与合金的自由线收缩系数成正比。

(3) 合金的导热系数直接影响铸件厚壁两部分的温差值，导热系数低则残余应力较大。

2. 铸型性质

铸型蓄热系数 b_2 越大，铸件的冷却速度越大，铸件内外的温差就越大，产生的应力则越大。金属型比砂型容易在铸件中引起更大的残余应力。

3. 浇注条件

提高浇注温度，相当于提高铸型的温度，延缓了铸件的冷却速度，使铸件各部分温度趋于均匀，因而可以减小残余应力。

4. 铸件结构

铸件壁厚差越大，冷却时厚薄壁温差就越大，引起的热应力则越大。

7.5.4 铸件在冷却、存放和机械加工后的变形

当残余应力是以热应力为主时，处于应力状态(不稳定状态)的铸件，能自发地进行变形以减少内应力，从而趋于稳定的状态。显然，只有原来受弹性拉伸部分产生压缩变形，而原来受弹性压缩部分产生拉伸变形时，才能使铸件中的残余应力减小或消除。铸件

变形的结果将导致铸件产生挠曲。图 7.54 所示为厚薄不均匀的 T 字形梁铸件挠曲变形的情况，变形的方向是厚的部分向内凹，薄的部分向外凸。

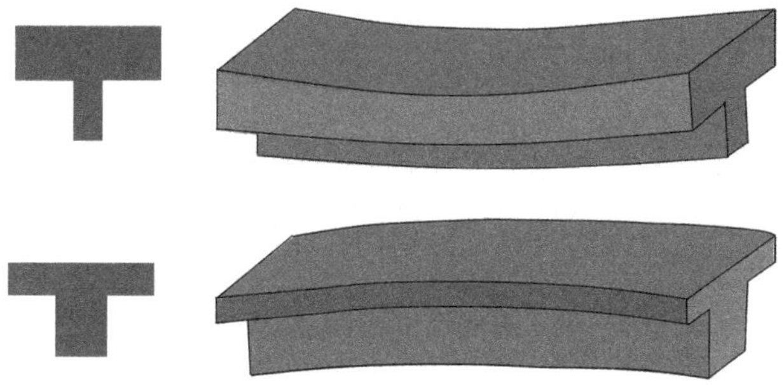

图 7.54　T 字形梁铸件挠曲变形情况

铸件产生挠曲变形以后对于具有一定塑性的材料（如钢、有色合金）可以校正（冷态或加热），对于像灰铸铁这样的脆性材料则不易校正。产生挠曲变形的铸件可能因加工余量不够而报废，为此需加大加工余量而造成不必要的浪费。铸件产生挠曲变形后，往往只能减少应力，而不能完全消除应力。机械加工以后，由于失去平衡的残余应力存在于零件内部，经过一段时间后，又会产生二次挠曲变形，使机器的零部件失去应有的精度。

参考文献

[1] 何堂坤. 中国古代金属冶炼和加工工程技术史料[M]. 太原：山西教育出版社，2009.

[2] 李庆春. 铸件形成理论基础[M]. 北京：机械工业出版社，1982.

[3] 安阁英. 铸件形成理论[M]. 北京：机械工业出版社，1989.

[4] 祖方遒. 材料成形基本原理[M]. 北京：机械工业出版社，2016.

[5] 胡汉起. 金属凝固原理[M]. 北京：机械工业出版社，2000.

[6] DANTZIG J A, RAPPAZ M. 凝固[M]. 刘峰，介万奇，译. 北京：科学出版社，2015.

[7] 方大成. 凝固科学基础[M]. 北京：科学出版社，2013.

[8] FLEMINGS N C. Solidification processing[M]. New York: McGraw－Hill，1974.

[9] 周尧和. 凝固技术[M]. 北京：机械工业出版社，1998.

[10] 饭田孝道，RODERICK I L G. 液态金属的物理性能[M]. 冼爱平，王连文，译. 北京：科学出版社，2006.

[11] 马幼平. 金属凝固原理及技术[M]. 北京：冶金工业出版社，2008.

[12] 范晓明. 金属凝固理论与技术[M]. 武汉：武汉理工大学出版社，2012.

[13] 翟启杰. 金属凝固组织细化技术基础[M]. 北京：科学出版社，2018.

[14] 傅恒志. 航空航天材料定向凝固[M]. 北京：科学出版社，2015.

[15] 徐瑞. 合金定向凝固[M]. 北京：冶金工业出版社，2009.

[16] 傅恒志. 先进材料定向凝固[M]. 北京：科学出版社，2008.

[17] 于爱兵. 材料成形技术基础[M]. 北京：清华大学出版社，2020.

[18] 汤酞则. 材料成形技术基础[M]. 北京：清华大学出版社，2008.

[19] 谢春丽. 工程材料与成形技术基础[M]. 北京：机械工业出版社，2019.

[20] 章熙民. 传热学[M]. 北京：中国建筑工业出版社，2007.

[21] 陈维汉. 传热学[M]. 上海：上海交通大学出版社，2010.

[22] 傅献彩. 物理化学[M]. 北京：高等教育出版社，2006.

[23] PORTER D A, EASTERLING K E. Phase transformations in metals and alloys [M]. Boca Raton：Chapman＆Hall，1992.

[24] 李蜀庆. 关于汉代铁器中球状石墨和基体组织成因的研究[J]. 重庆大学学报，1983(1)：84-101.

[25] 刘峙麟. 细晶制造科学与工程：理论、应用、发展[J]. 塑性工程学报，2021(28)：1-16.

[26] 介万奇. 凝固理论的前沿进展及其应用[J]. 中国材料进展，2014(33)：321-326.